イラスト解説（番号：原子番号）

料電池バス　2. 風船　3. リチウムイオン電池　4. エメラルドの指輪　5. ビーカー　6. ペットボトル　7.
加工のフライパン　9. ネオンサイン　10. ナトリウムランプ　12. 一眼レフカメラ　13. 一円玉　14. ソー
16. タイヤ　17. 漂白剤　18. アーク溶接　19. 植物　20. 骨　21. ナイター照明　22. ビルの外壁　23.
）25. マンガン乾電池　26. スカイツリー　27. ステンドグラス　28. 100円玉　29. 10円玉　30. 金管楽
ド　32. 古いトランジスタラジオ　33. リモコン（赤外線 LED）　34. 赤色ガラス工芸品　35. 古い写真（銀塩写真）36. クリプトン球　37. 隕石
代測定に利用）　38. 花火　39. レーザー
40. セラミックの包丁　41. リニアモーター
42. ロードバイクのフレーム　43. RI 検
44. ハードディスク　45. マフラー（自動
排ガス浄化触媒）　46. 銀歯　47. 銀食器
黄色絵具（カドミウムイエロー）　49. 液晶
スプレイ　50. ブリキの缶詰　51. 難燃
ーテン　52. 手稲石（鉱石）　53. うがい
はやぶさ（宇宙探査機）　55. 原子時計
青のレントゲン写真　72. 原子炉制御棒
インプラント　74. 白熱電球（フィラメント）
ジェットエンジン（タービン翼）　76. 万年筆
イリジウムるつぼ　78. 指輪　79. 金閣寺
蛍光灯　81. 心筋シンチ検査　82. 鉛蓄
（自動車バッテリー）　83. スプリンクラー
ド　84. ポーランドに由来　85. がん治療
温泉

| 5 B ホウ素 | 6 C 炭素 | 7 N 窒素 | 8 O 酸素 | 9 F フッ素 | 10 Ne ネオン |

| 13 Al アルミニウム | 14 Si ケイ素 | 15 P リン | 16 S 硫黄 | 17 Cl 塩素 | 18 Ar アルゴン |

| 29 Cu 銅 | 30 Zn 亜鉛 | 31 Ga ガリウム | 32 Ge ゲルマニウム | 33 As ヒ素 | 34 Se セレン | 35 Br 臭素 | 36 Kr クリプトン |

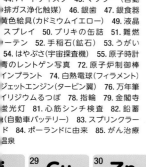

| 47 Ag 銀 | 48 Cd カドミウム | 49 In インジウム | 50 Sn スズ | 51 Sb アンチモン | 52 Te テルル | 53 I ヨウ素 | 54 Xe キセノン |

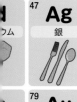     

| 79 Au 金 | 80 Hg 水銀 | 81 Tl タリウム | 82 Pb 鉛 | 83 Bi ビスマス | 84 Po ポロニウム | 85 At アスタチン | 86 Rn ラドン |

がん細胞
抗体
アスタチン

| 111 Rg レントゲニウム | 112 Cn コペルニシウム | 113 Nh ニホニウム | 114 Fl フレロビウム | 115 Mc モスコビウム | 116 Lv リバモリウム | 117 Ts テネシン | 118 Og オガネソン |

| 64 Gd ガドリニウム | 65 Tb テルビウム | 66 Dy ジスプロシウム | 67 Ho ホルミウム | 68 Er エルビウム | 69 Tm ツリウム | 70 Yb イッテルビウム | 71 Lu ルテチウム |

| 96 Cm キュリウム | 97 Bk バークリウム | 98 Cf カリホルニウム | 99 Es アインスタイニウム | 100 Fm フェルミウム | 101 Md メンデレビウム | 102 No ノーベリウム | 103 Lr ローレンシウム |

1
2
3
4
5
6
7

分離と精製

【蒸留】
2種類以上の物質からなる液体を加熱し、蒸発しやすい物質を取り出す。

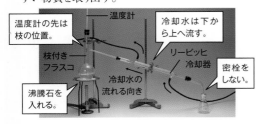

温度計の先は枝の位置。
温度計
冷却水は下から上へ流す。
枝付きフラスコ
リービッヒ冷却器
密栓をしない。
冷却水の流れる向き
沸騰石を入れる。

【再結晶法】
少量の不純物を含んだ結晶を、温度による溶解度の違いを利用して、より純度の高い結晶を得る。

硝酸カリウムと硫酸銅(Ⅱ)混合溶液
冷却
硝酸カリウムの結晶

【抽出】
混合物から目的の物質を溶かし出す。

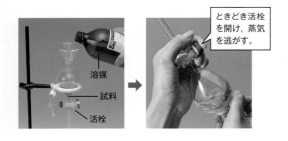

ときどき活栓を開け、蒸気を逃がす。
溶媒
試料
活栓

【ろ過】
粒子の大きさの違いを利用して、液体とその液体に溶けない固体を分離する。

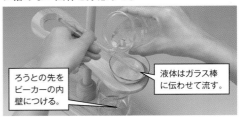

ろうとの先をビーカーの内壁につける。
液体はガラス棒に伝わせて流す。

【昇華法】
固体が直接気体になる性質（昇華）を利用して、昇華しやすい物質を分離する。

固体のヨウ素
砂
加熱
冷水
固体
気体

【クロマトグラフィー】
溶質の溶媒への溶けやすさ、ろ紙などへの吸着力の差を利用して分離する。

・ペーパークロマトグラフィー　　・カラムクロマトグラフィー

溶媒

炎色反応

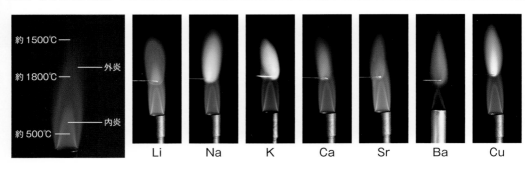

約1500℃
外炎
約1800℃
内炎
約500℃

Li　Na　K　Ca　Sr　Ba　Cu

化学結合の種類と結晶の分類

種類	イオン結晶	分子結晶	共有結合の結晶	金属結晶
結晶の例	塩化ナトリウム 	二酸化炭素 	ダイヤモンド 	銅
おもな成分元素	金属元素と 非金属元素	非金属元素	非金属元素	金属元素
構成粒子	陽イオンと 陰イオン	分子	原子	原子 （自由電子を含む）
粒子間の結合	イオン結合	原子間：共有結合 分子間：分子間力	共有結合	金属結合
電気伝導性	固体：なし 液体：あり 固体：$ZnCl_2$　液体：$ZnCl_2$	固体：なし 液体：なし 固体：ナフタレン　液体：ナフタレン	固体：なし（黒鉛除く） 液体：なし 固体：水晶(SiO_2)　固体：黒鉛	固体：あり 液体：あり 固体：Hg　液体：Hg
物理的性質	かたい・もろい 岩塩	やわらかい ドライアイス 	非常にかたい ガラスカッター ダイヤモンド	金属光沢，延性，展性
融点	高い	低い	非常に高い	高いものが多い
他の例	水酸化ナトリウム NaOH フッ化カルシウム CaF_2 	ヨウ素 I_2 ナフタレン $C_{10}H_8$ 	ケイ素 Si 二酸化ケイ素 SiO_2 	金 Au ナトリウム Na

酸と塩基の反応

【pHと色の関係】

pH試験紙

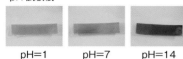

pH=1　　pH=7　　pH=14

リトマス

pH=4　pH=5　pH=6　pH=7　pH=8

メチルオレンジ

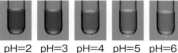

pH=2　pH=3　pH=4　pH=5　pH=6

紫キャベツ

pH=1　pH=4　pH=7　pH=10　pH=13

フェノールフタレイン

pH=7　pH=8　pH=9　pH=10　pH=11

ブロモチモールブルー

pH=5　pH=6　pH=7　pH=8　pH=9

【pH指示薬の選択】

強酸＋強塩基
→メチルオレンジ or
フェノールフタレイン

強酸＋弱塩基
→メチルオレンジ

弱酸＋強塩基
→フェノールフタレイン

【pH指示薬と変色域】

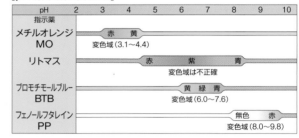

pH	2	3	4	5	6	7	8	9	10
指示薬									
メチルオレンジ MO	赤　黄　変色域(3.1〜4.4)								
リトマス	赤　紫　青　変色域は不正確								
ブロモチモールブルー BTB	黄 緑 青　変色域(6.0〜7.6)								
フェノールフタレイン PP	無色　赤　変色域(8.0〜9.8)								

【中和滴定に用いる実験器具】

 ①ホールピペット

 ②ビュレット

 ③メスフラスコ

 ④コニカルビーカー

【器具の取り扱い】

	加熱乾燥	共洗い
①	×	○
②	×	○
③	×	×
④	○	×

【中和滴定】

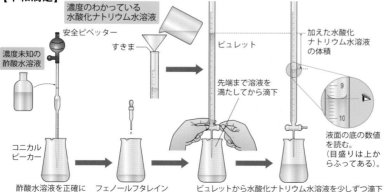

濃度のわかっている水酸化ナトリウム水溶液

安全ピペッター

すきま

ビュレット

加えた水酸化ナトリウム水溶液の体積

濃度未知の酢酸水溶液

先端まで溶液を満たしてから滴下

液面の底の数値を読む。
(目盛りは上からふってある)。

コニカルビーカー

酢酸水溶液を正確に一定量とる。

フェノールフタレイン溶液を1〜2滴加える。

ビュレットから水酸化ナトリウム水溶液を少しずつ滴下し, かくはんする。指示薬が変色したら, 滴下をやめる。

【中和滴定の終点】

①メチルオレンジ

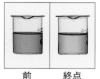

前　　終点

②フェノールフタレイン

前　　終点

酸化還元反応

【酸化剤・還元剤の変化】

酸化剤	還元剤

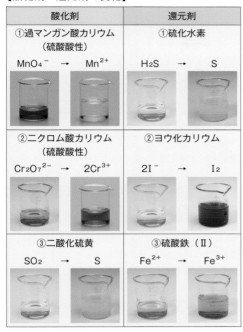

①過マンガン酸カリウム（硫酸酸性） $MnO_4^- \rightarrow Mn^{2+}$	①硫化水素 $H_2S \rightarrow S$
②ニクロム酸カリウム（硫酸酸性） $Cr_2O_7^{2-} \rightarrow 2Cr^{3+}$	②ヨウ化カリウム $2I^- \rightarrow I_2$
③二酸化硫黄 $SO_2 \rightarrow S$	③硫酸鉄（Ⅱ） $Fe^{2+} \rightarrow Fe^{3+}$

【酸化剤にも還元剤にもなる物質】

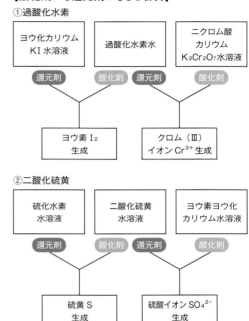

①過酸化水素

ヨウ化カリウム KI 水溶液	過酸化水素水	ニクロム酸カリウム $K_2Cr_2O_7$水溶液
還元剤	酸化剤	還元剤	酸化剤

ヨウ素 I_2 生成　　　クロム（Ⅲ）イオン Cr^{3+} 生成

②二酸化硫黄

硫化水素水溶液	二酸化硫黄水溶液	ヨウ素ヨウ化カリウム水溶液
還元剤	酸化剤	還元剤	酸化剤

硫黄 S 生成　　　硫酸イオン SO_4^{2-} 生成

イオン化列

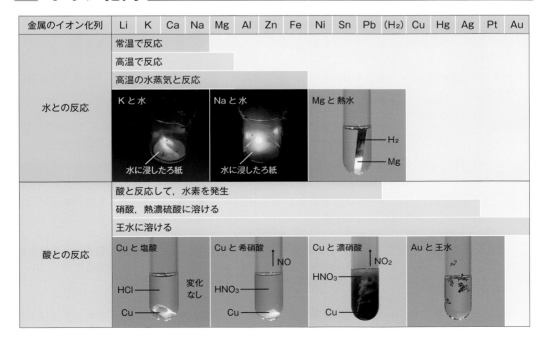

金属のイオン化列	Li	K	Ca	Na	Mg	Al	Zn	Fe	Ni	Sn	Pb	(H₂)	Cu	Hg	Ag	Pt	Au

水との反応
- 常温で反応
- 高温で反応
- 高温の水蒸気と反応

Kと水　　Naと水　　Mgと熱水
- 水に浸したろ紙　　水に浸したろ紙　　H₂　Mg

酸との反応
- 酸と反応して，水素を発生
- 硝酸，熱濃硫酸に溶ける
- 王水に溶ける

Cuと塩酸　　Cuと希硝酸　　Cuと濃硝酸　　Auと王水
- HCl　Cu　変化なし
- NO　HNO₃　Cu
- NO₂　HNO₃　Cu

■■■■ 本書の特徴と構成

▶本書の特徴

　本書は，高等学校「化学基礎」の学習内容の定着をはかるために，つくられた問題集です。
本書には以下の特徴があります。
（1）現役の高校教諭の「こんな問題集が欲しい」という希望を形にしました。
（2）高校の内容を学ぶ前に，中学の既習事項をチェックできるようにしました。
（3）「見てわかる」，「読んで楽しい」を基本理念としました。
（4）基礎から応用まで無理なく身につく構成にしました。
（5）解答・解説に問題の縮刷をつけ，問題を見ながら解説を読めるようにしました。

▶本書の構成

◎中学までの復習	中学の復習　授業前に確認することでスムーズに高校の授業に入れます。
◎確認事項	化学基礎の要点　高校の化学基礎の要点が簡潔にまとまっています。試験前などに学習事項を復習する場合は，ここを見て下さい。
◎例題	確認事項の知識を使った問題　典型的な解法をわかりやすく記載しました。
◎類題	例題と同じような方法で解ける問題　無理なく基礎が身につきます。
◎練習問題	類題より少し高度な問題　練習問題を解くことにより応用力が身につきます。
◎まとめの問題	センター試験の過去問題で演習することにより，習熟の確認ができます。また，大学入学共通テストの出題形式に慣れることができます。
◎大学入学共通テスト予想問題	大学入学共通テストの予想問題　共通テスト特有の考え方や思考力が身につきます。
◎付録	学習した知識を項目別に整理　読み返すことで定着を図ることができます。語呂合わせや半反応式の書き方，進路についての情報も記載しました。

▶マークについて

ベストフィット	問題を解くうえで重要となる公式や概念	難	難度のより高い問題
化学	「化学基礎」での学習指導要領外の内容「化学」で学習する内容	check!	裏表紙の原子量概数値を用いて計算する問題
生活	身のまわりの化学の現象や利用例の問題		思考力・判断力・表現力等が必要な問題

ベストフィット化学基礎

目　次

　ここでは化学が日常生活で役立っていること，不思議なはたらきをしていること，知っていると自慢できることを，分野ごとに紹介します。

▶▶ 物質の探究

> **Q.** ドライアイスがアイスクリームの保冷剤として使われる理由は？
>
> **A.** ドライアイスは固体から気体に直接変化する。このため，まわりを汚さずに周囲の熱を吸収することができる。これを昇華という。

> **Q.** 花火の色はどのように出しているか？
>
> **A.** 金属の中には，高温にすると特定の色を出すものがあり，これを炎色反応という。
> よく使われるものとして Li(赤)，Na(黄)，K(紫)，Ca(橙)，Sr(深赤)，Ba(黄緑)，Cu(青緑)。
> 覚え方は「リアカーなきK村，勝とうとする赤の馬力と努力」

> **Q.** 空気の成分で3番目に多いものは？
>
> **A.** 1番目が窒素で2番目が酸素というのは誰でも知っている。3番目はアルゴンという貴ガスで空気中に 0.9 % 含まれている。二酸化炭素は4番目で 0.04 %。

▶▶ 分子・イオン

> **Q.** プロパンガスのガス漏れ検知器は床につけるか，天井につけるか？
>
> **A.** プロパンガスは空気より重く下にたまるので，ガス漏れ検知器は下につける。都市ガスは空気より軽いので，ガス漏れ検知器は上につける。

> **Q.** 地球上で最も重い単体は？
>
> **A.** 地球上で最も重い単体は 76 番元素の Os(オスミウム)で，密度 22.59 g/cm^3 である。最も硬い金属でもあり，Os と Ir(イリジウム)の合金は高級万年筆のペン先に使われている。

> **Q.** 洗剤がものをきれいにする力の源は？
>
> **A.** 汚れの多くはタンパク質や油分など，水に溶けないものが多い。洗剤は，分子の片方が水と，もう片方が油とくっつきやすい形をしており，これらを結びつけるはたらきがある。

> **Q.** 鉛筆で書いた文字が消しゴムで消える理由は？
>
> **A.** 鉛筆の芯には層状構造の黒鉛が含まれており，筆記時にはこの一部がはがれて紙の上に残る。これが文字である。消しゴムでこすると，これが消しゴムについて字が消える。

▶▶ 金属

Q. ステンレス製の食器がさびない理由は？

A. ステンレスは鉄，クロム，ニッケルの合金である。クロムの酸化物が表面を緻密な膜で覆うため，内部まで酸化されることがない。

Q. ルビーとサファイアの違いは？

A. どちらも酸化アルミニウム(Al_2O_3)が主成分であるが，ルビーにはクロム，サファイアにはチタンが不純物として含まれている。

Q. あじさいの花は，赤，紫，青などさまざまな色がある。この色の違いをつくり出す金属は何か？

A. アルミニウム。花の色は色素（アントシアニン）と補助色素とアルミニウムイオンの三者のバランスで決まる。酸性が強いとアルミニウムがイオンになって花が青くなる。

Q. アルミニウムのリサイクルが有効な理由は？

A. 酸化アルミニウムを溶かすには 1000℃ 以上の熱と，$Al^{3+} + 3e^- \longrightarrow Al$ で表されるように大量の電子が必要である。リサイクルは，この 3% 程度のエネルギーで可能である。

▶▶ 酸と塩基

Q. トイレ用洗剤と漂白剤を混ぜると危険である理由は？

A. 塩酸が含まれるトイレ用洗剤に塩素系漂白剤を加えると，有毒な塩素が発生する。

Q. 炭酸ガスが出る入浴剤の中味は？

A. 炭酸水素ナトリウム$(NaHCO_3)$と固体の酸を混ぜ合わせたものであり，水に溶けると，これらが反応して二酸化炭素が出る。入浴剤のバブは固体の酸としてフマル酸を使っている。

Q. 「色が消えるのり」や「色の消えるペン」は空気中の何と反応しているのか？

A. 二酸化炭素。これらのインクやのりは pH 10 以上に調整され，空気中の二酸化炭素とよく反応し，pH が 10 以下になると色が消える色素が使われている。

Q. 人間が呼吸すると二酸化炭素が発生する。宇宙船の中では二酸化炭素を取り除くためにどのようなことをしているか？

A. 現在は塩基性の薬品で二酸化炭素を吸収している。恒星間航行などの数年間以上に渡る場合は，植物プラントの光合成による吸収を行う。

化学　よもやま話

▶▶ 酸化・還元

Q. 食べ物の風味が変わらないように酸化防止剤として入れる物質は？

A. 飲み物には水によく溶けるビタミンＣ，プリッツなどには油によく溶けるビタミンＥ，魚介類には亜硫酸ガスなど，用途に応じて異なる酸化防止剤が使われている。

Q. 江戸時代にも行われていた鉄をさびにくくするくふうは？

A. 鉄の表面を熱して黒さびをつくる。鉄のさびには赤さび(Fe_2O_3)と黒さび(Fe_3O_4)があり，赤さびは内部まで進行するが，黒さびが表面を覆うと外部と遮断され，それ以上さびない。

Q. 金属の歴史を酸化・還元で説明せよ。

A. 人類の使用してきた金属を酸化されにくいものから順に並べると，金 → 銀 → 銅 → スズ → 鉄→ アルミニウムなどの軽金属となり，これは歴史の順番と一致している。

▶▶ 日常生活の化学

Q. 即冷パックという商品があり，ビニールパックを上からたたくと即座にパックの温度が下がり冷却に使うことができる。この商品の温度が下がる仕組みは？

A. パックの中に硝酸アンモニウムなどと水が別々に入っており，たたくと混合して固体が液体に溶解する。このときの溶解熱でパックの温度が下がる。

Q. コールドスプレーという商品があり，スプレーするだけで冷たい気体や氷を患部に当てることができる。この商品の温度が下がる理由は？

A. コールドスプレーの中には常温で気体になる物質が圧縮して液体の状態で入っている。これが気化するときの熱で温度が下がる。

Q. 紙の白さとペンの滑りやすさをよくするために，紙に加えられている物質は？

A. デンプン。加えられた部分の結合を強化するため滑りやすくなる。白さが増すのは，デンプン自体の色にも関係する。

Q. 色鉛筆の芯の原料は何？

A. タルクとのりと顔料。タルクとは滑石を粉末にしたもので，滑石は鉱物の中で１番やわらかく，化学的にも安定な物質。滑石は爪で傷つけることができるくらいやわらかい。

✓ 次の各文のそれぞれの下線部について，正しい場合は○を，誤っている場合には正しい語句を記せ。

1	金属には電気をよく通し，熱を伝えやすい性質がある。	1	○
2	金属は，たたくと薄く広がったり，強く引っ張ると伸びる性質がある。	2	○
3	鉄鉱石にコークスや石灰石を加え溶鉱炉で加熱することで，鉄は得られている。	3	○
4	アルミニウムは酸素との結びつきが弱い。	4	×→強い
5	アルミニウムは鉱石であるボーキサイトを溶融塩（融解塩）電解することで得られ，大量の電気が必要である。	5	○
6	アルミニウムでつくられた飲料缶をスチール缶という。	6	×→鉄
7	プラスチックは，石炭や石油から得られる小さな分子を無数に結びつけて（重合させて）得られる大きな分子である。	7	○
8	プラスチックは成型しにくいが，水や薬品に強く腐食しにくいという性質がある。	8	×→しやすく
9	ポリプロピレンは衣料品の包装やごみ袋に利用されている。	9	×→ポリエチレン
10	ポリエチレンは強度に優れ，食品容器や自動車のバンパーに利用されている。	10	×→ポリプロピレン
11	ナイロンは強度と吸湿性を兼ねそなえていることから，ストッキングや靴下に利用されている。	11	○
12	ポリエチレンを略してPETとよんでいる。	12	×→ポリエチレンテレフタラート
13	ポリエチレンテレフタラートはポリエステル繊維としてワイシャツなどに再利用されている。	13	○
14	鉄はリサイクルすることで，鉱石からつくるときの3％ほどの電気代ですむため，自治体が積極的に回収を行っている。	14	×→アルミニウム
15	プラスチックを焼却すると有毒ガスがでたり，ダイオキシンが発生する可能性がある。	15	○
16	プラスチックの原料は無限にあり，枯渇を心配する必要はない。	16	×→原料(石油)は，枯渇が心配されている
17	洗剤を構成している分子は，水になじみやすい部分(親水基)と水となじみにくい部分(疎水基)からできている。	17	○
18	洗剤を構成している分子が集まってミセルという球状の粒子をつくり，その内部に衣服に付着した油汚れを取り囲むことができる。これが洗浄の原理である。	18	○
19	洗剤は濃度が薄いと洗浄効果が得られないため，大量に用いた方がよい。	19	×→適量用いる
20	水道水の消毒にはヨウ素が用いられている。	20	×→塩素
21	塩素は黄緑色の気体で殺菌作用がある。しかし毒性は低いため大量に用いても問題ない。	21	×→毒性があり，殺菌には必要最低限の量を用いる
22	ソルビン酸は酸化防止剤として用いられている。	22	×→ビタミンC(アスコルビン酸)
23	ビタミンC（アスコルビン酸）は細菌の増殖を抑制する効果があり，保存料として用いられている。	23	×→ソルビン酸
24	塩蔵や燻製は昔からある食品保存法である。	24	○
25	保存料や酸化防止剤，甘味料や着色料などは食品添加物とよばれる。	25	○

▶ **1** 物質の分離と精製

・中学までの復習・ 以下の空欄に適当な語句を入れよ。

■ 分離

操作	分離法
砂と海水を分ける。	①(　　　　　)
ワインからエタノールを集める。	②(　　　　　)
少量の食塩を含む硝酸カリウムを純粋にする。	③(　　　　　)

解答
①ろ過
②蒸留
③再結晶

● 確認事項 ● 以下の空欄に適当な語句を入れよ。

● 物質

①(　　　　　)	②(　　　　　)
他の物質が混じっていない 単一の物質	2種類以上の物質が混ざった物質
③(　　　), ④(　　　), ⑤(　　　) などは一定の値を示す	(　③　), (　④　), (　⑤　)は 一定の値を示さない
例 酸素，水素，水，二酸化炭素など	例 空気，海水，石油，塩酸など

解答
①純物質
②混合物
③/④/⑤
融点/沸点/密度
(順不同)

● 物質の分離と精製

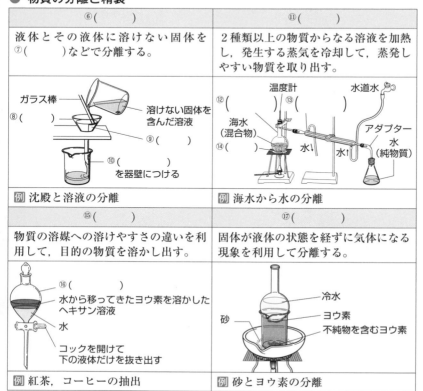

⑥(　　　　　)	⑪(　　　　　)
液体とその液体に溶けない固体を⑦(　　　)などで分離する。	2種類以上の物質からなる溶液を加熱し，発生する蒸気を冷却して，蒸発しやすい物質を取り出す。
ガラス棒　溶けない固体を含んだ溶液　⑧(　　　)　⑨(　　　)　⑩(　　　)を器壁につける	温度計　水道水　⑫(　　　)　⑬(　　　)　海水（混合物）　アダプター　水（純物質）　⑭(　　　)　水↓　水↑
例 沈殿と溶液の分離	例 海水から水の分離
⑮(　　　　　)	⑰(　　　　　)
物質の溶媒への溶けやすさの違いを利用して，目的の物質を溶かし出す。	固体が液体の状態を経ずに気体になる現象を利用して分離する。
⑯(　　　)　水から移ってきたヨウ素を溶かしたヘキサン溶液　水　コックを開けて下の液体だけを抜き出す	冷水　砂　ヨウ素　不純物を含むヨウ素
例 紅茶，コーヒーの抽出	例 砂とヨウ素の分離

解答
⑥ろ過
⑦ろ紙
⑧ろうと
⑨ろ紙
⑩ろうとの先
⑪蒸留
⑫枝つきフラスコ
⑬リービッヒ冷却器
⑭沸騰石
⑮抽出
⑯分液ろうと
⑰昇華(法)

⑱ ( )	⑳ ( )
少量の不純物を含んだ結晶を熱水に溶かし，⑲ ( ) の差を利用して不純物を除く。	溶媒への溶けやすさと，ろ紙などへの吸着力の差を利用して分離する。

⑱再結晶
⑲溶解度
⑳クロマトグラフィー

高温　　　　　　　低温

冷却

混合溶液　　　　純粋な結晶が析出

複数の色素を混ぜた液体試料

展開溶媒
（アルコールなど）

| 例 少量の硫酸銅(Ⅱ)を含む硝酸カリウム水溶液から硝酸カリウムを取り出す。 | 例 インクをろ紙につけ，下から溶媒をしみ込ませると各成分に分離する。 |

1章

物質の構成

例題 1 純物質と混合物

example problem

(ア)～(カ)の物質について，次の問いに答えよ。

(ア) 水　　　　　(イ) 食塩水　　(ウ) ダイヤモンド

(エ) 二酸化炭素　(オ) 石油　　　(カ) 砂混じりの水

(1) 純物質と混合物に分類せよ。

(2) (1)の混合物について，各物質を分離するのに最適な分離法をそれぞれ答えよ。
　　━━①

(3) 25℃，1気圧において液体であり，固有の密度をもつものはどれか。

(解答) (1) 純物質：(ア)，(ウ)，(エ)　　混合物：(イ)，(オ)，(カ)

(2) (イ)：蒸留（または蒸発），(オ)：分留，(カ)：ろ過　　(3) (ア)

▶ ベストフィット

純物質は1種類，混合物は2種類以上の物質で構成されている。
純物質は固有の融点・沸点・密度を示す。

❶　　蒸留

分留

分留（分別蒸留ともいう）とは液体どうしの蒸留のこと。

解説 ▶

(1) (イ) 食塩水は食塩（塩化ナトリウム）と水の混合物である。この混合物から水
　　を取り出す場合，分離法として蒸留を用いる。食塩を取り出す場合は，水を蒸発させる。

　　(ウ) ダイヤモンドは炭素のみで構成されている純物質である。

　　(オ) 石油はナフサ，重油，軽油などの混合物であるため分留を用いる。

(2) 食塩水は溶液から溶媒（水）を分離するので蒸留，石油は液体の混合物を分離するので分留を用いる。
　　砂の混じった水は砂が水に溶けていないのでろ過で分離できる。

(3) (ア)，(ウ)，(エ)の純物質のうち，25℃で液体なのは水だけである。

例題 ② 分離と精製 example problem

下図は分離・精製を行う実験装置である。次の問いに答えよ。

実験装置A

実験装置B

(1) 実験装置 A，B の分離法をそれぞれ何とよぶか。

(2) (ア)〜(エ)の器具名を答えよ。

(3) (ア)に海水を入れて実験したとき，器具(ウ)に留出する物質名を答えよ。

(4) Aの分離操作において，①器具(ア)内の液量，②温度計の位置，③冷却水を流す向きについて，注意する点をそれぞれ記せ。❶

(5) 実験装置 B の分離操作には問題点が二つある。その改善方法を記せ。

解答 (1) A：蒸留　　B：ろ過

(2) (ア) 枝付きフラスコ，(イ) リービッヒ冷却器，(ウ) 三角フラスコ，(エ) ろうと

(3) 水

(4) ①枝付きフラスコ内の液量は，1/3 〜 1/2 程度にする。②温度計の球部を枝の付け根の位置にする。③リービッヒ冷却器の水は，下から入れて上から出す。

(5) ①ガラス棒を伝わらせて液体を入れる。②ろうとの先をビーカーの壁面につける。

> ❶その他の注意
> ・枝付きフラスコには沸騰石を入れる。
> ・三角フラスコの口は密閉しない。

▶ ベストフィット 液体を分離するには，ろ過，蒸留などの方法がある。
ろ過は液体と固体(不溶物)，蒸留は液体の状態の混合物から蒸発しやすい液体を分離する。

解説 ▶

(1) 蒸留は，液体を含む混合物から蒸発しやすい物質を分離する操作である。ろ過は，沈殿などの固体(不溶物)をろ紙を用いて分離する操作である。

(3) 海水は，おもに塩化ナトリウムが水に溶けた混合物である。

(4) ①沸騰したときに枝の部分から液体が飛び出さないように，液面はフラスコの1/3 〜 1/2程度 にする。
②蒸気の温度を測るため，温度計の球部を枝の付け根にあわせる。
③冷却器の中を水で満たすため，水は下から上へ流す。

(5) ①図の方法では，ビーカーにある液体をろうとに注ぐ際に，液体がまわりに飛び散る危険性がある。そのため，ガラス棒を伝わらせて液体を入れる必要がある。②ろうとの先をビーカーの壁面につけることで，ろ液が途絶えることなく流れ落ち，ろ過速度を速めることができる。

🖊 類題

1 [純物質と混合物]　次の物質を，純物質と混合物に分類せよ。
海水，黒鉛，ドライアイス，牛乳，砂，塩化ナトリウム，土，銅

1 ◀例1

2 [混合物の分離] 下図は，海水を蒸留するときの実験装置である。次の問いに答えよ。

(1) 図中のA～Dの名称を答えよ。

(2) 図の分離操作には問題点が二つある。その改善方法を記せ。

(3) 冷却水を流す方向を次の(ア)～(ウ)のうちから一つ選べ。

  (ア) 上から下　　(イ) 下から上

  (ウ) どちらでもよい

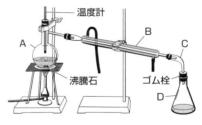

温度計
B
A
C
沸騰石
ゴム栓
D

(4) 沸騰石を入れる理由を15字以内で記せ。

2 ◀例2
蒸留
溶液から蒸発しやすい物質を分ける。

練習問題

3 [分離と精製] 次の(1)～(5)について，適当な分離法を下から選べ。

(1) 少量の硫酸銅(II)・五水和物の青色結晶を含む硝酸カリウムの結晶から，硝酸カリウムの結晶だけを取り出す。

(2) 塩化銀の沈殿を水溶液から分離する。

(3) 水にわずかに溶けているヨウ素を，ヨウ素をよく溶かす灯油に溶かして取り出す。

(4) 海水から純水を得る。

(5) 黒のサインペンをろ紙上につけ，ろ紙を溶媒に浸して色素を分離する。

【選択肢】　ろ過　　蒸留　　再結晶　　抽出　　昇華法

           ペーパークロマトグラフィー

3 分離と精製
分離・精製したいものに含まれている物質の性質を考える。

4 [純物質の性質] 次の(1)～(4)について，純物質に特有な性質を述べているものを全て選べ。

(1) 一定の圧力のもとでは，沸騰する温度がいつも同じである。

(2) 固体が融け始める温度と融け終わったときの温度が一致しない。

(3) 固体が融け始める温度と液体が固まり始める温度が一致する。

(4) 温度，圧力が一定ならば，単位体積あたりの質量が一定である。

4 純物質
融点・沸点・密度などが固有の値を示す。

5 [物質の分離] ガラスの破片が混じったヨウ素から，純粋なヨウ素を得るために右図のような実験を行った。次の問いに答えよ。

(1) この分離法を何とよぶか。

(2) 右図には誤りが1か所ある。その改善方法を記せ。

砂　　ヨウ素

5 ヨウ素
ヨウ素は，熱を加えると容易に気体になる。

6 [結晶からの不純物の除去] 少量の塩化ナトリウムを含む硝酸カリウムの結晶がある。この混合物に水を加えて加熱し，混合物を完全に溶かした。その後，この溶液を冷却していくと結晶が現れた。次の問いに答えよ。

(1) 冷却したとき現れた結晶のほとんどを占める物質は何か。

(2) この操作を数回くり返すと結晶は純粋に近づく。このような精製法を何とよぶか。

6 不純物の除去
温度による溶解度の差は，硝酸カリウムの方が大きい。

▶**2** 物質と元素

・中学までの復習・ 以下の空欄に適当な語句または記号を入れよ。

■ 元素記号

非金属

元素記号	元素名
H	①( )
②( )	炭素
N	③( )
O	④( )
Cl	⑤( )

金属

元素記号	元素名	元素記号	元素名
Na	⑥( )	⑨( )	鉄
⑦( )	アルミニウム	Cu	⑩( )
Ca	⑧( )	Ag	⑪( )

■ 沈殿反応

含まれる元素	加える溶液	沈殿	
塩素	硝酸銀水溶液	⑫( )	白色沈殿
炭素(二酸化炭素)	石灰水	⑬( )	白色沈殿

・確認事項・ 以下の空欄に適当な語句，数字または記号を入れよ。

● 元素・単体・化合物

基本用語	説明
元素	物質を構成する基本的な成分。現在，①( )種類が知られている。
単体	1種類の②( )だけでできた物質。
化合物	2種類以上の(②)でできた物質。

● 同素体 （→P.157）

同素体	同元素の単体で性質の異なる物質。「SCOP(スコップ)」の元素で存在する。

元素名	元素記号	例		
硫黄	③( )	④( )硫黄，	⑤( )硫黄，	⑥( )硫黄
⑦( )	C	⑧( )，	⑨( )，	⑩( )など
酸素	⑪( )	⑫( )，	⑬( )	
⑭( )	P	⑮( )，	⑯( )	

● 炎色反応 （→P.157）

元素	色	元素	色
リチウム Li	⑰( )	カルシウム Ca	㉑( )
ナトリウム Na	⑱( )	ストロンチウム Sr	㉒( )
カリウム K	⑲( )	バリウム Ba	㉓( )
銅 Cu	⑳( )		

次の文中の下線部は元素と単体のどちらの意味で用いられているか。

(1) 空気の約 20 % は<u>酸素</u>である。
(2) 水中に溶存している<u>酸素</u>の量は，水温の上昇とともに減少する。
(3) 水は水素と<u>酸素</u>が結合してできている。
(4) <u>地殻</u>❶の質量の約 46 % は<u>酸素</u>である。
(5) 人間は<u>カルシウム</u>を摂取する必要がある。
(6) <u>水銀</u>は常温で液体の金属である。

(解答) (1) 単体　(2) 単体　(3) 元素
(4) 元素　(5) 元素　(6) 単体

❶地球の固体表層部のこと。主成分は SiO_2

▶ベストフィット　**単体は具体的な物質，元素は化合物や単体を構成する成分。**

解説 ▶

(1) 乾燥空気には，酸素分子 O_2 が体積で約 20 % 含まれている。
(2) 水中に住む魚などの生物は，水に溶けている酸素分子 O_2 を取り込んで呼吸している。
(3) 水 H_2O を構成しているのは，H 原子と O 原子である。
(4) 地殻を構成する岩石の主成分は二酸化ケイ素 SiO_2 であり，酸素分子 O_2 は含まれていない。
(5) 金属カルシウム Ca は水と激しく反応するため，単体を摂取することはできない。
(6) 金属単体の水銀 Hg の融点は $-39\,℃$ であり，常温で液体である。

次の(ア)～(カ)の物質が互いに同素体の関係にあるものはどれか。

(ア) 空気と窒素
(イ) 水と氷❶
(ウ) 黄リンと赤リン
(エ) 水と過酸化水素
(オ) 黒鉛とダイヤモンド
(カ) 鉛と亜鉛

斜方硫黄　単斜硫黄

(解答) (ウ), (オ)

❶化合物に同素体はない。

```
┌─── 純物質 ───┐
┌─ 単体 ─┐ ┌ 化合物 ┐
  同素体
```

▶ベストフィット　S(硫黄) C(炭素) O(酸素) P(リン)
「スコップ」と覚えよう！

解説 ▶

同素体は，同じ元素の単体で性質が異なる物質である。
次のような物質が同素体である。
硫黄 S：単斜硫黄 S_8，斜方硫黄 S_8，ゴム状硫黄
炭素 C：黒鉛，ダイヤモンド，フラーレン(C_{60}, C_{70}) など
酸素 O：酸素 O_2，オゾン O_3
リン P：黄リン P_4，赤リン

S_8　P_4

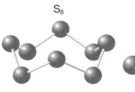

❶物質の構成 1章

例題 5 元素の確認

example problem

次の問いに答えよ。

(1) ある化合物をガスバーナーの外炎に入れたとき，炎の色が黄色になった。この化合物に含まれると考えられる金属の元素名を書け。①

(2) ある水溶液に硝酸銀水溶液を加えると，白く濁った。②
ある水溶液に含まれると考えられる元素の元素名を書け。

(3) 二酸化炭素を水溶液中に吹き込むと，水溶液が白く濁った。③
この水溶液を次の(ア)～(エ)より選べ。

(ア) 塩化ナトリウム水溶液　　(イ) ショ糖水溶液

(ウ) 硝酸銀水溶液　　　　　　(エ) 石灰水(水酸化カルシウム水溶液)

白金線
外炎
内炎

解答 (1) ナトリウム　　(2) 塩素　　(3) (エ)

❶Na の炎色反応
❷沈殿は AgCl
❸沈殿は CaCO₃

▶ **ベストフィット** 元素は炎色反応の色や沈殿で確認する。

解説 ▶ ⋯⋯⋯⋯⋯⋯⋯⋯⋯⋯⋯⋯⋯⋯⋯⋯⋯⋯⋯⋯⋯⋯⋯⋯⋯⋯⋯⋯⋯⋯⋯⋯⋯⋯⋯⋯⋯⋯

(1) 炎色反応の色は Li(赤) Na(黄) K(赤紫) Ca(橙赤) Sr(深赤) Ba(黄緑) Cu(青緑)である。
（リアカーなき K 村，勝とうとする赤の馬力と努力）

(2) 塩化物イオンを含む溶液に，銀イオンを含む溶液を加えると，白色の塩化銀 $AgCl$ の沈殿が生じる。

(3) 石灰水(水酸化カルシウム水溶液)に二酸化炭素を吹き込むと，白色の炭酸カルシウム $CaCO_3$ の沈殿が生じて白く濁る。

■ 類題

7 [元素と単体]　次の文中で使われている鉄という言葉が，元素の意味で使われているときは A，単体の意味で使われているときは B を書け。
(1) 貧血の人は，鉄を含んだものを食べるようにするとよい。
(2) 赤鉄鉱は，鉄を含んだ鉱石である。
(3) 鉄でできた釘はさびやすい。
(4) 鉄の融点は 1535℃ である。

7 ◀例3
元素
化合物を構成する成分。
単体
具体的な物質。

8 [同素体]　次の物質のうち，互いに同素体の関係にあるものを選べ。
ダイヤモンド　　鉛　　黒鉛　　一酸化炭素
二酸化炭素　　斜方硫黄　　単斜硫黄　　二酸化硫黄

8 ◀例4
同素体
同じ元素の単体で性質が異なるもの。

9 [元素の確認]　次の(1)～(3)の実験結果より，それぞれに含まれていると考えられる元素を元素記号で書け。
(1) 卵の殻を希塩酸に溶かし，その溶液の炎色反応を調べたところ，橙赤色を示した。
(2) 海水に硝酸銀水溶液を滴下すると，白色沈殿が生じた。
(3) プロパンガスの燃焼で生じた気体を石灰水に通すと，白く濁った。

9 ◀例5
プロパンガスを燃焼すると，水と二酸化炭素が生じる。

10 [元素と単体]　次の文中の下線部のうち単体の意味で用いられているものを選べ。

(1) 競技の優勝者には，<u>金</u>でできたメダルが与えられた。

(2) 発育期には，<u>カルシウム</u>の多い食品をとるように心がけたい。

(3) 地殻全体の質量の約 8.1 % は，<u>アルミニウム</u>である。

(4) 電球のフィラメントには，融点の高い<u>タングステン</u>が用いられる。

11 [同素体]　次の①〜⑪の物質について，下の問いに答えよ。

① 鉄　　② アンモニア　　③ 二酸化炭素　　④ ヨウ素

⑤ オゾン　　⑥ 水　　⑦ 黒鉛　　⑧ 塩化ナトリウム

⑨ 塩酸　　⑩ 空気　　⑪ 単斜硫黄

(1) 混合物と純物質にわけ，純物質は単体と化合物に分類せよ。

(2) 同素体が存在するものを選べ。

12 [単体・化合物・同素体]　次の文章の正誤を答えよ。

(1) 純物質は，単体と化合物に分類することができる。

(2) 化合物は，その成分元素の単体と同じ性質を示す。

(3) 化合物は，蒸留や再結晶などの方法によって単体に分けられる。

(4) すべての元素には，同素体の関係にある単体がある。

(5) 酸素とオゾンは同素体であるので，沸点は同じである。

(6) 黄リンは自然発火するので，水中に保存する。

13 [成分元素の確認]　次の実験について，下の問いに答えよ。

右図のように，試験管中に重曹（ベーキングパウダー）を入れて強熱したところ，気体Aが生じ，この気体を石灰水に通じると白濁した。また，試験管の管口に液体Bが生じ，これは塩化コバルト紙を赤変した。加熱後に試験管内に残った固体物質Cを水に溶かしガスバーナーの外炎に入れたところ，炎の色が黄色になった。

(1) 気体Aおよび液体Bは何か。また，それぞれが生成したことから，重曹に含まれていると考えられる元素名を書け。

(2) 下線の実験結果から確認できる重曹に含まれている元素名を書け。

(3) この実験では，重曹に酸素が含まれていることを確認することはできない。それはなぜか。15 字程度で書け。

---

10 元素
化合物を構成する成分。
単体
具体的な物質。

1章 物質の構成

11 同素体
同じ元素の単体で性質が異なるもの。

12 リンの同素体
黄リン
有毒である。自然発火するので水中に保存する。
赤リン
毒性が低い。自然発火しない。

13 成分元素の確認
塩化コバルト紙
水にふれると青から赤色に変化する。

▶3 物質の三態と熱運動

■ 中学までの復習 ■ 以下の空欄に適当な語句を入れよ。

■ 水の状態変化

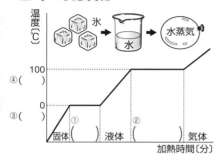

■ 物理変化と化学変化

変化	説明
⑤(　　　)変化 （状態変化）	物質の種類は変化しないで，物質の⑥(　　　)だけが変化すること。
⑦(　　　)変化	もとの物質が，それとは性質の異なる別の物質に変化すること。

解答
① 固体と液体
② 液体と気体
③ 融点
④ 沸点
⑤ 物理
⑥ 状態
⑦ 化学

● 確認事項 ● 以下の空欄に適当な語句または数字を入れよ。

● 熱運動と温度

基本用語	説明
①(　　　)	気体や液体が一様に広がり，濃度が均一になること。
熱運動	物質を構成する粒子が，熱エネルギーによって不規則な動きをすること。温度が高いほど，熱運動は②(　　　)。

低温
速度の③(　　　)粒子が多い

高温
速度の④(　　　)粒子が多い

解答
① 拡散
② 激しい
③ 小さい
④ 大きい

● 物質の三態

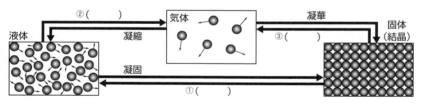

解答
① 融解
② 蒸発
③ 昇華

例題 **6** **三態変化と熱量**　　　　　　　　　example problem

右図は，氷を１気圧のもとで加熱したときの，加えた熱量と温度との関係である。次の問いに答えよ。

(1) AB間，DE間での物質の状態を答えよ。❶

(2) 温度 T_1，T_2 の名称と，その温度を答えよ。

(3) DE間で温度が上昇していないのはなぜか。

(4) A点とE点における水の体積および質量の大小関係を，それぞれ答えよ。❷

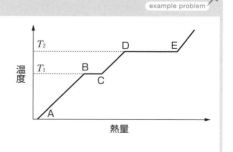

解答 (1) AB：固体　　　DE：液体と気体が混じった状態

(2) T_1：融点，0℃　　　T_2：沸点，100℃

(3) 状態変化するために熱が使われているから。

(4) 体積：E＞A　　　質量：変わらない（A＝E）

> ❶状態変化の間は温度が変化しない。
> ❷状態変化をしても質量は変わらない。

ベストフィット 純物質は，状態変化が起こっている間は温度が変化しない。

解説▶ ┈┈┈┈┈┈┈┈┈┈┈┈┈┈┈┈┈┈┈┈┈┈┈┈┈┈┈┈┈┈┈┈┈┈┈┈┈┈

(1) Bまでは固体である。DE間では蒸発が起こり，液体と気体が混在している。

(2) 融点　固体が液体に変わるときの温度　　　沸点　液体が気体に変わるときの温度

(3) 熱を与えると，粒子どうしの引力をふりほどき状態が変化する。このとき，加えた熱はすべて状態変化に使われるので，状態変化している間は温度が上昇しない。

(4) 温度が高くなると熱運動が激しくなり，圧力一定では体積は増える。状態変化をしても，質量は変化しない。

例題 7　気体の熱運動　　　example problem

次の文中の(ア)～(ウ)に適当な語句，数字または記号を入れよ。

粒子が熱運動により自然に散らばって広がる現象を（　ア　）という。気体の場合，各粒子のエネルギーや速度はまちまちであるため，平均の速度を用いて比較される。温度が（　イ　）いほど速い粒子の割合が多い。また，同じ温度でも気体の（　ウ　）により分子の平均の速度は異なる。

解答 (ア) 拡散　(イ) 高　(ウ) 種類

ベストフィット 温度が高いほど，粒子の熱運動は激しい。

拡散

解説▶ ┈┈┈┈┈┈┈┈┈┈┈┈┈┈┈┈┈┈┈┈┈┈┈┈┈┈┈┈┈┈┈┈┈┈┈┈┈┈

熱運動は温度が高いほど激しく，温度を下げていくと熱運動はおだやかになる。

🏃 類題

14 ［三態変化と熱量］　下図は，氷を1気圧のもとで，一定の熱量で加熱したときの加熱時間と温度との関係を示したものである。次の問いに答えよ。

(1) 図中のB，D，Eでは，水はどのような状態で存在しているか。次の(ア)～(オ)から選べ。

(ア) 氷　　　(イ) 液体の水

(ウ) 水蒸気

(エ) 氷と液体の水が混在

(オ) 水蒸気と液体の水が混在

(2) 温度 T_1，T_2 はそれぞれ何とよばれるか。また，その温度を答えよ。

14 ◀例6
状態変化
状態変化をしている間は温度が一定である。

（グラフ：縦軸 温度，横軸 加熱時間，T_1，T_2，区間 A B C D E）

◀━ ◦ ◦ ◦ ◦ ◦ ◦ ◦ ◦ ◦ ◦ ◦ ◦ ◦ ◦ ◦ ◦ ◦ ◦ ━ **練習問題** ━ ◦ ◦ ◦ ◦ ◦ ◦ ◦ ◦ ◦ ◦ ◦ ◦ ◦ ◦ ◦ ◦ ◦ ◦ ━▶

15 ［状態変化］　右図は，ある物質の状態変化を表したものである。次の問いに答えよ。

(1) (ア)～(カ)の変化はそれぞれ何とよばれるか。

(2) 三態を構成粒子の熱運動が激しい順に並べよ。

16 ［物質の三態］　次の文中の(ア)～(ウ)に適当な語句を入れよ。

(1) ドライアイスを放置すると自然になくなるのは，ドライアイスが（　ア　）するためである。

(2) 寒い日に外から暖かい部屋に入るとめがねがくもるのは，水蒸気が（　イ　）するためである。

(3) 氷をぬれた手でさわるとくっつくのは，水が（　ウ　）するためである。

17 ［物理変化と化学変化］　次の(1)～(4)の変化は，物理変化と化学変化のどちらか答えよ。

(1) 水を電気分解したら水素と酸素が発生した。

(2) 水を沸騰させると水蒸気が生じた。

(3) 鉄製の棒を外に放置したら赤いさびが生じていた。

(4) 食塩を水に溶かして食塩水をつくった。

18 ［拡散］　次の(1)～(3)の文の下線部が誤っているものを一つ選び，誤りを正せ。

(1) 拡散の速度は<u>高温</u>ほど速くなる。

(2) 同温ならば，アンモニアと塩化水素のように質量の異なる粒子は拡散する速度が<u>同じになる</u>。

(3) 窒素を満たした集気びんと水素を満たした集気びんを重ねると<u>両方とも</u>反対側の集気びんに拡散して移動する。

❓19 **難** ［三態変化と熱量］　右図は，−50℃の氷 27 g を 1 気圧のもとで，一定の割合で熱を与えたときの加熱時間と温度の関係を示したものである。次の問いに答えよ。

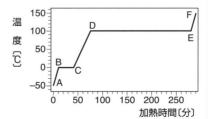

(1) この物質は，加熱時間 150 分の時点で，どのような状態で存在しているか。10 字程度で書け。

(2) 区間A → B，区間C → D，区間E → F の中で，比熱（1 g の物質の温度を1℃ 上げるために必要な熱量）が最も大きい状態をとる区間はどれか。また，図からそのように判断した理由を，50 字程度で説明せよ。

(3) 区間B → C で温度が上昇していないのはなぜか。20 字程度で説明せよ。

16 状態が何から何に変化しているのかを考える。

17 物理変化 物質の状態が変化。

化学変化 性質の異なる別の物質に変化。

18 分子の熱運動は温度が高いほど激しい。

19 加熱時間と与えた熱量は比例する。

❷ 物質の構成

▶ 1 原子の構造

● 中学までの復習 ● 以下の空欄に適当な語句を入れよ。─────────

■ 原子

基本用語	説明	
原 子	物質を構成する最小の粒。①(　　　　)が提唱した。	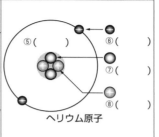
原子核	原子の中心にあり，正(＋)の電気を帯びた②(　　　　)と，電気を帯びていない③(　　　　)からできている。(②)の数で，原子の種類が決まっている。	⑤(　　　)　⑥(　　　)　⑦(　　　)　⑧(　　　)　ヘリウム原子
電 子	原子核のまわりを回っており，④(　　　　)の電気を帯びている。	

■ 原子の性質

性質1	化学変化によってそれ以上⑨(　　　　)することができない。
性質2	種類によって，⑩(　　　　)や⑪(　　　　)が決まっている。
性質3	化学変化によって⑫(　　　　)の原子に変わったり，⑬(　　　　)たり，⑭(　　　　)できたりすることはない。

● 確認事項 ● 以下の空欄に適当な語句，数字または記号を入れよ。─────────

● 原子

原子番号	原子核中の①(　　　　)の数	表し方
質量	陽子 ≒ 中性子	⑦(　　　　)
	電子＝陽子・中性子の約1/②(　　　)	$^{4}_{2}\mathrm{He}$ ←元素記号
質量数	③(　　　)の数＋④(　　　)の数	
原子番号＝⑤(　　　)の数＝⑥(　　　)の数　※ただし，⑥はイオンになると変化する。		⑧(　　　　)

● 同位体(アイソトープ)

同位体	同じ元素の原子であるが，原子核中の⑨(　　　)の数が異なるために，⑩(　　　)の異なるもの。同位体どうしの化学的性質はほとんど同じである。	同位体

		水素	重水素	三重水素
● 陽子　● 中性子　● 電子		$^{1}_{1}\mathrm{H}$	$^{2}_{1}\mathrm{H}$	⑬(　　　)
陽子の数		1	1	1
中性子の数		0	⑫(　　　)	2
質量数	⑪(　　　)		2	3
電子の数		1	1	1

解答
①ドルトン
②陽子
③中性子
④負(－)
⑤原子核
⑥電子
⑦中性子
⑧陽子

解答
⑨分割
⑩/⑪
質量/大きさ
(順不同)
⑫他
⑬なくなっ
⑭新しく

解答
①陽子
②1840
③/④
陽子/中性子
(順不同)
⑤陽子
⑥電子
⑦質量数
⑧原子番号
⑨中性子
⑩質量数
⑪1
⑫1
⑬$^{3}_{1}\mathrm{H}$

1章
物質の構成

● 放射性同位体

基本用語	説明
⑭ ( )	放射線を放出して，別の原子に変わる同位体。⑮ ( ) ともいう。年代測定，放射線治療，画像診断などに使われている。 例 ^3H, ^{14}C, ^{239}U など
⑯ ( )	放射性同位体が壊変して，もとの量の半分になるのに要する時間。 ^{131}I　8日 ^{134}Cs　2年 ^3H　12年 ^{14}C　5730年

⑭，⑮
放射性同位体/
ラジオアイソトープ（順不同）
⑯半減期

● 電子殻

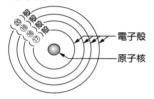

電子殻
原子核

電子殻	最大収容数	内側から n 番目の電子殻に入る電子の最大数
⑰ ( ) 殻	㉑ ( )	
⑱ ( ) 殻	㉒ ( )	
⑲ ( ) 殻	㉓ ( )	㉕ ( )
⑳ ( ) 殻	㉔ ( )	

⑰ K
⑱ L
⑲ M
⑳ N
㉑ 2
㉒ 8
㉓ 18
㉔ 32
㉕ $2n^2$

● 電子配置

周期\族	1	2	13	14	15	16	17	18	
1 最外殻 K殻	$_1H$							$_2He$	㉖ ( )
2 最外殻 L殻	$_3Li$	$_4Be$	$_5B$	$_6C$	$_7N$	$_8O$	$_9F$	$_{10}Ne$	最も外側の電子殻にある電子
3 最外殻 M殻	$_{11}Na$	$_{12}Mg$	$_{13}Al$	$_{14}Si$	$_{15}P$	$_{16}S$	$_{17}Cl$	$_{18}Ar$	㉗ ( )
4 最外殻 N殻	$_{19}K$	$_{20}Ca$							化学反応に関与する電子で，原子の性質を決める。18族の原子では0，その他は最外殻電子の数に等しい。
価電子	1	2	3	4	5	6	7	0	

㉖最外殻電子
㉗価電子

例題 **8** **原子の構成**

example problem

次の文中の(ア)～(キ)に適当な語句または式を入れよ。

原子は，その中心に存在する（ ア ）と，そのまわりを取りまく（ イ ）から構成されている。（ ア ）はさらに，正の電荷をもつ（ ウ ）と電気的に中性である（ エ ）からできている。各元素の原子では，（ ア ）中の（ ウ ）の数は決まっており，その数を（ オ ）という。また，（ ウ ）と（ エ ）の数の和を（ カ ）という。ある原子の（ オ ）が Z，（ カ ）が A であるとすると，（ エ ）の数 N は，Z および A を用いて，（ キ ）のように表される。 ❶

解答 (ア) 原子核 　(イ) 電子 　(ウ) 陽子 　(エ) 中性子
　　　　(オ) 原子番号 　(カ) 質量数 　(キ) $N = A - Z$

> ❶まず言葉で考えて文字におきかえる。

ベストフィット 質量数は陽子数と中性子数を足したものである。
原子番号＝陽子数＝電子数(電気的に中性な原子)

解説 ▶ ┈┈┈┈┈┈┈┈┈┈┈┈┈┈┈┈┈┈┈┈┈┈┈┈┈┈┈┈┈┈┈┈┈┈
原子は，原子核と電子で構成されている。さらに，原子核は正の電荷をもつ陽子と，電荷をもたない中性子からできている。原子番号 Z，質量数 A，中性子の数 N のとき，質量数＝陽子数(原子番号)＋中性子の数なので，$A = Z + N$ より，中性子の数 $N = A - Z$ である。

例題 **9** 同位体

example problem

> ❶物質の構成

天然の酸素原子には ^{16}O，^{17}O，^{18}O がある。次の問いに答えよ。
(1) これらの原子の関係を何というか。 ❶
(2) ^{16}O，^{17}O，^{18}O について，陽子の数，中性子の数および電子の数はそれぞれいくらか。 ❷
(3) これらの3種類の酸素原子を組み合わせると，酸素分子は何種類できるか。また，そのうち質量数の和が異なるものは何通りあるか。 ❸

解答 (1)　同位体(アイソトープ)
(2) ^{16}O　陽子：8，中性子：8，電子：8
　　 ^{17}O　陽子：8，中性子：9，電子：8
　　 ^{18}O　陽子：8，中性子：10，電子：8
(3) 酸素分子の種類：6種類　　質量数の和が異なるもの：5種類

> ❶アイソトープともいう。
> ❷酸素の原子番号は8である。
> ❸組み合わせは
> 　16 ─ 16
> 　16 ─ 17
> 　16 ─ 18 ┐質量数同じ
> 　17 ─ 17 ┘
> 　17 ─ 18
> 　18 ─ 18

ベストフィット 同位体の組み合わせが分子の種類になる。

解説 ▶ ┈┈┈┈┈┈┈┈┈┈┈┈┈┈┈┈┈┈┈┈┈┈┈┈┈┈┈┈┈┈┈┈┈┈
(2) 原子番号(＝陽子数)は元素記号の左下，質量数(陽子数＋中性子数)は左上に書く。
(3) 組み合わせは6種類あり，$^{16}O - {}^{18}O$ と $^{17}O - {}^{17}O$ の質量数の和は34で同じである。

例題 **10** 放射性同位体

example problem

^{14}C の半減期は約5700年である。ある地層から発見された木片中の ^{14}C の割合が，大気中の8分の1になっていた。この木片の木が枯れたのはおよそ何年前か。

解答 17100年前

ベストフィット 放射性同位体の数は，半減期ごとに半分になる。

解説 ▶ ┈┈┈┈┈┈┈┈┈┈┈┈┈┈┈┈┈┈┈┈┈┈┈┈┈┈┈┈┈┈┈┈┈┈
5700年経つと，^{14}C の数はもとの $1/2$ となる。さらに5700年経つと，もとの $1/4 (= 1/2^2)$ となる。ここで，$1/8 = 1/2^3$ であるから半分になる回数が3回であることがわかる。よって，5700年×3 ＝ 17100年前と求めることができる。

例題 11 電子配置

次の A ～ E はある原子の電子配置を示している。これについて，下の問いに答えよ。

(1) A ～ E の各原子の名称を書け。

(2) A の原子の最外殻には，あと何個
の電子を収容することができるか。

(3) A ～ E の各原子の価電子数はいくつか。

(4) ケイ素原子の電子配置を，A ～ E のように表せ。

(5) B の原子の電子配置を K(2)，L(4) と表したとき，硫黄原子の電子配置を同様に表せ。

A B C D E

解答 (1) A リチウム　　B 炭素　　C フッ素　　D ネオン　　E マグネシウム
(2) 7　　(3) A 1　　B 4　　C 7　　D 0　　E 2　　　　(4)

❶電子の
数がわか
れば原子
がわかる。

(5) K(2)，L(8)，M(6)

▶ **ベストフィット**　内側から n 番目の電子殻に入ることができる電子数は $2n^2$ である。

解説 ▶ ....

(1) 電子の数は陽子の数(= 原子番号)に等しい。

(2) L 殻には，最大 2×2^2 個の電子が入ることができる。

(3) 18 族の原子の価電子数は 0 である。

(4) ケイ素の原子番号は 14，K 殻に 2 個，L 殻に 8 個，M 殻に 4 個の電子が収容されている。

(5) 硫黄の原子番号は 16，K 殻に 2 個，L 殻に 8 個，M 殻に 6 個の電子が収容されている。

類題

20 ［原子の構成］　次の(ア)～(コ)に適当な数字を入れよ。

元素名	元素記号	原子番号	質量数	陽子数	中性子数	電子数
窒素	N	7	（ ア ）	（ イ ）	8	（ ウ ）
硫黄	S	（ エ ）	33	（ オ ）	（ カ ）	（ キ ）
金	Au	（ ク ）	197	（ ケ ）	118	（ コ ）

20 ◀例8
質量数 = 陽子数
　 + 中性子数
原子番号 = 陽子数
　　　 = 電子数
(中性原子の場合)

21 ［同位体］　天然の水素原子には ^1H と ^2H の 2 種類の同位体があり，天然の塩素原子には ^{35}Cl と ^{37}Cl の 2 種類の同位体がある。これらの同位体を組み合わせてできる塩化水素分子は何種類存在するか。

21 ◀例9
塩化水素は HCl，
2 種類の H と 2 種
類の Cl の組み合
わせである。

22 ［放射性同位体］　ウラン ^{235}U の半減期は 7 億年である。42 億年前は，いま存在する ^{235}U の何倍の個数であったか。

22 ◀例10
半減期さかのぼる
ごとに 2 倍，2 倍
…になる。

23 ［原子の電子配置］　次の原子の電子配置を例にならって書け。

(1) $_3Li$　　(2) $_9F$　　(3) $_{10}Ne$

(4) $_{16}S$　　(5) $_{17}Cl$　　(6) $_{20}Ca$

(例) $_2He$

23 ◀例11
周期表を書いて考
える。
K 殻から順番に
電子を入れる。

練習問題

24 [原子の構造] 次の(1)～(5)の中で正しいものを一つ選べ。
(1) 原子の大きさと原子核の大きさは，ほぼ等しい。
(2) 陽子の質量と中性子の質量は，ほぼ等しい。
(3) すべての原子の原子核に中性子が存在する。
(4) 原子核中に存在する陽子の数と中性子の数は，つねに等しい。
(5) 原子核中の中性子の数と電子の数の和を質量数という。

25 [原子の構造] 次の記述中のA～Fは，下の(ア)～(カ)のどれに相当するか。
① Aは ^1H のBに相当し，正の電荷をもつ粒子である。
② BはAとCからなり，原子の質量の大部分を占めている。
③ CはAとほぼ質量が等しく，帯電していない粒子である。
④ DはBの中のAの数に等しく，EはAの数とCの数の和に等しい。
⑤ Fは負の電荷をもつ粒子で，きわめて軽い。
　(ア) 原子番号　　(イ) 質量数　　(ウ) 陽子
　(エ) 電子　　　　(オ) 中性子　　(カ) 原子核

26 [陽子の数と中性子の数] 次の中から陽子の数と中性子の数が等しい原子を選べ。
(1) ^1_1H　　(2) ^4_2He　　(3) $^{16}_8O$　　(4) $^{22}_{10}Ne$
(5) $^{24}_{12}Mg$　(6) $^{34}_{16}S$　(7) $^{35}_{17}Cl$　(8) $^{40}_{20}Ca$

27 [同位体] 次の文中の(ア)～(キ)に適当な語句，数字または記号を入れよ。
　酸素の原子では，陽子の数はすべて（　ア　）である。しかし，中性子の数はすべて同じではなく，8個，9個，10個のものがあり，質量数はそれぞれ（　イ　），（　ウ　），（　エ　）である。質量数（　イ　）の原子は ^{16}O と表され，質量数（　ウ　）の原子は（　オ　）と表される。これらの原子は互いに（　カ　）の関係にあるという。天然では，酸素原子 10000 個あたり，^{16}O が 9976 個ある。したがって，^{16}O の存在比は（　キ　）％である。

28 [さまざまな同位体] 次の(ア)～(キ)に適当な語句を入れよ。
　物質は原子から構成されており，原子はさらに，陽子，中性子，電子から構成されている。正の電荷をもつ陽子と電荷をもたない中性子は（　ア　）を構成する。陽子の質量と中性子の質量はほぼ等しく，電子の質量の約 1840 倍であり，原子の質量のほとんどはこの（　ア　）に集中している。電子は，原子の中でいくつかの電子殻にわかれて存在している。電子1個のもつ電気量は -1.6×10^{-19} C であり，陽子は正の電荷で電子と（　イ　）電気量をもっている。
　陽子の数が同じで中性子の数が異なる原子どうしを互いに（　ウ　）という。（　ウ　）の中には不安定で（　エ　）を出し，別の元素に変化するものがある。それらを（　オ　）という。（　エ　）を出す性質を（　カ　）とよぶ。（　オ　）の固有のこわれる速さを利用して，遺跡などの（　キ　）を決定できる。

欄外：
24
質量数＝陽子数
　　　＋中性子数

26
質量数＝陽子数
　　　＋中性子数
陽子数＝原子番号

27 同位体
同じ元素の原子で質量数が異なるもの。

29 [同位体]　次の X，Y に当てはまる元素記号を書け。また，このうち同位体の組み合わせはどれか。

(1) $^{40}_{18}X$，$^{40}_{19}Y$　　(2) $^{20}_{10}X$，$^{40}_{20}Y$　　(3) $^{24}_{12}X$，$^{25}_{12}Y$　　(4) $^{12}_{6}X$，$^{14}_{7}Y$

29 陽子数（原子番号）が同じものは同一の元素である。

30 [同位体]　天然の酸素原子には，^{16}O，^{17}O，^{18}O の 3 種類があり，炭素原子には ^{12}C，^{13}C の 2 種類がある。次の問いに答えよ。

(1) ^{12}C，^{13}C の陽子数，電子数，中性子数をそれぞれ答えよ。

(2) これらの酸素原子と炭素原子を組み合わせると，二酸化炭素分子は何種類できるか。

30 ^{12}C と酸素からできるものと ^{13}C と酸素からできるものの組み合わせを考える。

31 [同位体]　A と B は同位体の関係にある。A の原子番号は Z で，A と B の質量数の和は $2m$，A の中性子の数は B より $2n$ 大きい。次の問いに答えよ。

(1) B の電子の数を Z，m，n を用いて示せ。

(2) A の中性子の数を Z，m，n を用いて示せ。

(3) $m = 36$，$n = 1$，A と B の中性子の数の和が 38 のとき，この元素の元素記号を書け。

31 A の中性子の数を a，B の中性子の数を b とおいてそれぞれの関係を考える。

32 [放射性同位体]　次の文を読み，(1)，(2)に答えよ。

ウラン ^{238}U やラジウム ^{226}Ra などの原子は，自然に放射線を放出して別の原子になる。これを壊変（または崩壊）という。原子が放射線を放つ性質を（　ア　）という。同位体の中には，放射線を放って他の原子に変化するものがあり，これを（　イ　）という。このような同位体は医療目的に用いたり，(イ)の存在比を調べて年代を測定したりすることなどに利用されている。

たとえば，ストロンチウム ^{89}Sr は骨に転移するガンの治療に用いられている。これはストロンチウム Sr がカルシウム Ca と（　ウ　）の元素であり，骨に吸収されやすい性質をもつことを利用したものである。

また，^{14}C は年代測定に用いられている。^{14}C は自然界では絶えず生成と壊変を繰り返しており，年代によらずその量はほぼ一定である。植物は呼吸や光合成により，CO_2 の形で大気と C のやり取りをしているため，生きている間は植物中の ^{14}C と大気中の ^{14}C の割合は（　エ　）である。しかし，植物が枯死すると，それ以上 ^{14}C を取り込むことができない一方で，植物中の ^{14}C は壊変し一定の割合で減少していく。このため，植物中の ^{14}C の量を測定することで，何年前に植物が枯死したのかを推定することができる。

(1) 文中の(ア)～(エ)に適当な語句を入れよ。

(2) 地層中から発見された木片中の ^{14}C の割合が，大気中の 1/8 になっていた。この木片の木が枯れたのは何年前か。ただし，^{14}C の半減期はおよそ 5700 年であり，大気中の ^{14}C の割合は常に一定であるとする。

33 [原子の電子配置]　次の原子の電子配置を例にならって書け。

〔例〕　$_3Li$：K(2)，L(1)

(1) $_1H$　　(2) $_5B$　　(3) $_7N$　　(4) $_{10}Ne$　　(5) $_{12}Mg$　　(6) $_{19}K$

33 K 殻から順番に電子を入れる。
K 殻＝2 個
L 殻＝8 個
M 殻＝8 個（最大 18 個）

▶2 イオンの生成

■中学までの復習■ 以下の空欄に適当な語句，記号またはイオン式を入れよ。

■ イオンと電離

基本用語	説　　明
イオン	①(　　　　)をもつ粒子のこと。
②(　　　)イオン	＋の電荷をもつイオンのこと。
陰イオン	③(　　　　)の電荷をもつイオンのこと。
④(　　　)	物質が水溶液中で(　②　)イオンと陰イオンに分かれること。

解答
①電気(電荷)
②陽
③−
④電離

■ おもなイオンの名称と化学式

	イオンの名称	化学式		イオンの名称	化学式
陽イオン	水素イオン	⑤(　　)	陰イオン	塩化物イオン	⑨(　　　　)
	⑥(　　　　)	Na^+		⑩(　　　　)	OH^-
	銅(Ⅱ)イオン	⑦(　　　)		硝酸イオン	⑪(　　　　)
	⑧(　　　)	Zn^{2+}		⑫(　　　　)	SO_4^{2-}

⑤H^+
⑥ナトリウムイオン
⑦Cu^{2+}
⑧亜鉛イオン
⑨Cl^-
⑩水酸化物イオン
⑪NO_3^-
⑫硫酸イオン

●確認事項● 以下の空欄に適当な語句または数字を入れよ。

● イオン化エネルギーと電子親和力

基本用語	説　　明	
イオン化エネルギー	原子の最外殻から①(　　　　)を1個取り去るのに②(　　　　)なエネルギーのこと。周期表の③(　　　　)に位置する元素のイオン化エネルギーの値は小さい傾向があり，④(　　　)イオンになりやすい。	
電子親和力	原子が1個の(　①　)を受け入れるときに⑤(　　　　)するエネルギーのこと。⑥(　　　)族元素を除き周期表の⑦(　　　)に位置する元素の電子親和力の値は大きい傾向があり，⑧(　　　)イオンになりやすい。	

解答
①電子
②必要
③左下
④陽
⑤放出
⑥18
⑦右上
⑧陰

● 原子の陽性・陰性

基本用語	説　　明
陽性	原子核に電子を引きつける力が小さく，⑨(　　　　)になりやすい性質のこと。周期表の同じ族(縦列)の典型元素では，原子番号が⑩(　　　)くなるほど陽性が強い。
陰性	原子核に電子を引きつける力が大きく，⑪(　　　　)になりやすい性質のこと。周期表の同じ周期(横行)の典型元素では，18族元素(貴ガス)を除いて原子番号が⑫(　　　)くなるほど陰性が強い。

⑨陽イオン
⑩大き
⑪陰イオン
⑫大き

例題 **12** 電子配置とイオン

下図はある原子の電子配置である。これについて，次の問いに答えよ。

(1) (ア)～(オ)の原子の名称を答えよ。❶

(2) (ア)～(オ)の原子の中から，陽イオンになりやすいものと陰イオンになりやすいものをそれぞれ二つずつ選び，それらのイオンを化学式で書け。❷

(3) (イ)の原子と(ウ)の原子からなる安定な多原子イオンの化学式とその名称を書け。❸

解答 (1) (ア) リチウム　(イ) 炭素　(ウ) 酸素　(エ) マグネシウム　(オ) 塩素

(2) 陽イオン：(ア) Li^+ (エ) Mg^{2+}　陰イオン：(ウ) O^{2-} (オ) Cl^-

(3) CO_3^{2-}，炭酸イオン

▶ **ベストフィット**

価電子が少なければ陽イオン，多ければ陰イオンとなる。
・価電子数が1，2個の原子 →1価，2価の陽イオンとなる。
・価電子数が6，7個の原子 →2価，1価の陰イオンとなる。

❶原子では総電子数
＝原子番号となる。
❷周期表の左側は陽イオン，右側は陰イオンになりやすい。貴ガスはイオンにならない。
❸2個以上の原子が集まった電荷をもつ粒子である。

解説 ▶ ⋯⋯⋯⋯⋯⋯⋯⋯⋯⋯⋯⋯⋯⋯⋯⋯⋯⋯⋯⋯⋯⋯⋯⋯⋯⋯⋯⋯⋯⋯⋯

(1) 各原子の総電子数は，(ア) 3 (イ) 6 (ウ) 8 (エ) 12 (オ) 17であるので，原子番号は，(ア) 3 (イ) 6 (ウ) 8 (エ) 12 (オ) 17となる。

(2) 価電子数は，(ア) 1 (イ) 4 (ウ) 6 (エ) 2 (オ) 7である。価電子数が4個の(イ)はイオンになりにくい。

(3) おもな多原子イオンはしっかりと覚えておくことが必要である。アンモニウムイオン NH_4^+，水酸化物イオン OH^-，硝酸イオン NO_3^-，硫酸イオン SO_4^{2-}，リン酸イオン PO_4^{3-}，炭酸イオン CO_3^{2-}

例題 **13** イオン化エネルギーと電子親和力

次の原子について，下の問いに答えよ。

(ア) He　(イ) Li　(ウ) Cl　(エ) Mg　(オ) Si　(カ) S　(キ) Ar　(ク) K

(1) イオン化エネルギーが最も小さい原子はどれか。元素名で答えよ。❶

(2) 電子親和力が最も大きい原子はどれか。元素名で答えよ。❷

(3) 最も陽イオンになりやすい原子と，最も陰イオンになりやすい原子を記号で答えよ。

解答 (1) カリウム　(2) 塩素　(3) 陽イオン：(ク)　陰イオン：(ウ)

▶ **ベストフィット**

周期表の { 右上にある元素(18族含む)はイオン化エネルギーが大きい。
右上にある元素(18族除く)は電子親和力が大きい。

❶イオン化エネルギー

❷電子親和力

解説 ▶ ⋯⋯⋯⋯⋯⋯⋯⋯⋯⋯⋯⋯⋯⋯⋯⋯⋯⋯⋯⋯⋯⋯⋯⋯⋯⋯⋯⋯⋯⋯⋯

(1) 周期表の左下に位置しているアルカリ金属(1族の金属元素)の原子はイオン化エネルギーが小さく陽イオンになりやすい。

(2) 18族元素を除く周期表の右上に位置しているハロゲン(17族の非金属元素)の原子は電子親和力が大きく陰イオンになりやすい。

(3) 1族元素(アルカリ金属)の原子は，K＞Na＞Li の順に陽イオンになりやすい。また，17族元素(ハロゲン)の原子は，F＞Cl＞Br＞I の順に陰イオンになりやすい。

24　第 1 章　物質の構成 ⋯⋯⋯

34 ［イオンの電子配置］　次の原子について，下の問いに答えよ。

$_3Li$　　$_8O$　　$_9F$　　$_{11}Na$　　$_{12}Mg$　　$_{13}Al$　　$_{16}S$　　$_{17}Cl$

(1) 陽イオンになると He 原子と同じ電子配置になるものはどれか。
(2) 陽イオンになると Ne 原子と同じ電子配置になるものはどれか。
(3) 陰イオンになると Ne 原子と同じ電子配置になるものはどれか。
(4) 陰イオンになると Ar 原子と同じ電子配置になるものはどれか。

35 ［電子配置とイオン］　次の数値は，元素A～E（A～Eは仮の元素記号である）における電子配置を示したものである。下の問いに答えよ。

A：K(2)，L(8)，M(1)　　B：K(2)，L(8)，M(3)　　C：K(2)，L(8)，M(6)
D：K(2)，L(8)，M(7)　　E：K(2)，L(8)，M(8)

(1) 1価の陽イオンになりやすい元素はどれか。また，その陽イオンの化学式と電子の総数を答えよ。
(2) 2価の陰イオンになりやすい元素はどれか。また，その陰イオンの化学式と電子の総数を答えよ。
(3) イオンになりにくい元素はどれか。その元素記号を答えよ。また，イオン化エネルギーが最も大きい元素はどれか。その元素記号を答えよ。
(4) 陰性の最も強い元素はどれか。その元素記号を答えよ。

36 ［単原子イオン・多原子イオン］　(1)～(10)のイオンの化学式を答えよ。
(1) カリウムイオン　(2) マグネシウムイオン　　(3) 酸化物イオン
(4) 塩化物イオン　(5) 硝酸イオン　　(6) 硫酸イオン
(7) 炭酸イオン　(8) リン酸イオン　　(9) 水酸化物イオン
(10) アンモニウムイオン

37 ［電子数と中性子の数］　ある原子が2価の陽イオンになると，10個の電子と14個の中性子をもつ。この原子の元素記号と質量数がわかるように，次の例にならって書け。　　（例）$^{12}_{6}C$

---

34 ◀例11
周期表から考える。陽イオンも陰イオンも貴ガスと同じ電子配置になる。

35 ◀例11, 例12
イオンの価数
原子がイオンになるときに，放出または受け取った電子の数。

36 ◀例11
単原子陰イオンの名称は「○○化物イオン」。

37 ◀例11
陽イオンの総電子数＝原子の電子数－イオンの価数相当の電子数

質量数＝陽子数＋中性子数

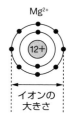

練習問題

38 [イオンの構造] マグネシウムイオン$^{25}Mg^{2+}$について，次の記述のうち誤っているものをすべて選べ。

(1) 電子の数は12である。　(2) 質量数は25である。

(3) 中性子の数は12である。　(4) イオンの電荷は＋2である。

(5) 電子配置は Ne と同じである。　(6) Ca^{2+} よりイオンの大きさが小さい。

(7) Al^{3+} とイオンの大きさが同じである。

38 中性子の数
＝質量数
　　－原子番号

イオンの大きさ

39 [イオン化エネルギー] 下図は，横軸が原子番号，縦軸がイオン化エネルギーを示したグラフの概形である。下の問いに答えよ。

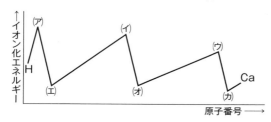

(1) (ア)～(カ)で貴ガスに属するものをすべて選べ。

(2) (ア)～(カ)で最も陽イオンになりにくいものはどれか。

(3) (ア)～(カ)の中で最も陽性が強いものはどれか。

40 [イオン化エネルギーと電子親和力] 次の(1)～(5)の記述のうち，誤っているものを一つ選べ。

(1) 原子から電子を取り去って，陽イオンにするために必要なエネルギーをイオン化エネルギーという。

(2) 原子が電子を受け取って，陰イオンになるときに吸収するエネルギーを電子親和力という。

(3) 同じ周期では，イオン化エネルギーは原子番号とともに増加する傾向を示す。

(4) 同じ周期の元素で，17族元素の電子親和力は，16族元素の電子親和力よりも大きい。

(5) 第3周期のアルカリ金属原子のイオン化エネルギーは，第2周期の貴ガス原子のイオン化エネルギーより小さい。

41 [イオンの電子数] 原子Aが3価の陽イオンになったときの電子の数は，原子番号nの原子Bが1価の陰イオンになったときの電子の数と同じであった。原子Aの原子番号をnを用いて表すと，次のうちどれになるか。

(1) $n-4$　(2) $n-2$　(3) $n-1$　(4) n

(5) $n+1$　(6) $n+2$　(7) $n+3$　(8) $n+4$

41 原子番号xのとき，a価の陽イオンの電子数は$x-a$，b価の陰イオンの電子数は$x+b$。

▶3 元素の周期表

■中学までの復習■ 以下の空欄に適当な語句を入れよ。

■ 元素の周期表

基本用語	説明
周期表	元素を①(　　　　　)の順に配列した表で，性質の似た元素が②(　　　)に並んでいる。ロシアの③(　　　　　　)が発表した。

● 確認事項 ● 以下の空欄に適当な語句または数字を入れよ。

解答
①原子番号
②縦
③メンデレーエフ

● 元素の周期律と周期表

基本用語	説明
周期律	元素を①(　　　　　)の順に並べると，化学的性質の似た元素が周期的に現れること。
周期	周期表の②(　　　)方向の集合
族	周期表の③(　　　)方向の集合，1族から18族まで

解答
①原子番号
②横
③縦

● 周期表

族\周期	1	2	3	4	5	6	7	8	9	10	11	12	13	14	15	16	17	18
1	H																	He
2	Li	Be											B	C	N	O	F	Ne
3	Na	Mg											Al	Si	P	S	Cl	Ar
4	K	Ca	Sc	Ti	V	Cr	Mn	Fe	Co	Ni	Cu	Zn	Ga	Ge	As	Se	Br	Kr
5	Rb	Sr	Y	Zr	Nb	Mo	Tc	Ru	Rh	Pd	Ag	Cd	In	Sn	Sb	Te	I	Xe
6	Cs	Ba	*	Hf	Ta	W	Re	Os	Ir	Pt	Au	Hg	Tl	Pb	Bi	Po	At	Rn
7	Fr	Ra	**	Rf	Db	Sg	Bh	Hs	Mt	Ds	Rg	Cn	Nh	Fl	Mc	Lv	Ts	Og

典型元素 / 遷移元素 / 典型元素

金属元素 □　非金属元素 □

アルカリ土類金属
アルカリ金属（Hを除く）
ハロゲン
貴ガス（希ガス）
＊ランタノイド元素
＊＊アクチノイド元素

④1
⑤2
⑥13
⑦18
⑧周期的
⑨同じ
⑩3
⑪12
⑫金属
⑬/⑭
1／2
（順不同）

典型元素	周期表の④(　　　)族，⑤(　　　)族および⑥(　　　)～⑦(　　　)族の元素。価電子の数が⑧(　　　　　)に変化する。このため，⑨(　　　)族の元素の間で性質がよく似ている。
遷移元素	周期表の⑩(　　　)～⑪(　　　)族の元素。すべて⑫(　　　)元素であり，価電子の数は⑬(　　　)または⑭(　　　)のものが多く，隣り合う元素の間で比較的よく似た性質を示す。

● アルカリ金属（1族元素）の電子配置

元素記号	原子番号	K殻	L殻	M殻	N殻	最外殻電子数
Li	⑮(　　)	⑯(　　)	⑰(　　)	⑱(　　)	⑲(　　)	⑳(　　)
Na	㉑(　　)	㉒(　　)	㉓(　　)	㉔(　　)	㉕(　　)	㉖(　　)
K	㉗(　　)	㉘(　　)	㉙(　　)	㉚(　　)	㉛(　　)	㉜(　　)

⑮3　⑯2
⑰1　⑱0
⑲0　⑳1
㉑11　㉒2
㉓8　㉔1
㉕0　㉖1
㉗19　㉘2
㉙8　㉚8
㉛1　㉜1

● 貴ガス（18族元素）の電子配置

元素記号	原子番号	K殻	L殻	M殻	最外殻電子数
He	㉝（　）	㉞（　）	㉟（　）	㊱（　）	㊲（　）
Ne	㊳（　）	㊴（　）	㊵（　）	㊶（　）	㊷（　）
Ar	㊸（　）	㊹（　）	㊺（　）	㊻（　）	㊼（　）

※貴ガスの価電子数は㊽（　）とみなす。

● 貴ガスの性質

貴ガスの性質	貴ガスは化学的に安定で，他の原子と㊾（　）しにくい。

例題 **14** 元素の周期表　　example problem

　右図は元素の周期表を分類したものである。(1)～(6)の分類に当てはまる部分を図中よりすべて選べ。❶

(1) アルカリ金属　　(2) 貴ガス　　(3) ハロゲン

(4) 遷移元素　　(5) 金属元素　　(6) 非金属元素

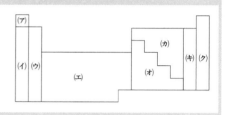

解答　(1)（イ）　　(2)（ク）　　(3)（キ）
　　　　(4)（エ）　　(5)（イ），（ウ），（エ），（オ）　　(6)（ア），（カ），（キ），（ク）

❶周期表の左側二つと右側二つの族の名称は覚える。

▶ **ベストフィット**　周期表は場所によって異なる名称がついている。
　　1族(H除く)：アルカリ金属　　　2族：アルカリ土類金属
　　17族：ハロゲン　　　　　　　　18族：貴ガス

例題 **15** 同族元素の電子配置　　example problem

　次のA～Eはある原子の電子配置を示している。これについて，下の問いに答えよ。

A　　　　　B　　　　　C　　　　　D　　　　　E

(1) A～Eの原子のうち，同族元素はどれとどれか。❶

(2) A～Eの原子のうち，周期表の同周期にある元素をすべて選べ。

(3) Dの原子と同族のものを総称して何とよぶか。また，そのうち原子番号が最小のものを元素記号で答えよ。

解答 (1) BとE　(2) BとCとD　(3) ハロゲン，**F**

同族元素では最外殻電子の数が同じ。同周期にある元素では最外殻が同じ。

(1) 同族元素では最外殻電子数が同じである。

(2) Aは最外殻がL殻，B，C，DがM殻，EがN殻となっている。

(3) 最外殻電子が7個の17族元素を総称して，ハロゲンとよぶ。

❶周期表において，同じ縦列に並ぶ元素。

━━━ 👨‍🏫 **類 題** ━━━━

42 [周期表と元素の分類]　下図は，元素の周期表を分類したものである。(1)〜(6)に該当する元素を含む部分を図からすべて選べ。

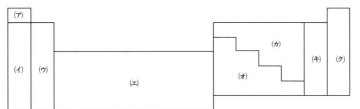

(1) 金属元素　　　　　　　　(2) 非金属元素

(3) 遷移元素　　　　　　　　(4) 典型元素

(5) 他の原子と反応しにくい元素　(6) ハロゲン

42 ◀ 例14
周期表の中で，金属は左下，非金属は右上に集まっている。

43 [同族元素の電子配置]　次の(ア)〜(オ)の電子配置で示される原子について，下の問いに答えよ。

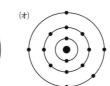

(ア)　(イ)　(ウ)　(エ)　(オ)

(1) (ア)〜(オ)の原子のうち，同族元素はどれとどれか。記号で答えよ。

(2) (ア)〜(オ)の原子のうち，周期表の第2周期にある原子をすべて選び，元素記号で答えよ。

(3) 化学的に安定な原子を選び，元素記号で答えよ。

(4) (エ)の原子の元素名を答えよ。また，この原子と同族の金属元素を総称して何とよぶか。

43 ◀ 例15

44 ［周期表］ 次の文中の(ア)〜(キ)に適当な語句または数字を入れよ。

　　ロシアの（　ア　）は，元素を（　イ　）の順に並べ，性質の似た元素が周期的に現れることを示した。現在の周期表は，元素を（　ウ　）の順に並べたものであり，周期表の縦の列を（　エ　），横の行を（　オ　）という。

　　水素を除いた1族元素は（　カ　）とよばれ，価電子を（　キ　）個もっており水と激しく反応する。

44
周期と最外殻
第1周期＝K殻
第2周期＝L殻
第3周期＝M殻

45 ［周期表］ 下の表は周期表の一部である。(1)〜(4)の記述について当てはまる元素を，(a)〜(h)の記号で答えよ。

45 族の位置は覚えておく。

	1族	2族	13族	14族	15族	16族	17族	18族
第2周期				(a)	(b)	(c)		(d)
第3周期	(e)	(f)	(g)				(h)	

(1) 原子番号6の元素はどれか。

(2) アルカリ金属元素はどれか。

(3) 貴ガスはどれか。

(4) 価電子の数の最も少ない元素はどれか。

46 ［周期表と元素の性質］ 次の(1)〜(5)の記述のうち，正しいものを二つ選べ。

(1) 遷移元素は3族から12族に属する元素で，それらの単体はすべて金属元素である。

(2) 遷移元素の単体の融点は，典型元素の単体の融点と比べて低い。

(3) 金属元素の単体は，常温ではすべて固体である。

(4) 12族には，金属と非金属が含まれる。

(5) 非金属は，すべて典型元素である。

47 ［価電子の数］ 次の原子について，下の問いに答えよ。

47 価電子数
最外殻電子数＝価電子数（貴ガスは0）

　　(ア) $_4$Be　　(イ) $_9$F　　(ウ) $_{10}$Ne　　(エ) $_{11}$Na

　　(オ) $_{12}$Mg　　(カ) $_{16}$S　　(キ) $_{20}$Ca

(1) 価電子の数が0個のものと7個のものをそれぞれ選べ。

(2) 価電子の数が同じものをすべて選べ。

(3) 最外殻電子がM殻にあるものを選び，電子配置を例にならって書け。
　　〔例〕 $_3$Li：K(2)，L(1)

(4) アルカリ金属，ハロゲン，貴ガスを選べ。

▶ **1** イオン結合

● **確認事項** ● 以下の空欄に適当な語句を入れよ。

● イオン結合とイオン結晶

基本用語	説　　　明
イオン結合	陽イオンと陰イオンが①(　　　)力により，引き合っている結合。②(　　　)元素と③(　　　)元素が結びついてできる。
イオン結晶	④(　　　　　)結合によってできた結晶。 【おもな特徴】 ・イオンの種類と割合を元素記号で示した⑤(　　　)を用いて表す。 ・分子は存在しない。 ・融点が⑥(　　)い。 ・⑦(　　)いが，もろい。 ・固体では電気伝導性は⑧(　　)が，水溶液や融解した状態では電気伝導性が⑨(　　)。

解答
①静電気的な（クーロン）
②/③
金属/非金属
（順不同）
④イオン
⑤組成式
⑥高
⑦かた
⑧ない
⑨ある

NaCl の結晶

Na^+ ← Cl^-

例題 **16** イオンと組成式　　　　example problem

次のイオンについて，下の問いに答えよ。

(ア) Na^+　　(イ) S^{2-}　　(ウ) OH^-　　(エ) NH_4^+　　(オ) Al^{3+}　　(カ) SO_4^{2-}

(1) (ア)，(イ)のイオンの電子配置は，どの18族元素原子の電子配置と同じであるか。❶

(2) (ウ)，(エ)のイオンがもつ電子の数はそれぞれいくつか。

(3) (ア)と(イ)，(ウ)と(オ)，(オ)と(カ)のイオンの組み合わせからなる物質の組成式と名称を書け。❷

解答 (1) (ア) ネオンNe　(イ) アルゴンAr　　(2) (ウ) 10　(エ) 10

(3) (ア)と(イ) Na_2S 硫化ナトリウム　　(ウ)と(オ) $Al(OH)_3$ 水酸化アルミニウム

(オ)と(カ) $Al_2(SO_4)_3$ 硫酸アルミニウム

❶イオンの電子配置は貴ガスと同じ。
❷イオンや金属などからできている物質は，おもに組成式で表される。

▶ **ベストフィット**　電子を放出すれば陽イオン，受け取れば陰イオンになる。

● イオンの電子数
①陽イオンの総電子数＝(原子の電子数の和)−(イオンの価数相当の電子数)
②陰イオンの総電子数＝(原子の電子数の和)＋(イオンの価数相当の電子数)

● 組成式のきまり
①陽イオンを先に，陰イオンを後に書くことが多い。
②(陽イオンの価数)×(陽イオンの数)＝(陰イオンの価数)×(陰イオンの数)
　となるように書く。A^{n+}とB^{m-} → A_mB_n
③多原子イオンが複数個あるときには( )をつける。
④名称は「陰イオン名」＋「陽イオン名」
　ただし，「物イオン」，「イオン」の語尾は省いてつなげる。

(1) Na^+ の総電子数 = (Na の電子数) − (1価相当の電子数) = $11-1=10$。よって，Na^+ は原子番号が10の Ne と同じ電子配置となる。S^{2-} の総電子数 = (S の電子数) + (2価相当の電子数) = $16+2=18$。よって，S^{2-} は原子番号が18の Ar と同じ電子配置となる。

(2) OH^- の総電子数 = (O の電子数) + (H の電子数) + (1価相当の電子数) = $8+1+1=10$

NH_4^+ の総電子数 = (N の電子数) + (H の電子数) $\times 4$ − (1価相当の電子数) = $7+1\times 4-1=10$

(3)

	Na^+	S^{2-}		Al^{3+}	OH^-		Al^{3+}	SO_4^{2-}
イオンがもつ電荷	+1	−2		+3	−1		+3	−2
イオンの数の比	× 2	× 1		× 1	× 3		× 2	× 3
電荷の総数	+2	−2	実際は1を省略	+3	−3	多原子イオンは( )をつける	+6	−6
組成式	Na 2 S 1			Al 1 (OH) 3			Al 2 (SO4) 3	
イオンの名称	ナトリウムイオン × 硫化物イオン			アルミニウムイオン × 水酸化物イオン			アルミニウムイオン × 硫酸イオン	
物質の名称	硫化 ナトリウム			水酸化 アルミニウム			硫酸 アルミニウム	

例題 17 イオン結合

次の原子の組み合わせからなる物質で，粒子間の結合がイオン結合となるものを選べ。

(ア) C と H (イ) S と O (ウ) Zn と Cu (エ) C と O (オ) Ca と Cl

(解答) (オ)

▶ ベストフィット　金属イオンと非金属イオンの結合はイオン結合である。
金属イオンがなくてもNH_4^+があればイオン結合となる。

H								He
Li	Be		B	C	N	O	F	Ne
Na	Mg	Al	Si	P	S	Cl	Ar	
K	Ca							
金属元素				非金属元素				

解 説 ▶

(ア)，(イ)，(エ)は非金属原子の間の結合(共有結合という)，(ウ)は金属原子間の結合(金属結合という)である。
(オ)の組成式は$CaCl_2$である。

類題

48 ［組成式］ 次のイオンからできる物質の組成式と名称を答えよ。
(1) Al^{3+} と F^-　　(2) Mg^{2+} と O^{2-}
(3) Na^+ と CO_3^{2-}　　(4) Ca^{2+} と PO_4^{3-}

49 ［電子配置とイオン結合］ 次の化合物の中から，ネオンと同じ電子配置になっているイオンどうしがイオン結合で結びついてできているものをすべて記号で選べ。
(ア) H_2O　　(イ) $NaCl$　　(ウ) Li_2O　　(エ) $AlCl_3$
(オ) Al_2O_3　　(カ) MgF_2　　(キ) SO_2

48 ◀例16
組成式
イオンや金属などからできている物質を表す化学式。

49 ◀例17
イオン結合
→金属イオン
(またはアンモニウムイオン)
+非金属イオン

50 [イオン結合の生成] 次の文中の(ア)～(コ)に適当な語句，数字または化学式を入れよ。

アルミニウム原子と塩素原子の結合を考えてみよう。アルミニウム原子は価電子が(ア)個なので，化学式(イ)のイオンになりやすい。塩素原子は価電子が(ウ)個なので，化学式(エ)のイオンになりやすい。
(オ)原子が電子を放出し，(カ)原子がその放出した電子を受け取れば，(イ)と(エ)ができる。(イ)と(エ)には(キ)力が作用し，これによって生じる結合が(ク)結合である。このときできる物質の組成式は(ケ)で表され，名称は(コ)である。

51 [イオン結合からなる物質] 次の(1)～(5)の物質の組み合わせのうち，ともにイオン結合からなるものを一つ選べ。
(1) 鉄と亜鉛 (2) 酸化カルシウムと塩化アンモニウム
(3) 石英(二酸化ケイ素)と炭酸ナトリウム
(4) 塩化ナトリウムとヨウ素 (5) ダイヤモンドと氷

52 [イオン結合からなる物質の組成式] 次の(1)～(5)の各物質の名称を書け。また，(6)～(10)の各物質の組成式を書け。
(1) MgF_2 (2) BeO (3) $FeCl_3$
(4) Li_2SO_4 (5) $Ca_3(PO_4)_2$
(6) 硫化ナトリウム (7) 硝酸アンモニウム (8) 炭酸カリウム
(9) 水酸化マグネシウム (10) 硫酸アルミニウム

53 [イオン結晶] 次の記述のうち，イオン結晶の性質を述べたものを一つ選べ。
(1) きわめてかたく，融点が高い。
(2) 固体状態では電気を通さないが，液体状態や水溶液では電気を通す。
(3) やわらかく，融点が低い。昇華性をもつものがある。
(4) 特有の光沢があり，電気や熱をよく通す。

54 [イオン結合からなる物質] 次の(1)～(3)の記述に該当するものを，(ア)～(ケ)の
生活 うちから一つずつ選べ。また，その組成式も書け。
(1) 水によく溶ける白色固体で，吸湿性や潮解性をもつ。乾燥剤や凍結防止剤などに利用されている。
(2) 水に溶けやすく，海水中に多く含まれている。ソーダ工業や調味料などとして用いられている。
(3) サンゴや貝殻の主成分であり，水に溶けにくい。セメントの原料やチョークなどに利用されている。
(ア) 炭酸水素ナトリウム (イ) 塩化ナトリウム (ウ) 水酸化ナトリウム
(エ) 炭酸ナトリウム (オ) 硫酸バリウム (カ) 酸化亜鉛
(キ) 炭酸カルシウム (ク) 塩化カルシウム (ケ) 硝酸カリウム

50
アルミニウム
13族の金属元素

塩素
17族の非金属元素

51 イオン結晶
金属イオン
(またはアンモニウムイオン)
＋
非金属イオン

イオン結合 → イオン結晶
クーロン力

各物質の化学式を書いて考える。

53 イオン結晶
電解質であり，水に溶かすと電離してイオンを生じるものが多い。

※物質はその結晶の種類により，似た性質をもつ。

2章 物質と化学結合

▶ 1 分子と共有結合

・中学までの復習・ 以下の空欄に適当な語句を入れよ。

■ プラスチック(①(　　　)機物に分類されている)

	特徴など	用途例
ポリエチレン テレフタラート	加熱すると燃える。 水に②(浮く・沈む)。 透明で丈夫。薬品に強い。	・③(　　　　)ボトル ・卵パック
ポリエチレン	加熱すると燃える。 水に④(浮く・沈む)。 薬品に強い。	・⑤(　　　　)袋 ・食用品ラップ ・灯油タンク

■ 気体(⑥(　　　)機物に分類されるものが多い)

	製法	性質
酸素	二酸化マンガンに ⑦(　　　　　　　　　)を加える。	・無色,無臭。 ・ものを燃やすはたらきがある。
二酸化炭素	石灰石や貝殻に⑧(　　　　)を加える。	・無色,無臭,空気より重い。 ・水に少し溶け,その水溶液は⑨(　　　)性を示す。 ・⑩(　　　　　)を白く濁らせる。
窒素		・無色,無臭。 ・線香の火をすぐに消してしまう。
水素	亜鉛や鉄などの⑪(　　　　)に塩酸や希硫酸を加える。	・無色,無臭。空気より⑫(　　)い。 ・火を近づけると燃える(可燃性)。
アンモニア	塩化アンモニウムに ⑬(　　　　　　　　　　)を加え,加熱する。	・無色,刺激臭,空気より⑭(　　)い。 ・水に非常に溶けやすく,その水溶液は⑮(　　　　)性を示す。

解答
①有
②沈む
③ペット
④浮く
⑤ポリ

⑥無
⑦過酸化水素水
⑧塩酸
⑨酸
⑩石灰水
⑪金属
⑫軽
⑬水酸化ナトリウム(または水酸化カルシウム)
⑭軽
⑮アルカリ

● 確認事項 ● 以下の空欄に適当な語句または数字を入れよ。

● 共有結合と分子

基本用語	説　明
共有結合	隣り合う二つの原子が,いくつかの①(　　　　)を共有することによってできる結合。②(　　　　)原子どうしが結びついてできる。
分子	一つの原子だけでできた単原子分子(③(　　　)族元素が該当)と複数の原子が④(　　　　)結合によって結びついた多原子分子がある。原子の種類とその数を元素記号で示した⑤(　　　　　)を用いて表す。

解答
①価電子
②非金属
③18
④共有
⑤分子式

● 分子の表し方

基本用語	説　明
⑥(　　　)	原子の最外殻電子を元素記号のまわりに記号「・」で示した化学式。 H・ ＋ ・Ö・ ＋ ・H ⟶ H:Ö:H ・⑦(　　)電子 ⑧(　　)電子対 ⑨(　　)電子対
構造式	1組の共有電子対を1本の線(価標)で示して⑩(　　　)を表した化学式。　H–H(単結合)　O=C=O(二重結合)

解答
⑥電子式
⑦不対
⑧非共有
⑨共有
⑩分子

原子価	原子から出る⑪(　　　)の数。 −N− ←(⑪) (原子の原子価)H：⑫(　)，O：⑬(　)，N：⑭(　)，C：⑮(　)
⑯(　　　)結合	一方の原子の非共有電子対が，もう一方の原子に電子対のまま提供されてできる共有部分。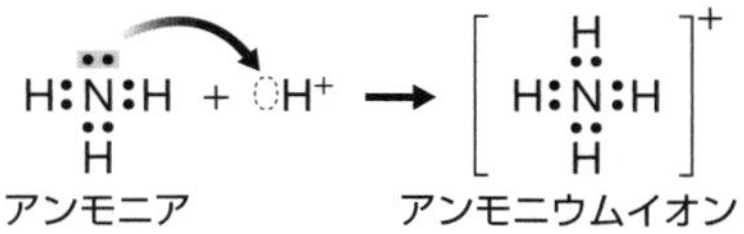アンモニア アンモニウムイオン

⑪価標
⑫ 1
⑬ 2
⑭ 3
⑮ 4
⑯配位

● 分子にはたらく力

基本用語	説　明
電気陰性度	⑰(　　　)結合で，原子が⑱(　　　　)を引きよせる程度を示す数値。18 族元素を除いて周期表の⑲(　　　)に位置する元素ほど数値が大きい。
⑳(　　　)	共有電子対が電気陰性度の㉑(　　　)い原子に引きよせられて，結合に電荷のかたよりが生じること。
㉒(　　　)	分子間にはたらく，互いの分子どうしを引き合う弱い力。ファンデルワールス力や水素結合がある。
㉓(　　　)結合	電気陰性度の大きい原子に結合した水素原子と他の㉔(　　　)中の電気陰性度の大きい原子との結合。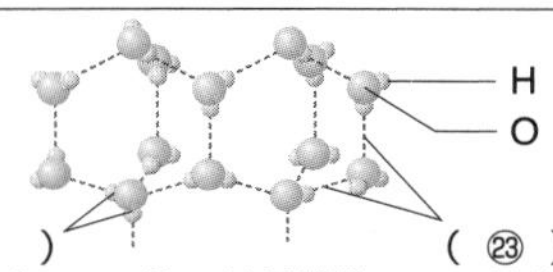H O ㉕(　　)結合 氷の結晶構造 (㉓)結合

⑰共有
⑱共有電子対
⑲右上
⑳極性
㉑大き
㉒分子間力
㉓水素
㉔分子
㉕共有

● 分子結晶，共有結合の結晶

基本用語	説　明
分子結晶	分子が㉖(　　　　)力により配列した結晶。㉗(　　　)式を用いて表される。 例ヨウ素，ドライアイス，ナフタレン，氷 【おもな特徴】 ・やわらかく，融点の㉚(　　)いものが多い。 ・昇華性をもつものもある。 ・結晶の状態でも，水溶液や融解した液体の状態でも電気を通㉛(す・さない)。 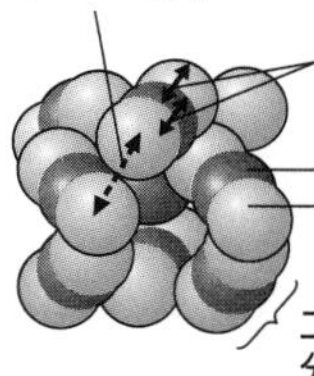㉘(　　)力 ㉙(　　)結合 C O 二酸化炭素分子CO_2ドライアイス（CO_2の結晶）
㉜(　　　)化合物	おもに炭素・水素・酸素からなる分子で，石油化学製品の原料や，燃料として用いられている化合物。
㉝(　　　)化合物	特定の構造がくり返し㉞(　　　)結合によってつながった大きな分子。(㉜)化合物でできたものは，一般にプラスチックとよばれる。
共有結合の結晶	非金属の原子どうしが次々に㉟(　　　)結合した構造をもつ結晶。原子の種類とその割合を元素記号で示した㊱(　　　)を用いて表す。 例ダイヤモンド，黒鉛，二酸化ケイ素 【おもな特徴】 ・融点がきわめて㊲(　　)く，非常に㊳(　　　)いものが多い。 ・水に溶けにくく，電気を通し㊴(やす・にく)いものが多い。 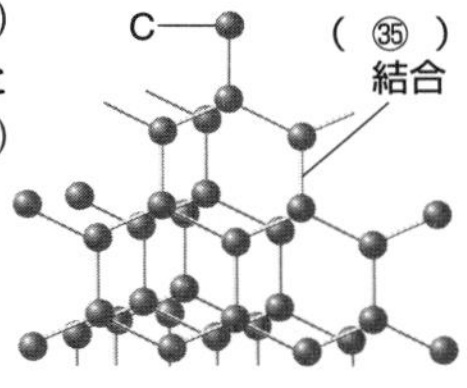C (㉟)結合ダイヤモンド

㉖分子間
㉗分子
㉘分子間
㉙共有
㉚低
㉛さない
㉜有機
㉝高分子
㉞共有
㉟共有
㊱組成式
㊲高
㊳かた
㊴にく

例題 18 電子式と構造式

次の(ア)〜(カ)の分子式で表される物質について，下の問いに答えよ。

(ア) Cl_2　(イ) H_2O　(ウ) CO_2　(エ) NH_3　(オ) N_2　(カ) CH_4

(1)❶ 下の例にならって，(ア)〜(カ)の各分子の電子式と構造式を書け。

　　(例) 分子式 F_2　　電子式 :F̈:F̈:　　構造式 F−F

(2) 二重結合および三重結合をもつ分子をそれぞれ記号で選べ。

(3) (ア)〜(カ)の分子の形を①〜⑤の中から番号で選べ。

　① 直線形　　② 折れ線形　　③ 三角錐形　　④ 正四面体形　　⑤ 平面形

解答 (1)

	(ア)	(イ)	(ウ)	(エ)	(オ)	(カ)
電子式	:C̈l:C̈l:	H:Ö:H	:Ö::C::Ö:	H H:N̈:H	:N⋮⋮N:	H H:C:H H
構造式	Cl-Cl	H-O-H	O=C=O	H H-N-H	N≡N	H H-C-H H

❶不対電子がペアになって結合。
❷結合1本につき電子は二つ。
❸分子の形は正四面体が基本。

(2) 二重結合 (ウ)　　三重結合 (オ)

(3) (ア) ①　　(イ) ②　　(ウ) ①　　(エ) ③　　(オ) ①　　(カ) ④

▶ **ベストフィット**　電子式を書けば結合が見える。不対電子どうしがくっつけば共有結合ができる。
分子の形は構造式と一致しない。

解説 ▶ ··

(1) 不対電子を出し合い共有電子対をつくる。電子式の共有電子対を1本線(価標)になおすと構造式になる。

(2) 二つの共有電子対からできる結合を二重結合，三つの場合の結合を三重結合という。

(3) 分子を構成する原子の数と分子の形は次のような関係がある。

・二原子分子 Cl_2, HCl　　三原子分子 CO_2 → 直線形

・三原子分子(16族元素の原子を含む) H_2O, H_2S　→ 折れ線形

・四原子分子 NH_3 → 三角錐形　　　五原子分子 CH_4, CCl_4 → 正四面体形

例題 19 電気陰性度と極性

次の文中の(ア)〜(カ)に適当な語句を入れよ。

2個の原子からなる分子では，原子間の結合はおもに(ア)結合である。異なる原子どうしでは，各原子の(イ)が異なると，原子間の(ウ)がどちらかの原子のほうにかたより，一方の原子は正電荷を帯び，他方の原子は負電荷を帯びることになる。このような電荷のかたよりを結合の(エ)という。一般に(イ)の値が等しい2原子間の結合に(エ)はない。分子を構成する各結合の(エ)と分子の立体構造がわかれば，分子全体の(エ)がわかる。分子全体が(エ)をもつ分子を(オ)，もたない分子を(カ)という。

解答 (ア) 共有　(イ) 電気陰性度　(ウ) 共有電子対
　　　(エ) 極性　(オ) 極性分子　(カ) 無極性分子

▶ ベストフィット 異なる原子が共有結合すれば極性が生じる。

解説 ▶ ‥‥‥‥‥‥‥‥‥‥‥‥‥‥‥‥‥‥‥‥‥

非金属原子間の共有結合により分子が生じる。分子内の原子が異なる場合，電気陰性度の大きい方の原子が負電荷，小さい方の原子が正電荷を帯び，結合に極性が生じる。各結合に極性があっても分子全体に極性があるかどうかは分子の立体構造によって決まる。分子全体として，極性がある分子を極性分子，分子全体として極性のない分子を無極性分子という。

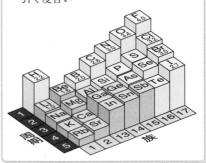

❶電気陰性度
　共有結合している原子が共有電子対を引く度合い

例題 20　分子にはたらく力　化学　　　　　example problem

次の文中の(ア)～(ク)に適当な語句を入れよ。ただし，(オ)には化学式を入れよ。

大気を構成している酸素，窒素，二酸化炭素は（　ア　）結合による分子である。酸素，窒素は常温で気体であるが，分子間には（　イ　）と呼ばれる弱い力がはたらいているため，低温になると液体になる。また，二酸化炭素は低温になると（　ウ　）とよばれる固体になる。一般に，（　イ　）は分子の質量が大きくなるほど（　エ　）くなり，沸点・融点が高くなる。

一方，海水の主要な成分である水も（　ア　）結合による分子である。16族，第3周期の元素の水素化合物である（　オ　）と水を比べると，水の分子量は小さいが，沸点は（　カ　）い。これは水素原子より電気陰性度の大きい酸素原子に（　キ　）が引きつけられて分子に強い極性が生じ，水分子どうしが互いに（　ク　）結合しているためである。

解答 (ア) 共有　(イ) 分子間力　(ウ) ドライアイス　(エ) 強
　　　(オ) H_2S　(カ) 高　(キ) 共有電子対　(ク) 水素

▶ ベストフィット

分子間には分子間力（ファンデルワールス力や水素結合）がはたらく。
原子間にはたらく結合はイオン結合，共有結合，金属結合である。

解説 ▶ ‥‥‥‥‥‥‥‥‥‥‥‥‥‥‥‥‥‥‥‥‥

原子間と分子間ではたらく化学結合の種類が異なっていることに注意して考える。非金属原子間では共有結合によって分子が生じる。分子どうしの間では分子間力（ファンデルワールス力や水素結合）がはたらく。分子間力はイオン結合や共有結合の結合力に比べるとはるかに弱く，分子の分子量が大きくなるほど強くなる。水素結合の結合力は，イオン結合や共有結合よりも弱いが，ファンデルワールス力よりは強い。HF，H_2O，NH_3 のような分子間で水素結合をつくる化合物は，水素結合をつくらない同族の水素化合物と比べて，沸点・融点が高い。分子に関わる化学結合・力は共有結合≫水素結合＞ファンデルワールス力の順である。

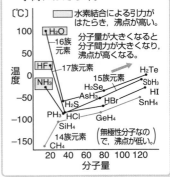

❶水素結合は，H原子と電気陰性度の大きい原子（F，O，N）の結合によってできた分子の分子間にはたらく。

55 ［共有結合］　塩化水素分子について，次の文中の(ア)～(サ)に適当な語句または数字を入れよ。

　水素原子は価電子を（　ア　）個もつが，（　イ　）原子のように安定した構造になるためには，さらに（　ウ　）個の電子が必要である。また，塩素原子は価電子を（　エ　）個もつが，（　オ　）原子のように安定した構造になるためには，さらに（　カ　）個の電子が必要である。そのため，それぞれの原子が電子を1個ずつ出しあい共有することで，互いに安定した構造となり，（　キ　）個の電子を共有した塩化水素分子ができる。

　このように，（　ク　）原子どうしが互いの（　ケ　）電子を共有しあい，結びついてできる結合を（　コ　）結合という。（　コ　）結合によって生じた分子は，HClのような（　サ　）式によって示される。（　サ　）式は，分子を構成している原子の種類とその数を表している。

56 ［共有結合からなる物質の分子式］　次の分子の分子式を書け。
(1) 窒素　　(2) アンモニア　　(3) メタン
(4) 塩素　　(5) アルゴン　　(6) 硫化水素

57 ［電子式と構造式］　次の表の例にならって，各分子の電子式と構造式を書け。

分子式	(例)F₂	H₂	CCl₄	H₂O₂	CH₃OH	C₂H₄
電子式	$:\ddot{F}:\ddot{F}:$					
構造式	F–F					

58 ［極性］　次の文中の(ア)～(オ)に適当な語句を入れよ。

　共有結合している原子が共有電子対を引きよせる強さの度合いを（　ア　）という。典型元素では，18族元素を除き，周期表の右にあるものほど，また，上にあるものほど（　ア　）は（　イ　）い傾向がある。

　異なる種類の原子が共有結合をつくるとき，（　ア　）の差が大きいほど原子間の電荷のかたよりが大きくなる。このとき，結合は（　ウ　）をもつという。結合に（　ウ　）があるため，分子全体に電荷のかたよりができる分子を（　エ　）という。一方，結合に（　ウ　）があるが，分子全体では電荷のかたよりが打ち消された分子を（　オ　）という。また，同じ種類の原子が共有結合するときは，電荷のかたよりは生じない。このような分子も（　オ　）となる。

---

55 ◀例18
分子
非金属原子が不対電子を共有することによって結びついてできる。

H・ :Cl:
不対電子

56 ◀例18
単原子分子
18族元素は原子1つの状態を分子とする。

57 ◀例18
電子式
共有結合している各原子の最外殻電子の数が8個になるように書く。
（水素の場合は2個）

構造式
共有電子対1組を1本線にして書く。

H:O:H
共有電子対
　　　　非共有電子対

H–O–H

58 ◀例19
極性
共有電子対が塩素原子の方へかたよる

H⁺δ　　Cl⁻δ

塩化水素分子

59 [分子の立体構造と極性] 下図は，分子の立体模型を示したものである。これについて，下の問いに答えよ。

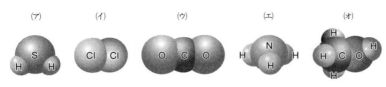

(ア)　　　　(イ)　　　　(ウ)　　　　(エ)　　　　(オ)

(1) (ア)～(オ)の構造式を示せ。
(2) (ア)～(オ)を極性分子と無極性分子に分けよ。

60 [分子間にはたらく力] 次の文中の(ア)～(ケ)に適当な語句を入れよ。

　ドライアイスは，気体の(ア)分子が集まって固体になったもので，炭素原子と酸素原子は(イ)結合で，分子どうしは(ウ)力で結合した(エ)結晶である。ドライアイスは，固体から液体ではなく，固体から直接気体に変化しやすい。この変化を(オ)という。
　一方，水分子の間には，(ウ)力のほかに(カ)結合という力がはたらいている。このため水分子どうしの引きあう力は強くなり，水の融点や沸点は(キ)なる。
　このように，物質をつくる粒子間の結合力が強くなるほど，物質の融点や沸点は(ク)なる。また，無極性で分子構造が似た物質の間では，分子量が(ケ)くなるほど分子間力は強くなる。

61 [水素結合] 下表はハロゲン化水素の分子量，融点，沸点を比較した表である。HFは分子量が小さいにも関わらず，融点，沸点が異常に高い。この原因は，HとFの(ア)の差が大きいために，(イ)のかたよりが生じて，(ウ)の強い分子となっているためである。このようなHF分子間に生じる結合を(エ)という。

化学

ハロゲン化水素	分子量	融点	沸点
HF	20.0	−83 ℃	19.5 ℃
HCl	36.5	−114.2 ℃	−84.9 ℃
HBr	80.9	−88.5 ℃	−67.0 ℃
HI	127.9	−50.8 ℃	−35.1 ℃

(1) (ア)～(エ)に適当な語句を入れよ。
(2) 水素原子と共有結合をつくるとき，(エ)をつくりやすい原子として，適当なものを下記より選び番号で答えよ。

①　N　　②　Li　　③　Ar　　④　K　　⑤　Ca

59 ◀例19
60 ◀例20
61 ◀例20

極性分子
結合に極性があり，全体として電荷のかたよりをもつ分子。

無極性分子
結合に極性がない，または，あっても分子の形から結合の極性が打ち消されている分子。

分子間力
分子間にはたらく，互いの分子どうしが引き合う弱い力。

水素結合
電気陰性度の大きい原子(N, O, F)に結合している水素原子と他の分子中の電気陰性度の大きい原子との結合。

2章
物質と化学結合

62 [非共有電子対] 次にあげた(1)〜(5)の分子のうち，非共有電子対の数が最も多い分子はどれか。また，共有電子対の数が最も多い分子はどれか。

(1) HF　　(2) N_2　　(3) O_2　　(4) C_2H_6　　(5) Cl_2

63 [電気陰性度] 各原子の電気陰性度は次のとおりである。これを参考にして下の問いに答えよ。

H 2.1　　C 2.5　　N 3.0　　O 3.5　　F 4.0　　Cl 3.0

❓(1) 電気陰性度とはどのようなことを表す数値か。

(2) 次の原子で共有結合を生じるとき，負の電荷を帯びる原子はどちらの原子か。

(ア) CとO　　(イ) CとH　　(ウ) ClとO

(3) 次の(ア)〜(エ)の分子の構造式を書き，共有電子対のかたよりを $\delta+$ と $\delta-$ の記号を用いて図示せよ。ただし，$\delta+$ は微少な正の電気量，$\delta-$ は微少な負の電気量を表す。

(ア) HF　　(イ) CO_2　　(ウ) NH_3　　(エ) H_2O

64 [分子の立体構造と性質] 次の(ア)〜(カ)の分子について，下の問いに答えよ。

(ア) H_2　　(イ) H_2O　　(ウ) CO_2　　(エ) NH_3　　(オ) HCl　　(カ) CH_4

(1) 直線形分子をすべて選べ。

(2) 正四面体形の分子を一つ選べ。

(3) 無極性分子をすべて選べ。

(4) 水素結合をつくる分子をすべて選べ。

(5) 固体が昇華しやすい分子を一つ選べ。

65 [単原子分子] 次の記述のうち，正しいものを一つ選べ。

(1) 貴ガスは，二原子分子として存在している。

(2) 貴ガスの原子は，すべて最外殻に8個の電子を配置している。

(3) 貴ガスの分子間には分子間力がはたらいている。

(4) 貴ガスは，低温にしても液体にはならない。

66 [電解質と非電解質] 次の文中の(ア)〜(キ)に適当な語句を入れよ。

塩化水素の分子は(ア)結合からなる物質であるが，水の中では(イ)イオンと(ウ)イオンに分かれる。この変化を(エ)という。(ア)結合からなる塩化水素や(オ)結合からなる塩化ナトリウムの結晶のように，水に溶けるとイオンを生じる物質を(カ)といい，その水溶液は電気を導く。

これに対して，塩化水素の分子と同じ(ア)結合からなる物質であるショ糖$C_{12}H_{22}O_{11}$やエタノールの分子は，水に溶けてもイオンを生じない。このような物質を(キ)という。

62

H：O：H
共有電子対
非共有電子対

63 電気陰性度
最大値はフッ素Fの4.0

電気陰性度の大きい原子 → 負電荷を帯びる

電気陰性度の小さい原子 → 正電荷を帯びる

64 分子の形の基本は正四面体。

昇華
物質が固体から気体へ，液体を経由しないで直接変化すること。

65 貴ガス
18族元素の気体のこと。

67 [錯イオン] 次の文中の(ア)～(カ)に適当な語句を入れよ。

アンモニア分子 NH_3 について考える。N 原子のまわりには電子対が 4 組存在するが，そのうち 3 組は（　ア　）電子対であり，残り 1 組が（　イ　）電子対である。水素イオン H^+ がアンモニア分子に近づくと，アンモニア分子がもつ（　イ　）電子対を，電子をもたない水素イオンと共有するようになり，アンモニウムイオン NH_4^+ を形成する。このときの結合を（　ウ　）結合という。いったん結合を形成すると，（　ウ　）結合はアンモニア分子の中にもとからあった共有結合と区別（　エ　）。また，アンモニア分子は銅（Ⅱ）イオン Cu^{2+} と（　ウ　）結合して，（　オ　）イオンを形成することができる。このとき形成される（　オ　）イオンは $[Cu(NH_3)_4]^{2+}$ であり，（　カ　）という名称である。

67 配位結合
一方の原子の非共有電子対が，他方の原子に電子対のまま提供されてできる共有結合のこと。

❓ 68 [電子式] 次の(1)～(4)は原子番号 1 から 10 までの原子から構成される分子の電子式に相当する。各分子の分子式を記せ。ただし，○は元素記号を表すものとする。

(1) ○：○　　(2) ○：◌̈：○　　(3) ◌̈：◌̈：◌̈　　(4) ：○::○：

68 共有電子対を不対電子に戻して考える。

69 [共有結合の結晶] 次の文中の(ア)～(ク)に適当な語句および数字を入れよ。

ダイヤモンドと黒鉛は（　ア　）という元素の（　イ　）である。前者は電気を導かないのに，後者は電気をよく（　ウ　）。これは，ダイヤモンドでは各（　ア　）原子の価電子がすべて（　エ　）結合に使われ，構造的には（　オ　）をつなげた立体構造をとっているのに対し，黒鉛では価電子のうち（　カ　）個が（　エ　）結合に使われ，（　キ　）形を基本とする平面構造をとり，残りの価電子が金属中の（　ク　）と同様のはたらきをしてその平面内を移動するからである。

69 共有結合の結晶
非金属の原子どうしが次々に共有結合した構造をもつ結晶。14 族元素の単体や化合物が多い。
例 ダイヤモンド，黒鉛，ケイ素，二酸化ケイ素

70 [分子間にはたらく力]

次の文中の□□に適当な語句や数字を入れ，{　}内の適する語句を選べ。

ダイヤモンドは，右図のように炭素原子が ^{a}□□個の価電子を全部使って，正四面体状に結合しており，結晶全体を一つの巨大な分子とみな

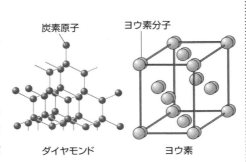

炭素原子　　ヨウ素分子

ダイヤモンド　　ヨウ素

すことができる。このような結晶は，^{b}{分子結晶・共有結合の結晶}とよばれている。共有結合は非常に ^{c}{強い・弱い}結合なので，ダイヤモンドはきわめて ^{d}{かたく・やわらかく}，融点は非常に ^{e}{高い・低い}。

一方，ヨウ素は ^{f}□□結合でできたヨウ素分子 I_2 が ^{g}{強い・弱い} ^{h}□□とよばれる力で集まって結晶をつくっている。このような結晶は ^{i}{分子結晶・共有結合の結晶}とよばれている。ヨウ素の結晶は ^{j}{かたく・やわらかく}，加熱すると気体になりやすい。この現象を ^{k}□□という。

70 原子間にはたらく結合
→イオン結合，共有結合，金属結合

分子間にはたらく力
→ファンデルワールス力，水素結合

分子結晶
分子がおもに分子間力により配列した結晶。
例 ヨウ素，ドライアイス，ナフタレン，氷

71 [水素結合]　下図は，水素化合物の分子量と沸点の関係を示したものである。
化学 次の文の(A)と(B)に該当する化合物の分子式，(ア)と(イ)に適当な整数，①〜⑧には適当な語句を入れよ。

71 水素結合
電気陰性度の大きい原子(N，O，F)に結合している水素原子と他の分子中の電気陰性度の大きい原子との結合。

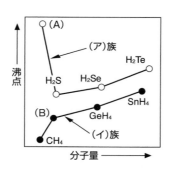

　2個の原子が，最外殻にある（　①　）を1個ずつ出しあって（　②　）をつくってできる結合を共有結合という。異なる種類の原子間に形成された共有結合では，（　②　）はどちらかの原子に引きよせられ電荷のかたよりができる。このとき結合は（　③　）をもつといい，原子が電子を引きつける強さの度合いを（　④　）という。

　図を見ると，水素化合物（　A　）は，同族の（　ア　）族元素の水素化合物より極端に沸点が高い。（　A　）では（　④　）の大きい原子が水素と共有結合しており，（　A　）分子間に（　⑤　）が形成される。そのため，他の水素化合物より沸点が高くなる。（　A　）を除く（　ア　）族元素の水素化合物の沸点は，分子量の増大とともに高くなる。これは分子間ではたらく（　⑥　）力が，分子量の増大とともに強くなるためである。

　一方，ほぼ同じ分子量の（　イ　）族と（　ア　）族元素の水素化合物では，その沸点は（　ア　）族のほうが高い。たとえば，H_2S の沸点は（　B　）より高いが，H_2S のような（　⑦　）分子間には全分子にはたらく弱い引力以外に，（　⑧　）力がはたらくからである。

72 [水素化合物の性質]　次の文を読んで，下の問いに答えよ。
化学 　Ne と同電子数の水素化物分子のうち，原子の数が5以下のものは（　a　），（　b　），（　c　）と（　d　）であり，非共有電子対の数はそれぞれ，3，[　ア　]，[　イ　]，0である。これらの水素化物の沸点は −161℃ 〜 100℃ の間である。（　b　）の非共有電子対は H^+ と共有され，[　ウ　]結合を形成して，多原子イオン（　e　）を形成する。（　e　）と Cl^- は[　エ　]結晶をなす。

72 水素化物
水素原子が結合している化合物のこと。

(1) (a)〜(e)に当てはまる化学式を答えよ。また，[　ア　]〜[　エ　]に当てはまる語句または数字を答えよ。

(2) 水素化物(a)〜(d)の沸点は次の表に示してある。表の①〜③欄に当てはまる水素化物の記号((b)，(c)および(d))を記せ。

沸点	−161℃	−33℃	20℃	100℃
水素化物	①	②	(a)	③

73 [無機物質の性質] 次の記述に該当する気体の名称と分子式を書け。

生活 (1) 石灰石に塩酸を加えると得られる。また，発泡入浴剤をお湯の中に入れても発生する。この気体の固体は，冷却剤として用いられている。

(2) 工業的には，触媒を用いて窒素と水素を高温・高圧で直接反応させて得られる。化学肥料や硝酸 HNO_3，合成繊維などの原料として利用されている。

(3) 塩化ナトリウムに濃硫酸を加えて加熱することで得られる。この気体をアンモニアと接触させると白煙が生じるため，アンモニアの検出に用いられる。

(4) 工業的には，液体空気を分留して得られる。この気体は食品の酸化を防ぐために，食品の容器などに封入されている。また，この気体の液体は，冷却剤として幅広く利用されており，リニアモーターカーにも使われる。

(5) 過酸化水素水に酸化マンガン(IV)を触媒として加えることで得られる。空気中では，可燃物の燃焼や生物の呼吸などにより消費されており，病院では病気の治療などに利用されている。

(6) 亜鉛や鉄に希硫酸などの酸を加えると得られる。ロケットの燃料や自動車などの動力源，燃料電池などに利用されている。

74 [有機化合物の性質] 次の記述に該当するものを下の(ア)～(サ)のうちから記号

生活 で選べ。また，(1)～(5)については，分子式(または示性式)も書け。

(1) 自然界では，地中から天然ガスとして採掘されている。また，燃焼の際の発熱量が大きいため，都市ガスの主成分として利用されている。

(2) さまざまな物質と反応して新しい化合物をつくるため，工業製品の原料として重要な無色の気体である。また，植物ホルモンの1種として果実の成熟を進める作用がある。

(3) 工業的には原油の分留などで得られ，有機化合物をよく溶かす。特有のにおいをもつ液体である。また，医薬品や合成繊維，染料などの原料として利用されている。

(4) 糖を微生物により発酵させることでも得られ，水によく溶ける無色の液体である。また，重要な工業原料であるほか，溶媒や消毒剤として利用されている。

(5) 特有の刺激臭をもつ液体で高純度のものは低温で凝固してしまう性質をもつ。また，食酢中に4～5％含まれ，医薬品や合成繊維の原料として利用されている。

(6) 多数のエチレンが付加重合反応してできた高分子化合物であり，容器やゴミ袋の原料として利用されている。

(7) テレフタル酸とエチレングリコールが縮合重合してできた高分子化合物であり，飲料の容器や合成繊維の1種として衣類などに利用されている。

(ア) ベンゼン (イ) 酢酸 (ウ) ポリエチレンテレフタラート

(エ) 二酸化炭素 (オ) エチレン (カ) ポリエチレン

(キ) 炭酸カルシウム (ク) メタン (ケ) プロパン (コ) シュウ酸

(サ) エタノール

73 分留
液体の混合物を加熱し，沸点の差を利用することで，物質を分離する方法のこと。

74 高分子と重合
付加重合
二重結合や三重結合をもつ分子がくり返しつながるように反応すること。

縮合重合
特定の原子団($-OH$, $-COOH$, $-NH_2$ など)を複数もつ分子から水のような小さな分子がとれてくり返しつながるように反応すること。

▶**1** 金属と金属結合，結晶の分類

● 中学までの復習 ● 以下の空欄に適当な語句または化学式を入れよ。

■ 金属・非金属

基本用語	説　　明
金属	次のような性質をもつ物質のこと。 ・①（　　　　）を通しやすく，②（　　　　）を伝えやすい。 ・特有のかがやき（金属光沢）がある。 ・力を加えると細く延びたり，うすく広がったりする。
③（　　　　）	金属以外の物質のこと。

■ 物質の分類

④（　　　　）	分子をつくる物質	分子をつくらない物質
化合物	水素⑤（　　　），⑥（　　　）O_2	鉄⑦（　　　），⑧（　　　）Cu
化合物	水⑨（　　　　） ⑩（　　　　）CO_2	塩化ナトリウム⑪（　　　　） ⑫（　　　　）CuO

解答
①電気
②熱
③非金属
④単体
⑤H_2
⑥酸素
⑦Fe
⑧銅
⑨H_2O
⑩二酸化炭素
⑪NaCl
⑫酸化銅（Ⅱ）

● 確認事項 ● 以下の空欄に適当な語句を入れよ。

● 金属結合と金属結晶

基本用語	説　　明
①（　　　）	原子間を自由に移動することのできる価電子のこと。
金属結合	（　①　）がすべての原子に共有されてできる結合。②（　　　）原子どうしが結びついてできる。
金属結晶	金属結合によってできる結晶。③（　　　）式を用いて表される。 次のような金属の性質はどれも（　①　）の存在と関係が深い。 ・熱伝導性や電気伝導性が大きい。 ・表面が光をよく④（　　　）して金属光沢をもつ。 ・うすく広げたり（⑤（　　）性という），線状に延ばしたり（⑥（　　）性という）できる。 ・⑦（　　）点は，高いものから低いものまである。

解答
①自由電子
②金属
③組成
④反射
⑤展
⑥延
⑦融

● 結晶の分類

種類	イオン結晶	分子結晶	共有結合の結晶	金属結晶
構成粒子	陽イオンと ⑧（　　　）	⑨（　　　）	⑩（　　　）	原子（自由電子を含む）
物理的性質	かたい・ もろい	⑪（　　　）い	非常に⑫（　　）い	金属光沢， 展性・延性
融点	高い	⑬（　　）い	非常に⑭（　　）い	高いものが多い
電気伝導性	固体：⑮（　　） 液体：⑯（　　）	固体：なし 液体：⑰（　　）	固体：なし	固体：あり 液体：あり
結晶の例	塩化ナトリウム 塩化カルシウム 炭酸カルシウム	ヨウ素 ドライアイス ナフタレン	ダイヤモンド 二酸化ケイ素 黒鉛※，ケイ素	鉄，銅 アルミニウム

⑧陰イオン
⑨分子
⑩原子
⑪やわらかい
⑫かたい
⑬低
⑭高
⑮なし
⑯あり
⑰なし

※ただし，黒鉛などはやわらかく，電気伝導性がある。

例題 21 金属の性質
example problem

次の文中の(ア)～(カ)に適当な語句を入れよ。

金属には，みがくと光を反射して光る性質があり，これを金属（　ア　）という。また，金属は（　イ　）や（　ウ　）をよく伝える。金属をたたくとうすく広がる性質を（　エ　）といい，引っ張ると長く延びる性質を（　オ　）という。金属は（　カ　）電子による金属結合で原子が結合しているため，このような性質がある。

解答 (ア) 光沢　(イ) 熱　　(ウ) 電気　((イ)と(ウ)は順不同)
　　　　(エ) 展性　(オ) 延性　(カ) 自由

▶ **ベストフィット**

自由電子による結合は，光る・延びる・広がる・電気を通す。

解説 ▶ ··

金 Au，銀 Ag，銅 Cu などの金属は，とくに，展性・延性の性質が強い。金属原子は価電子を放出し，この電子は金属原子間を自由に動く。これを自由電子という。金属が熱や電気をよく伝えるのは，この自由電子があるからである。

自由電子による結合は，変形しても大丈夫。

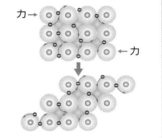

カ→　　　　　←カ

2章 物質と化学結合

例題 22 物質の分類
example problem

次のA～Dのグループのそれぞれに適当な性質を(ア)～(エ)より選べ。

　A. ドライアイス，ヨウ素　　　　　B. アルミニウム，水銀

　C. 塩化ナトリウム，硫酸マグネシウム　D. ダイヤモンド，二酸化ケイ素

(ア) 融点は非常に高く，きわめてかたい。

(イ) 固体の状態では電気は通さないが，液体の状態になると電気を通す。

(ウ) 固体であるが，加熱するとすぐに気体になる。

(エ) 融点は高いものから低いものがあり，常温で液体のものもある。

解答　A–(ウ)　　B–(エ)　　C–(イ)　　D–(ア)

▶ **ベストフィット**

結合の種類が結晶の性質を決める。

解説 ▶

A 非金属原子間の共有結合により分子がつくられ，さらに分子間の分子間力によって分子結晶がつくられる。分子間力は原子間でははたらかない。二酸化炭素分子やヨウ素分子は弱い分子間力によって結びついているため，昇華しやすい。防虫剤として使用されるナフタレンも昇華しやすい物質である。

C $NaCl$ や $MgSO_4$ のように，水に溶けると電離してイオンを生じるものを電解質という。

D 14族元素の単体や酸化物は，二酸化炭素を除き，共有結合の結晶をつくる。

結晶と結合の力

結晶	結合・力
イオン結晶	イオン結合
分子結晶	分子間力，共有結合
共有結合の結晶	共有結合
金属結晶	金属結合

75 ［金属の原子間の結合］　次の文中の(ア)〜(ク)に適当な語句を入れよ。

　金属単体の結晶は，各原子が（　ア　）電子を放出し，（　イ　）となって規則正しく並んでいる。原子から離れた（　ア　）電子は，（　イ　）の間を自由に動き回るため（　ウ　）とよばれ，これを結晶内の（　イ　）が共有しあうことによって互いに結合している。このような結合を（　エ　）結合という。

　金属の性質には，表面に（　オ　）がある，（　カ　）伝導性や電気伝導性が大きい，（　キ　）性（うすく広がる）・延性（線状に延びる）をもつなどがあり，どれも結晶内にある（　ク　）の存在が関係している。

76 ［結合の種類］　次の(ア)〜(キ)の物質の原子間の結合が，イオン結合であるものはA，共有結合であるものはB，金属結合であるものはCを記せ。
(ア) リチウム　　　(イ) 硫化鉄(Ⅱ)　　　　(ウ) 酸化ナトリウム
(エ) 塩化水素　　　(オ) 青銅(銅とスズの合金)　　(カ) 酸素
(キ) 黒鉛

77 ［結晶の性質］　次の文中の(ア)〜(エ)に適当な語句を入れよ。

　結晶は，構成粒子間の結合により分類される。電気伝導性をもつ（　ア　）結晶，かたくて水には溶けない（　イ　）の結晶，かたいが水に溶けるものもある（　ウ　）結晶，やわらかい（　エ　）結晶の4種類に分類できる。

78 ［結晶の種類と性質］　次のA群の記述に最もふさわしい結晶をB群より選べ。また，具体的な物質をC群よりそれぞれ二つずつ選べ。
A群：(ア) すべての陽イオンが自由電子を共有してできる結合からなる結晶。熱伝導性が大きい。
　　　(イ) 分子が規則正しく並んだ結晶。融点が低く昇華しやすい。
　　　(ウ) 構成粒子が静電気的に引きあう結合からなる結晶。固体の状態では電気を導かないが，液体や水溶液にすると電気を導く。
　　　(エ) 多数の原子が強い結合で次々に結びついてできている巨大な分子とみなすことのできる結晶。融点は非常に高い。
B群：① 共有結合の結晶　　② 金属結晶
　　　③ 分子結晶　　　　　④ イオン結晶
C群：(a) 石英(SiO₂)　　　　　　(b) 銅(Cu)
　　　(c) 塩化ナトリウム(NaCl)　(d) ドライアイス(固体 CO₂)
　　　(e) 硝酸マグネシウム(Mg(NO₃)₂)　(f) ニッケル(Ni)
　　　(g) ナフタレン(C₁₀H₈)　　(h) ダイヤモンド(C)

75 ◀例21
自由電子
金属結晶の原子間を自由に移動することのできる価電子のこと。

H							He
Li	Be	B	C	N	O	F	Ne
Na	Mg	Al	Si	P	S	Cl	Ar
K	Ca						

金属元素　　非金属元素

76 ◀例22
結合の種類
・イオン結合
　→金属イオン
　（またはアンモニウムイオン）
　＋非金属イオン
・共有結合
　→非金属原子
・金属結合
　→金属原子

77 ◀例22

78 ◀例22
結晶の種類
・イオン結晶
　→金属イオン
　（またはアンモニウムイオン）
　＋非金属イオン
・共有結合の結晶
　→14族の
　　非金属原子
　　（CO₂は除く）
・分子結晶
　→非金属原子，
　　分子
・金属結晶
　→金属原子

79 [化学結合] 次の(ア)～(ケ)に適当な語句または化学式を入れよ。

水素分子 H_2 は，2個の水素原子が（　ア　）を共有しあうことによって結合している。このような結合を（　イ　）という。また，カリウム K の結晶には，結晶中を自由に動き回ることができる（　ウ　）が存在しており，このようにしてできる結合を（　エ　）という。この（　ウ　）の存在のため，カリウムには（　オ　）をよく伝える性質がある。また，カリウム原子 K は，（　ア　）を一つ放出して化学式（　カ　）のようなイオンになりやすい。一方，塩素原子 Cl は電子を受け入れて化学式（　キ　）のようなイオンとなる。（　カ　）と（　キ　）はともに（　ク　）原子と同じ安定な電子配置になり，静電気的な力で引きあって結合する。このような結合を（　ケ　）という。

80 [結晶の種類] 次の(ア)～(キ)の物質は，イオン結晶，共有結合の結晶，分子結晶，金属結晶のどれに該当するか答えよ。
(ア) Na_2O　(イ) CaO　(ウ) Mg　(エ) CO_2
(オ) SiO_2　(カ) I_2　(キ) NH_4Cl

81 [結合の種類] 次の(1)～(7)の物質が固体であるときにはたらいている結合の種類，または力の種類をそれぞれ下の(ア)～(カ)からすべて選び，記号で答えよ。
(1) 塩化マグネシウム　(2) 水　(3) ダイヤモンド　(4) ネオン
(5) 銅　(6) ヨウ素　(7) 塩化アンモニウム

(ア) イオン結合　(イ) 共有結合　(ウ) 金属結合　(エ) 配位結合
(オ) 分子間力（ファンデルワールス力）　(カ) 水素結合

82 [物質の推定] 右の表の物質 A～D は，氷，鉄，ヨウ素，ヨウ化カリウム，ダイヤモンド，水銀のいずれかである。A～D に当てはまるものを一つずつ選べ。

	融点(℃)	水溶性	電気伝導性	かたさ
A	3600	溶けない	なし	かたい
B	680	よく溶ける	なし	かたい
C	114	溶けにくい	なし	やわらかい
D	1540	溶けない	あり	かたい

83 [身のまわりの金属] 次の文中の(ア)～(カ)に適当な語句を入れよ。
生活　2種類以上の金属を溶かしあわせてできる物質を（　ア　）という。銅 Cu と亜鉛 Zn の（　ア　）は（　イ　）とよばれ，硬貨や楽器などに用いられる。銅 Cu とスズ Sn の（　ア　）は（　ウ　）とよばれ，硬貨や美術品，鐘などに用いられる。鉄 Fe，クロム Cr およびニッケル Ni の（　ア　）は（　エ　）鋼とよばれ，さびにくく，刃物などの台所用品や各種の建造材として用いられる。ジュラルミンは，（　オ　）を主成分とした（　ア　）であり，軽くて強度が大きいので，航空機などに用いられる。
また，（　カ　）は常温で唯一の液体の金属であり，他の金属と（　ア　）をつくりやすく，温度計や体温計，蛍光灯に用いられる。

79 結合の種類
・イオン結合
　→金属イオン（またはアンモニウムイオン）＋非金属イオン
・共有結合
　→非金属原子
・金属結合
　→金属原子

80 結晶の種類
・イオン結晶
　→金属イオン（またはアンモニウムイオン）＋非金属イオン
・共有結合の結晶
　→14族の非金属原子（CO_2は除く）
・分子結晶
　→非金属原子，分子
・金属結晶
　→金属原子

2章 物質と化学結合

83 合金
2種類以上の金属を溶かしあわせてできる混合物のこと。混ぜあわせた金属とは異なる性質をもつため，金属材料として利用価値が高い。

▶ 結晶構造と単位格子　化学

● 確認事項 ● 以下の空欄に適当な語句または数字を入れよ。

● イオン結晶の単位格子

名称	①( )型	⑥( )型	硫化亜鉛型
図			
配位数	②( )	⑦( )	4
原子数	Cs^+　③( )	Na^+　$\frac{1}{4} \times$ ⑧( ) $+1=$ ⑨( )	Zn^{2+}　$1 \times$ ⑬( ) $=$ ⑭( )
	Cl^-　$\frac{1}{8} \times$ ④( ) $=$ ⑤( )	Cl^-　$\frac{1}{8} \times$ ⑩( ) $+\frac{1}{2} \times$ ⑪( ) $=$ ⑫( )	S^{2-}　$\frac{1}{8} \times 8 + \frac{1}{2} \times 6 = 4$
代表例	CsBr, CsI, NH₄Cl など	NaBr, KI, LiF, MgO など	CdS, CuBr, CuI など

解答　①塩化セシウム　②8　③1　④8　⑤1　⑥塩化ナトリウム　⑦6　⑧12　⑨4　⑩8　⑪6　⑫4　⑬4　⑭4

● さまざまな単位格子

名称	⑮( )格子	⑳( )格子	㉕( )構造
図			
配位数	⑯( )	㉑( )	12
原子数	$\frac{1}{8} \times$ ⑰( ) $+$ ⑱( ) $=$ ⑲( )	$\frac{1}{8} \times$ ㉒( ) $+\frac{1}{2} \times$ ㉓( ) $=$ ㉔( )	$\frac{1}{12} \times$ ㉖( ) $+\frac{1}{6} \times$ ㉗( ) $+$ ㉘( ) $=$ ㉙( )
充填率	約68 %	約74 %	約74 %
代表例	Na, Ba, Cr, Fe	Al, Ag, Au, Ca, Cu	Mg, Be, Zn, Cd

解答　⑮体心立方　⑯8　⑰8　⑱1　⑲2　⑳面心立方　㉑12　㉒8　㉓6　㉔4　㉕六方最密　㉖4　㉗4　㉘1　㉙2

下図はイオン結晶における代表的な結晶構造を表している。これらについて，次の問いに答えよ。

A 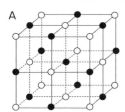 B 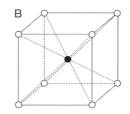 C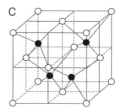

○陰イオン
●陽イオン

(1) A は塩化ナトリウム型とよばれる単位格子である。単位格子中の Na^+ の数を答えよ。

(2) B は塩化セシウム型とよばれる単位格子である。単位格子中の Cl^- の数を答えよ。

(3) C において，陽イオンを X，陰イオンを Y としたときの組成式を示せ。

(4) A と B の単位格子において，一つの陽イオンに接する陰イオンの数はそれぞれいくつか。

(5) A の単位格子において，1 辺の長さを a とすると，隣り合う陽イオンと陰イオンの中心間距離は a を用いてどのように表すことができるか。ただし，$\sqrt{}$ はそのままでよい。

(6) B の単位格子中において，隣り合う陽イオンと陰イオンの中心間距離を r とすると，B の単位格子の 1 辺の長さは r を用いてどのように表すことができるか。ただし，$\sqrt{}$ はそのままでよい。

解答 (1) 4 個　(2) 1 個　(3) XY　(4) A：6 個　B：8 個　(5) $\dfrac{1}{2}a$　(6) $\dfrac{2\sqrt{3}}{3}r$

解説▶

(1) ●が Na^+ であるから，単位格子中の●の数を数えればよい。辺の中心にあるのが●の $\dfrac{1}{4}$ であり，それが 12 個，A の単位格子の中心に●がそのまま 1 個あるので，全体で $\dfrac{1}{4} \times 12 + 1 = 4$ 個

(2) ○が Cl^- であるから，単位格子中の○の数を数えればよい。格子の頂点にあるのが○の $\dfrac{1}{8}$ であり，それが 8 個あるので，全体で $\dfrac{1}{8} \times 8 = 1$ 個

(3) C の単位格子中には●の X が 4 個，○の Y が $\dfrac{1}{8} \times 8 + \dfrac{1}{2} \times 6 = 4$ 個ある。よって，X：Y = 4：4 = 1：1 より組成式は XY となる。

(4) A について，単位格子の中心にある●に注目すると，その●に接する○は上下，左右，前後にそれぞれあるので，全体で 6 個である。
　B について，単位格子の中心にある●に注目すると，その●に接する○は 8 個である。

(5) 右図より，「単位格子の 1 辺の長さの半分」＝「陽イオンと陰イオンの距離」となるので，求める距離は $\dfrac{1}{2}a$ となる。

(6) 単位格子の 1 辺の長さを b とする。陽イオンと陰イオンは単位格子の立方体の対角線で接しているので $2r = \sqrt{3}\,b$ という関係がなりたつ。よって，$b = \dfrac{2}{\sqrt{3}}r = \dfrac{2\sqrt{3}}{3}r$ となる。

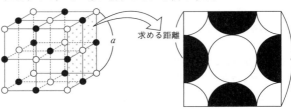

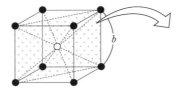

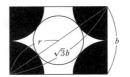

右図は金属結晶における代表的な結晶構造を表している。

これらについて，次の(1)〜(4)に答えよ。

(1) (ア)および(イ)の単位格子の名称をそれぞれ答えよ。

(2) (ア)および(イ)の単位格子に含まれる原子の数は，
それぞれ何個か。

(3) (ア)および(イ)の単位格子の一つの原子に接する原子
の数は，それぞれ何個か。

(4) (ア)の単位格子の一辺の長さを a，(イ)の単位格子の
一辺の長さを b とすると，原子の半径 r は a もしくは b を用
いて，それぞれどのように表すことができるか。

(ア)　　　(イ)

解答 (1) (ア)：面心立方格子，(イ)：体心立方格子　　(2) (ア)：4個，(イ)：2個

(3) (ア)：12個，(イ)：8個　　(4) (ア)：$\dfrac{\sqrt{2}}{4}a$，(イ)：$\dfrac{\sqrt{3}}{4}b$

▶ ベストフィット

原子が接しているのは　「面心立方格子」——→ 面の対角線
　　　　　　　　　　　　「体心立方格子」——→ 立方体の対角線

解説▶‥‥‥

(1) 面心立方格子は立方最密構造ともいう。

(2) 単位格子当たりの原子の正味の個数は，その原子がいくつの単位格子
に含まれるかによって次のように数える。

① 格子の頂点の原子は 1/8 個　　② 格子の中心の原子は 1 個

③ 各面の中心の原子は 1/2 個　　④ 各辺の中心の原子は 1/4 個

(ア) $\dfrac{1}{8} \times 8 + \dfrac{1}{2} \times 6 = 4$ 〔個〕　　(イ) $\dfrac{1}{8} \times 8 + 1 = 2$ 〔個〕

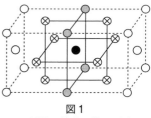

図1

(3) (ア) 図1の二つの単位格子が接する面の中心にある●を中心にして考える。この原子に接する他の原子は，
4個の⬤と，8個の⊗の計12個である。

(イ) 問題に示された図から明らかなように，単位格子の中
心にある原子は，単位格子の各頂点の8個の原子に接
している。

(4) (ア) 面心立方格子では，図2のように，面の対角線上の
三つの原子が接している。

よって，$\sqrt{2}a = 4r$　　ゆえに，$r = \dfrac{\sqrt{2}}{4}a$

(イ) 体心立方格子では，図3のように，単位格子の立方
体の対角線上の3つの原子が接している。

よって，$\sqrt{3}b = 4r$　　ゆえに，$r = \dfrac{\sqrt{3}}{4}b$

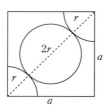
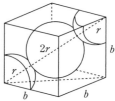

図2　面心立方格子　　図3　体心立方格子

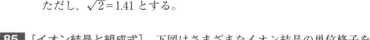
84 [イオン結晶] 右図は NaCl の単位格子である。
化学 Na⁺ のイオン半径を 0.116 nm，Cl⁻ のイオン半径
を 0.167 nm とする。次の問いに答えよ。

(1) 単位格子中における，Na⁺ と Cl⁻ の数をそれ
　　ぞれ答えよ。

(2) Cl⁻ に接する陽イオン Na⁺ の数 (配位数) を答
　　えよ。

(3) 塩化ナトリウム結晶の単位格子の一辺の長さ
　　は何 nm か。

❓ (4) 最近接にある Cl⁻ どうしの中心間距離は何 nm か。
　　ただし，$\sqrt{2} = 1.41$ とする。

● Na⁺ 　 ○ Cl⁻

84 ◀例23
頂点は $\frac{1}{8}$，辺は $\frac{1}{4}$，
面は $\frac{1}{2}$，中心は
1 個の原子がある。

85 [イオン結晶と組成式] 下図はさまざまなイオン結晶の単位格子を表したも
化学 のである。●が陽イオン，○が陰イオンを表している。それぞれの組成式を
答えよ。ただし，陽イオン(●)をX，陰イオン(○)をYとしてよい。

A　　　　　B　　　　　C　　　　　D　　　　　E

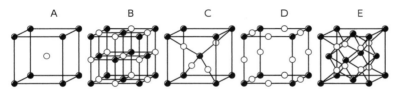

85 ◀例23
頂点は $\frac{1}{8}$，辺は $\frac{1}{4}$，
面は $\frac{1}{2}$，中心は
1 個の原子がある。

2章 物質と化学結合

86 [体心立方格子] 右図はナトリウムの結晶の単位格子を示したものである。
化学 次の問いに答えよ。

(1) ナトリウムの結晶格子の名称を記せ。

(2) 単位格子を構成している原子の数は何個か。

(3) 単位格子の 1 辺の長さは $4.3 \times 10^{-8} \text{ cm}$ である。
　　ナトリウム原子の半径は何 cm か。ただし，
　　$\sqrt{2} = 1.41$，$\sqrt{3} = 1.73$ とする。

(4) この単位格子の充塡率 [%] を求めよ。
　　ただし，$\sqrt{}$ と π はそのままでよい。なお，充塡
　　率とは，単位格子の体積における原子が占める
　　体積の割合のことである。

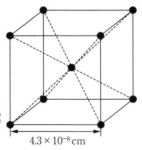

$4.3 \times 10^{-8} \text{ cm}$

86 ◀例24
球の体積
$\frac{4}{3}\pi r^3$
充塡率
$\dfrac{\text{原子の体積}}{\text{単位格子の体積}}$

87 [面心立方格子] ある金属結晶の単位格子は，一辺が $3.6 \times 10^{-8} \text{ cm}$ の図のよ
化学 うな立方体である。
次の問いに答えよ。(3)，(4)の答えの有効数字は 2 桁とする。

(1) この結晶構造は何とよばれるか。

(2) この単位格子中の原子の正味の個数は何個か。

(3) この金属原子の半径は何 cm か。ただし，$\sqrt{2} = 1.41$ とする。

(4) 金属の密度を求めよ。この金属原子 1 個の質量を
　　$1.05 \times 10^{-22} \text{ g}$ とする。また，$3.6^3 ≒ 47$ としてよい。

$3.6 \times 10^{-8} \text{ cm}$

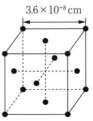

87 ◀例24
密度(g/cm³)
$\dfrac{\text{単位格子中の原子の質量}}{\text{単位格子の体積}}$

▶ ⓪ 化学の計算

例題 **25** 指数による表示 example problem

次の各問いに答えよ。

(1) 地球と太陽の距離は 150000000 km である。指数を用いて表せ。

(2) 水素原子の 1 個の質量は 0.000000000000000000000001674 g である。指数を用いて表せ。

解答 (1) $\underline{1.5 \times 10^8}$ km (2) 1.674×10^{-24} g
❶❷

▶ **ベストフィット** 一の位が $1 \leqq A < 10$ になるように小数点を動かす。
小数点を右に a 回動かすと 10^{-a}，左に b 回動かすと 10^b

解説 ▶

(1) 150000000 は小数点を左に 8 回動かすと 1.5 になる。
よって，1.5×10^8 km となる。

(2) 0.000000000000000000000001674 は小数点を右に 24 回動かすと 1.674 になる。よって，1.674×10^{-24} g となる。

> ❶指数表示
> $A \times 10^N$
> (A は基数，N は指数)
> $1 \leqq A < 10$
> N は整数値であること！
> ❷数直線で見ると
> ①小数による表示
> ②1 以外の数字が現れる桁数
> ③指数による表示
> (指数部 N)
> ① 0.001 0.01 0.1 1 10 100 1000
> ② ├─ -3桁 -2桁 -1桁 0桁 1桁 2桁 3桁
> ③ -3 -2 -1 0 1 2 3

例題 **26** 指数の計算 example problem

ダイヤモンド 12 g 中には炭素原子が 6.0×10^{23} 個含まれている。次の各問いに答えよ。

(1) 炭素原子 1 個の質量は何 g か。 (2) 1.0×10^{22} 個の炭素原子は何 g か。

解答 (1) 2.0×10^{-23} g (2) 0.20 g

▶ **ベストフィット** 基数と指数に分けて計算する。指数のかけ算は指数部の足し算，割り算は指数部の引き算。

解説 ▶

(1) $\dfrac{12\ \text{g}}{6.0 \times 10^{23}\ \text{個}} = \dfrac{12}{6.0} \times 10^{-23} = 2.0 \times 10^{-23}$ g/個

(2) 2.0×10^{-23} g/個 $\times 1.0 \times 10^{22}$ 個 $= (2.0 \times 1.0) \times \underline{(10^{-23} \times 10^{22})}$
❶
$= 2.0 \times 10^{-23+22}$
$= 2.0 \times 10^{-1}$
$= 0.20$ g

> ❶指数の関係
> ① $10^A \times 10^B = 10^{A+B}$
> ② $(A \times 10^B) \times (C \times 10^D)$
> $= A \times C \times 10^{B+D}$
> ③ $\dfrac{1}{10^A} = 10^{-A}$
> ④ $\dfrac{10^A}{10^B} = 10^A \times 10^{-B}$
> $= 10^{A-B}$
> ⑤ $\dfrac{A \times 10^B}{C \times 10^D} = \dfrac{A}{C} \times 10^{B-D}$
>
> 指数のかけ算は指数部の足し算，割り算は指数部の引き算。

炭素原子 ダイヤモンド
Ⓒ ──1.0×10^{22} 個集まる──▶ ◇
2.0×10^{-23} g/個 0.20 g
(1カラット)

例題 27 有効数字 example problem

有効数字を考慮して次の計算をせよ。

(1) $1.23 + 4.5 + 6.78$ (2) $\dfrac{87.6 \times 5.4}{3.21}$

解答 (1) 12.5 (2) 1.5×10^2

▶ **ベストフィット** 加減法は位取り，乗除法は有効桁に注目する。

解説 ▶

(1) $1.23 + 4.5 + 6.78 = 12.51 ≒ 12.5$

　　一番位取りが高いのは 4.5 の小数第一位なので，それより 1 桁多い小数第二位まで計算し，四捨五入して小数第一位にする。

(2) $\dfrac{87.6 \times 5.4}{3.21} = 147 = 1.47 \times 10^2 ≒ 1.5 \times 10^2$

　　一番有効桁が少ないのは 5.4 の 2 桁なので，それより 1 桁多い 3 桁まで計算し，四捨五入して 2 桁にする。

例題 28 単位 example problem

密度 1.5 g/cm^3 の物質 18 g の体積を求めよ。

解答 12 cm^3

▶ **ベストフィット** 単位を見れば計算方法がわかる。
体積〔cm^3〕= 質量〔g〕÷ 密度〔g/cm^3〕

解説 ▶

$$体積〔\text{cm}^3〕= \frac{18 \text{ g}}{1.5 \text{ g/cm}^3} = 12 \text{ cm}^3$$

例題 29 単位と指数 example problem

次の値を〔 〕内の単位で表せ。

(1) 1000 m 〔km〕 (2) 3000 g 〔kg〕 (3) 1 cm 〔m〕

解答 (1) 1 km (2) 3 kg (3) 0.01 m

▶ **ベストフィット** m（ミリ）$= 10^{-3}$，k（キロ）$= 10^3$ の関係がある。

解説 ▶

(1) $1000 \text{ m} = 1 \times 10^3 \text{ m} = 1 \text{ km}$

(2) $3000 \text{ g} = 3 \times 10^3 \text{ g} = 3 \text{ kg}$

(3) $1 \text{ cm} = 1 \times 10^{-2} \text{ m} = 0.01 \text{ m}$

---

❶ 1 と 1.0 のちがい

測定値 1（0.5 以上 1.5 未満）

0.5　0.6　0.7　0.8　0.9　1.0　1.1　1.2　1.3　1.4　1.5

測定値 1.0（0.95 以上 1.05 未満）

❷加減法は位取りに注目する

測定値のうち一番位取りの高いものより 1 桁多く計算し，出た答えの最終桁を四捨五入して一番位取りの高いものに合わせる。

$$
\begin{array}{r}
1.2 \ 3 \quad ← 小数第二位まで \\
4.5 \quad\;\; ← 小数第一位まで \\
+6.7 \ 8 \quad ← 小数第二位まで \\
\hline
12.5 \ 1 \quad ← 小数第一位にそろえる
\end{array}
$$

● 単位の足し算・引き算
① $2 \text{ m} + 3 \text{ m} = 5 \text{ m}$
同じ単位は計算できる。
② $2 \text{ m} + 3 \text{ g} = ×$
異なる単位は計算できない。
● 単位のかけ算・割り算
① $2 \text{ m} \times 3 \text{ m} = 6 \text{ m}^2$（面積）
② $6 \text{ g} \div 2 \text{ cm}^3 = 3 \text{ g/cm}^3$（密度）
単位をかけたり，割ったりすると新しい単位になることがある。

3 章 物質の変化

---

❶単位の中に含まれた指数（さまざまな接頭語）

k	キロ	10^3
h	ヘクト	10^2
d	デシ	10^{-1}
c	センチ	10^{-2}
m	ミリ	10^{-3}
μ	マイクロ	10^{-6}
n	ナノ	10^{-9}

例題 30 比の計算

example problem

鉄球 1 個の質量が 3 kg であった。鉄球 2 個の質量は何 kg か。

解答 6 kg

ベストフィット 個数と質量に注目して比の関係をたてる。

解説 ▶

個数と質量の比の関係は次のように表せる。

$$\underline{1 \text{ 個} : 2 \text{ 個} = 3 \text{ kg} : x \text{〔kg〕}}^{①}_{②}$$

$$1 \times x = 2 \times 3$$
$$x = 6$$

---

❶ Ⓐと Ⓑの比の関係

Ⓐと Ⓑに注目して比の関係をたてることもできる。

$$\overset{\times}{\underset{}{\underbrace{\begin{matrix} Ⓐ & & Ⓑ \\ 1 : 3 & = & 2 : x \\ \text{個 kg} & & \text{個 kg} \end{matrix}}}}$$

❷ 比の計算 $a : b = c : d$

$$a : b = c : d$$
$$a \times d = b \times c$$

例題 31 計算力

example problem

$124 \times 32 \div 16 \div 4$ を計算せよ。

解答 62

ベストフィット できる限り約分をしてから計算する。

解説 ▶

$$^{31}\frac{\overset{}{\cancel{124}} \times \overset{2}{\cancel{32}}}{\underset{1}{\cancel{16}} \times \cancel{4}} = 62$$

別解 前から順番に計算する。

$124 \times 32 \div 16 \div 4 = 3968 \div 16 \div 4 = 248 \div 4 = 62$

● ×5 と ÷5 の計算

① $a \times 5$

$$= a \times \frac{10}{2} = \frac{a}{2} \times 10$$

a を $\frac{1}{2}$ 倍して一桁上げる。

② $a \div 5$

$$= a \times \frac{2}{10} = \frac{a \times 2}{10}$$

a を 2 倍して一桁下げる。

類題

88 ［指数による表示］ 指数を用いて表せ。

(1) 100000000　　(2) 270000000　　(3) 12300000

(4) 0.0000456　　(5) 0.00000000629

89 ［指数の計算］ 次の計算をせよ。

(1) $\dfrac{1}{1000000}$　　(2) $\dfrac{92}{10000}$　　(3) $\dfrac{372}{200000000}$

(4) $3.2 \times 10^3 + 5.84 \times 10^4$　　(5) $2.1 \times 10^5 \times 3.6 \times 10^7$

(6) $1.5 \times 10^{-24} \times 6.0 \times 10^{23}$　　(7) $\dfrac{5.6 \times 10^7}{6.4 \times 10^4}$　　(8) $\dfrac{12}{20 \times 10^{24}}$

(9) 2.01×0.00011

90 ［有効数字］ 有効数字を考慮して，次の計算をせよ。

(1) $2.54 + 3.8 + 1.52$　　(2) $18.27 + 5.19 - 4.104$　　(3) 22.4×1.2

(4) $\dfrac{2.8 \times 10^{-3}}{22.4}$

---

88 ◀例25
小数点を右に a 回
→ 10^{-a}
小数点を左に b 回
→ 10^b

89 ◀例26
指数のかけ算は
指数部の足し算

指数の割り算は
指数部の引き算

90 ◀例27

91 [比の計算] 次の計算をせよ。

(1) $2:3=x:9$　　(2) $3:4=5:x$　　(3) $2:3=1.2:x$

(4) $12:44=3.6:x$　　(5) $\dfrac{2}{3}:\dfrac{5}{7}=x:9$

91 ◀例30
$a:b=c:d$
↓
$a\times d=b\times c$

92 [計算力] 約分してから計算せよ。

$22.4\times7.4\div2\div1.12$

92 ◀例31

練習問題

93 [指数] (1)〜(3)は小数・整数を用いて，(4)，(5)は分数を用いて表せ。

(1) 1×10^{3}　　(2) 2.5×10^{-5}　　(3) 3.82×10^{6}

(4) 1×10^{-7}　　(5) 4.9×10^{-4}

93
$10^{-a}=\dfrac{1}{10^{a}}$

94 [比の計算] 次の計算をせよ。

(1) $28:0.12=2.73\times10^{-3}:x$　　(2) $2.1\times10^{-3}:6=x:0.96$

94
$a:b=c:d$
↓
$a\times d=b\times c$

95 [測定値] 次の測定器での測定値を読み取れ。ただし，測定値の目盛りは

最小目盛りの $\dfrac{1}{10}$ まで読み取る。

95 バネばかりとビュレットは下にいくほど目盛りが大きい。

(1) ものさし　　(2) バネばかり　　(3) メスシリンダー　　(4) 温度計　　(5) ビュレット

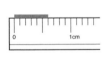

最小目盛り 1 mm　　最小目盛り 2 g　　最小目盛り 1 mL　　最小目盛り 1 ℃　　最小目盛り 0.1 mL

96 [単位の換算] 答えが〔　　〕内の単位になるように次の計算をせよ。

(1) $379\ \text{m}+2.04\ \text{km}$〔km〕　　(2) $5.7\ \text{kg}-900\ \text{g}$〔g〕

(3) $1.5\ \text{m}\times2.84\ \text{m}$〔$\text{m}^2$〕　　(4) $48\ \text{g}/3.7\ \text{cm}^3$〔$\text{g/cm}^3$〕

(5) $291\ \text{km}/1.20\ \text{h}$〔km/h〕

96
$k=10^{3}$

97 [さまざまな比の計算] 比の関係を用いて，次の問いに答えよ。

(1) $10\ \text{cm}^3$ が $6.0\ \text{g}$ の木片は $18\ \text{cm}^3$ で何 g か。

(2) 時速 45 km で 200 km 進むには何分かかるか。

(3) 溶液 120 g 中に 4.8 g の食塩が溶けている溶液 100 g 中には何 g の食塩が溶けているか。

(4) 1 L 中に 4 g の溶質が溶けている溶液 200 mL 中には何 g の溶質が溶けているか。

97
(2)時速 45 km は 1 時間に 45 km 進むことを表す。

3章 物質の変化

1 原子量・分子量・式量

● 確認事項 ▶ 以下の空欄に適当な語句，数字または化学式を入れよ。

● 相対質量

相対質量	・質量数①(　　　)の炭素原子 ^{12}C 1個の質量を②(　　　)とし，これを基準として各原子の質量を表したもの。 ・相対質量は，質量そのものではなく，質量の比なので単位は③(　　　)。

解答
①12
②12
③ない

● 原子量

原　子　量	・元素を構成する④(　　　)体の相対質量と，その⑤(　　　)比から求められる相対質量の平均値のこと。 ・放射線を出して分解する⑥(　　　)体は，平均値に加えない。

④同位
⑤存在
⑥放射性同位

● おもな元素の同位体とその存在比

元素名	同位体	相対質量	存在比〔%〕	原子量
⑦(　　　)	^{1}H	1.0078	99.9885	1.008
	^{2}H	2.0141	0.0115	
炭素	^{12}C	⑧(　　　)	98.93	12.01
	^{13}C	13.0034	1.07	
酸素	⑨(　　　)	15.9949	99.757	16.00
	^{17}O	16.9991	0.038	
	^{18}O	17.9992	0.205	

⑦水素
⑧12(基準値)
⑨^{16}O

● 分子量と式量

	分子量	⑩(　　)量
対象	分子からなる物質で，⑪(　　　)式で表されるもの。	・金属やイオンからなる物質で，組成式やイオン式で表されるもの。 ・⑫(　　　)結合の結晶(ダイヤモンド，黒鉛など)も組成式で表されている。
値	分子式に含まれるすべての原子の⑬(　　)量の和。	組成式やイオン式に含まれるすべての原子の(　⑬　)量の和。
例	・H_2O，CO_2，NH_3 など 分子式H_2O 水素原子　酸素原子 水 H_2O 1.0　1.0　16 分子量　$1.0 \times 2 + 16 = 18$	・Al，Fe　・NaCl，CuO ・C(ダイヤモンド，黒鉛)など 組成式NaCl ナトリウムイオンNa^+　塩化物イオンCl^- 23.0　35.5　塩化ナトリウムNaClの結晶 式量　$23.0 + 35.5 = 58.5$

⑩式
⑪分子
⑫共有
⑬原子

例題 32 相対質量

example problem

^{12}C 原子1個の質量が1.993×10^{-23}gであるとして，次の問いに答えよ。
　　　　　　①　　　　　　　　　②

(1) 原子1個の質量が4.484×10^{-23}gである原子の相対質量はいくつか。
　　　　　　　　　　③

(2) 相対質量が39であるカリウム原子 ^{39}K の原子1個の質量を求めよ。

（解答）　(1) 27.00　　(2) 6.5×10^{-23} g

▶ **ベストフィット**　相対質量の基準は $^{12}C = 12$ である。

（解説）▶

(1) 求める相対質量をxとする。1.993×10^{-23} g : 12 = 4.484×10^{-23} g : x　　より

$$x = \frac{4.484 \times 10^{-23}\,\text{g} \times 12}{1.993 \times 10^{-23}\,\text{g}} = 26.998 \doteqdot 27.00$$
④

(2) ^{39}K 原子1個の質量をy〔g〕とする。$39 : 12 = y : 1.993 \times 10^{-23}$ g　　より

$$y = \frac{39}{12} \times 1.993 \times 10^{-23}\,\text{g} = 6.47725 \times 10^{-23}\,\text{g} \doteqdot 6.5 \times 10^{-23}\,\text{g}$$
⑤

❶ $^{12}C = 12$
❷ 有効数字4桁
❸ 有効数字4桁
❹ 有効数字4桁で答える。相対質量に単位はない。
❺ 有効数字2桁で答える。

例題 33 原子量

example problem

　天然のホウ素には，^{10}B（相対質量10.0）が 20.0 %，^{11}B（相対質量11.0）が 80.0 %の割合で存在して
　　　　　　　　　　　　　　　　　　　　　　①
いる。ホウ素の原子量を求めよ。

（解答）　10.8

▶ **ベストフィット**　原子量は平均値である。

（解説）▶

$$\text{ホウ素の原子量} = 10.0 \times \frac{20.0}{100} + 11.0 \times \frac{80.0}{100} = 10.8$$

❶ 元素の同位体の存在比の合計は必ず100 %になる。

3章
物質の変化

例題 34 分子量・式量

example problem

　原子量はH = 1.0，C = 12，N = 14，O = 16，Mg = 24とする。
　　　　　　　　　　　　　　　①

(1) 次の物質の分子量を求めよ。

　(ア) CO_2　　　　(イ) グルコース $C_6H_{12}O_6$

(2) 次の物質の式量を求めよ。

　(ア) $Mg(NO_3)_2$　　(イ) NH_4^+
　　　　　　　　　　　②

（解答）　(1) (ア)：44，(イ)：180　　(2) (ア)：148，(イ)：18

▶ **ベストフィット**　分子量・式量は原子量の和である。

❶ 原子量は問題文中に必ず示される。
❷ 電子の質量は，陽子や中性子の1/1840しかないため，イオンの式量を求めるときには無視する。

（解説）▶

(1) (ア) $CO_2 = C \times 1$ 個 $+ O \times 2$ 個 $= 12 \times 1$ 個 $+ 16 \times 2$ 個 $= 44$

　(イ) $C_6H_{12}O_6 = C \times 6$ 個 $+ H \times 12$ 個 $+ O \times 6$ 個 $= 12 \times 6$ 個 $+ 1.0 \times 12$ 個 $+ 16 \times 6$ 個 $= 180$

(2) (ア) $Mg(NO_3)_2 = Mg \times 1$ 個 $+ (N \times 1$ 個 $+ O \times 3$ 個$) \times 2 = 24 \times 1$ 個 $+ (14 \times 1$ 個 $+ 16 \times 3$ 個$) \times 2 = 148$

　(イ) $NH_4^+ = N \times 1$ 個 $+ H \times 4$ 個 $= 14 \times 1$ 個 $+ 1.0 \times 4$ 個 $= 18$

98 [相対質量] ^{12}C 原子1個の質量が 1.99×10^{-23} g であるとして，次の問いに答えよ。

(1) ^{12}C の相対質量はいくつと定められているか。

(2) 原子1個の質量が 3.82×10^{-23} g のナトリウム原子の相対質量を求めよ。

(3) ^{40}Ar の相対質量を40.0とし，^{40}Ar 原子1個の質量を求めよ。

99 [原子量] 次の問いに答えよ。

(1) 天然の銅は質量数63の同位体(相対質量63)が 69 %，質量数65の同位体(相対質量65)が 31 % 混合している。銅の原子量を求めよ。

(2) 塩素の原子量は35.5である。天然の塩素には，質量数35の同位体(相対質量35)と質量数37の同位体(相対質量37)が混合しているとして，それぞれの同位体の存在比〔%〕を求めよ。

(3) 天然のマグネシウムには，^{24}Mg(相対質量 24.0)が80.0 %，^{25}Mg(相対質量25.0)が10.0%，^{26}Mg(相対質量26.0)が10.0 % で混合して存在している。マグネシウムの原子量を求めよ。

(4) 天然のリチウムには2種類の同位体が存在している。2種類の同位体のうち一方が，^{7}Li(相対質量7.00)で存在比 92.0 % だったとすると，他方の同位体の相対質量とその存在比を求めよ。ただし，リチウムの原子量を6.92とする。

100 [分子量] 次の分子の分子量を求めよ。

check!

(1) 水素 H_2　　　　　　　(2) 酸素 O_2

(3) オゾン O_3　　　　　　(4) 窒素 N_2

(5) 塩化水素 HCl　　　　　(6) 水 H_2O

(7) アンモニア NH_3　　　(8) メタン CH_4

(9) 硫酸 H_2SO_4　　　　　(10) エタノール C_2H_5OH

> check! このマークがある問題では，裏表紙の原子量概数値を用いる。

101 [式量] 次の物質の式量を求めよ。

check!

(1) 塩化ナトリウム NaCl　　　　　　(2) 塩化マグネシウム $MgCl_2$

(3) 水酸化ナトリウム NaOH　　　　　(4) 水酸化カルシウム $Ca(OH)_2$

(5) 硝酸バリウム $Ba(NO_3)_2$　　　　(6) 硫酸アンモニウム $(NH_4)_2SO_4$

(7) 炭酸アルミニウム $Al_2(CO_3)_3$　　(8) 硫酸銅(II)五水和物 $CuSO_4 \cdot 5H_2O$

(9) ナトリウムイオン Na^+　　　　　(10) 硫酸イオン SO_4^{2-}

---

98 ◀ 例32
(1)国際的な基準として定められている値。
(3)比例式で考える。

99 ◀ 例33
(1)有効数字は2桁。
(3)同位体が何種類あっても考え方は同じ。
(4)他方の同位体の相対質量を x として問題を解く。

100 ◀ 例34
原子量の値は覚える必要はない。原子量の概数を用いて計算すること。

101 ◀ 例34
得たり失ったりした電子の質量は，原子全体の質量に対してきわめて小さいため，イオンになっても原子量に変化はない。

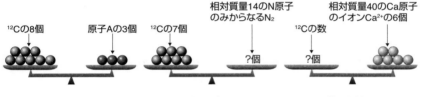

102 ［原子量］　次の文中の(ア)～(キ)に適当な語句または数字を入れよ。

　原子1個の質量はきわめて（　ア　）ので，質量数（　イ　）の ^{12}C を基準にしたときの各原子の質量が用いられる。これを（　ウ　）質量といい，単位はない。原子には同位体が存在するため，各同位体の（　ウ　）質量にその存在比をかけたものの合計がその原子の（　エ　）になる。

　また，分子式に基づいた分子を構成する各元素の原子量の総和を（　オ　）という。一方，イオンの化学式や（　カ　）式を構成する各元素の原子量の総和を（　キ　）という。（　エ　），（　オ　），（　キ　）は相対質量から求められる値であり，相対質量と同様に単位はない。

103 ［相対質量］　図のように質量がつり合っているとき，(ア)～(ウ)に入る数はいくつか。ただし，$^{12}C = 12$ とする。

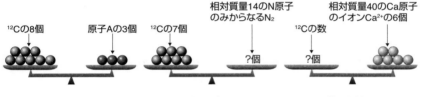

^{12}Cの8個　　原子Aの3個　　　^{12}Cの7個

相対質量14のN原子のみからなるN_2

^{12}Cの数

相対質量40のCa原子のイオンCa^{2+}の6個

?個　　　　　?個

Aの相対質量は(ア)である。　　　N_2の数は(イ)個である。　　　^{12}Cの数は(ウ)個である。

104 ［原子量］　次の(1)，(2)の金属 M の原子量をそれぞれ求めよ。

check!
(1) ある金属 M の酸化物 MO 中には，M が質量百分率で 60 % 含まれている。この金属Mの原子量はいくつか。

(2) ある金属 M の塩化物は，組成式 $MCl_2 \cdot 2H_2O$ の水和物をつくる。この水和物 147 mg を加熱して無水物 MCl_2 にしたところ，質量は 111 mg であった。この金属 M の原子量はいくつか。

105 ［式量］　ある金属 M の塩化物 MCl_2 の式量を X とする。次の問いに答えよ。

check!
(1) この金属 M の原子量を X を用いて表せ。

(2) この金属 M の酸化物 M_2O_3 の式量を X を用いて表せ。

103 相対質量
$^{12}C=12$ が基準である。

104 金属 M の原子量を x として式をつくる。
$O = 16$
$Cl = 35.5$
$H_2O = 18$

3 章
物質の変化

▶ **2 物質量**

● 確認事項 ● 以下の空欄に適当な語句または数字を入れよ。

● 物質量

解答
①$6.0 \times 10^{23}$
②物質量
③アボガドロ

物質量	①(　　　　　)個の粒子の集団を 1 mol（モル）という。この mol（モル）を単位として表した物質の量を②(　　　　　)という。1 mol あたりの粒子の数を③(　　　　　)定数とよぶ。

● アボガドロの法則

④アボガドロ
⑤種類
⑥22.4

アボガドロの法則	イタリアの④(　　　　　)は，同温・同圧のもとでは，気体の⑤(　　　　　)によらず，同体積の気体には同数の分子が含まれているという法則を発見した。0 ℃，1.013×10^5 Pa で 1 mol の気体が占める体積は，気体の種類によらずほぼ⑥(　　　　　)L である。※本書では，0 ℃，1.013×10^5 Pa を標準状態と示す。

● 1 mol と個・質量・体積（気体）の関係

⑦$6.0 \times 10^{23}$
⑧モル
⑨22.4

物質量	個	質量	体積
1 mol	アボガドロ定数	⑧(　　　　)質量	0 ℃，1.013×10^5Pa（標準状態）での気体の体積
	⑦(　　　　)個	原子量・分子量・式量に g をつけたもの。	⑨(　　　　)L

● mol（モル）への単位変換と mol（モル）からの単位変換

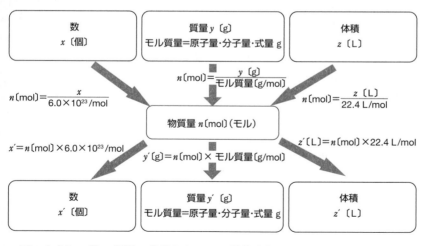

　図のように，数・質量・体積からモルに単位変換したい場合は，「1 mol あたりの数・質量・体積」で⑩(　　　　)ればよい。逆に，モルから数・質量・体積に単位変換したい場合は「1 mol あたりの数・質量・体積」を⑪(　　　　)ればよい。

⑩割
⑪かけ

例題 **35** 物質量と粒子数・体積

次の問いに答えよ。ただし，アボガドロ定数は$6.0×10^{23}$/mol とする。

(1) 酸素 O_2 9.6 g は何 mol か。

(2) 水 H_2O 0.20 mol は何 g か。

(3) 水素 H_2 2.0 mol には，水素分子が何個含まれるか。また，水素原子が何個含まれるか。
❶ ❷

(4) 窒素 N_2 0.50 mol は標準状態で何 L か。
❸

解答 (1) 0.30 mol (2) 3.6 g

(3) 水素分子 $1.2×10^{24}$個，水素原子 $2.4×10^{24}$個 (4) 11 L

ベストフィット mol への変換は割り算，mol からの変換はかけ算。

解 説 ▶ ······

(1) 酸素 O_2 = 32 g/mol より

$$酸素\ O_2\ の物質量〔mol〕=\frac{質量〔g〕}{モル質量〔g/mol〕}=\frac{9.6\ g}{32\ g/mol}=0.30\ mol$$

(2) 水 H_2O = 18 g/mol より

$$水\ H_2O\ の質量〔g〕=物質量〔mol〕×モル質量〔g/mol〕=0.20\ mol×18\ g/mol=3.6\ g$$

(3) アボガドロ定数 $6.0×10^{23}$/mol より

$$水素分子\ H_2\ の数=物質量〔mol〕×アボガドロ定数〔/mol〕$$
$$=2.0\ mol×6.0×10^{23}/mol=12×10^{23}=1.2×10^{24}$$

水素分子 H_2 1個につき，水素原子 H は2個含まれているので

$$水素原子\ H\ の数=水素分子\ H_2\ の数×2=1.2×10^{24}×2=2.4×10^{24}$$

(4) 1 mol の気体の体積 = 22.4 L より

$$窒素\ N_2\ の体積〔L〕=物質量〔mol〕×1\ molの気体の体積〔L/mol〕=0.50\ mol×22.4\ L/mol=11.2\ L≒11\ L$$

> ❶水素分子は H_2
> ❷水素原子は H
> 　水素原子 H の数
> 　=水素分子 H_2 の数×2
> ❸0 ℃，$1.0×10^5$ Pa
> 　1 mol = 22.4 L

例題 **36** 物質量 example problem

次の問いに答えよ。ただし，アボガドロ定数は $6.0×10^{23}$/mol とする。

(1) アルミニウム原子 $2.0×10^{23}$個の質量は何 g か。
❶

(2) 窒素 N_2 が 56.0 g ある。この気体の体積は標準状態で何 L か。
❷

解答 (1) 9.0 g (2) 44.8 L

ベストフィット まず物質量を求め，次に質量や体積を求める。

解 説 ▶

(1) アルミニウム Al の物質量〔mol〕$=\dfrac{2.0×10^{23}}{6.0×10^{23}/mol}=\dfrac{1}{3}$ mol である。

Al = 27 g/mol より，アルミニウムの質量〔g〕$=\dfrac{1}{3}$ mol × 27 g/mol = 9.0 g

(2) N_2 = 28 g/mol より，窒素 N_2 の物質量〔mol〕$=\dfrac{56.0\ g}{28\ g/mol}=2.00$ mol である。

標準状態で 1 mol の気体の体積は 22.4 L なので，窒素の体積〔L〕= 2.00 mol × 22.4 L/mol = 44.8 L

> ❶1 mol = $6.0×10^{23}$個
> 　1 mol = 原子量・分子
> 　量・式量 g
> ❷1 mol = 22.4 L

3 章
物質の変化

106 [物質量と質量・粒子数・体積] 次の問いに答えよ。ただし，アボガドロ定
数は $6.0×10^{23}$/mol とする。また，標準状態における気体 1 mol の体積は 22.4 L
とする。
check!
(1) 酸素 O_2 3.0 mol の質量は何 g か。
(2) 水素 H_2 2.00 mol は標準状態で何 L か。
(3) アンモニア NH_3 0.10 mol には何個のアンモニア分子が含まれるか。
(4) アンモニア NH_3 0.10 mol には何個の水素原子が含まれるか。
(5) カルシウム Ca 100 g は何 mol か。
(6) ヘリウム He 5.6 L（標準状態）は何 mol か。
(7) 水分子 $3.6×10^{24}$ 個は何 mol か。
(8) 水素原子 $3.6×10^{24}$ 個を含む水分子は何 mol か。
(9) メタンCH_4 4.0 mol に含まれる水素原子は何 g か。
(10) 窒素 N_2 22.4 mL（標準状態）は何 mol か。

106 ◀例35, 例36

107 [質量・粒子数・体積] 次の問いに答えよ。ただし，アボガドロ定数は
$6.0×10^{23}$/molとする。
check!
(1) 塩素 11.2 L（標準状態）は何 g か。
(2) 二酸化炭素 66 g は標準状態で何 L か。
(3) 酸素 O_2 224 mL には何個の酸素分子が含まれているか。
(4) 水分子 1 個は何 g か。
(5) ナトリウム Na 57.5 g には何個の Na 原子が含まれているか。
(6) メタンCH_4 $3.0×10^{22}$ 個は何 g か。

107 ◀例35, 例36

108 [物質量・粒子数・質量・体積] 次の問いに答えよ。ただし，すべて 0 ℃，
$1.0×10^5$ Paとする。
check!
(1) 水素 H_2 10 g と鉄 Fe 28 g はどちらが重いか。
(2) 水素 H_2 10 g と鉄 Fe 28 g はどちらが多くの原子を含むか。
(3) 水素 H_2 1 mol と二酸化炭素 CO_2 1 mol はどちらの体積が大きいか。
(4) 水素 H_2 1 mol と二酸化炭素 CO_2 1 mol はどちらが重いか。
(5) 水素 H_2 10 g と二酸化炭素 CO_2 22 g はどちらの体積が大きいか。
(6) 水素 H_2 10 g と鉄 Fe 56 g はどちらの体積が大きいか。

108 ◀例35, 例36

109 [物質量] 水酸化カルシウム $Ca(OH)_2$ が 3.7 g ある。これについて，次の
問いに答えよ。ただし，アボガドロ定数は $6.0×10^{23}$/mol とする。
check!
(1) 水酸化カルシウムの物質量は何 mol か。
(2) カルシウムイオン Ca^{2+} と水酸化物イオン OH^- はそれぞれ何個ずつある
か。

109 ◀例35, 例36
(1)まずは $Ca(OH)_2$
の式量を求める。

110 [気体の密度] 標準状態において，ある気体 2.00 L の質量は 3.57 g であった。次の問いに答えよ。
check!
(1) この気体の標準状態での密度〔g/L〕を求めよ。
(2) この気体の分子量を求めよ。
(3) この気体は(ア)～(エ)のうちのどれか。

  (ア) 水素 H_2　(イ) アルゴン Ar　(ウ) 二酸化炭素 CO_2　(エ) 塩素 Cl_2

110
$$密度 = \frac{質量}{体積}$$
気体の密度はg/L，液体・固体の密度はg/cm³を用いることが多い。

111 [混合気体の分子量] 空気は，おもに窒素 N_2 と酸素 O_2 が含まれた気体である。次の問いに答えよ。
check!
(1) 空気は組成が物質量の比で窒素 N_2 が 80.0 %，酸素 O_2 が 20.0 % の混合物である。空気 1 mol あたりの質量を有効数字 3 桁で求めよ。
(2) 標準状態における空気の密度〔g/L〕を有効数字 3 桁で求めよ。
(3) プロパン C_3H_8 の標準状態における密度〔g/L〕を有効数字 3 桁で求めよ。
(4) プロパンガスの主成分プロパン C_3H_8 は空気より軽いか重いか。
❓(5) 次の物質(ア)～(エ)はすべて気体である。(ア)～(エ)のうち，空気より軽いものをすべて選べ。

  (ア) NH_3　(イ) H_2S　(ウ) C_2H_2　(エ) C_2H_6

111 平均（みかけ）の分子量 M
$$M = M_A \times \frac{n_A}{n_A+n_B} + M_B \times \frac{n_B}{n_A+n_B}$$
M_A, M_B：A, Bの分子量
n_A, n_B：A, Bの物質量

112 [原子量] 金属 M の酸化物 M_2O が 1.41 g あり，この中に 1.17 g の金属 M が含まれていた。次の問いに答えよ。
check!
(1) M_2O 1.41 g 中に含まれている酸素原子 O は何 mol か。
(2) M_2O 1.41 g 中に含まれている金属 M は何 mol か。
(3) 金属 M の原子量を求めよ。

112

①Oの質量
②Oの物質量
③Mの物質量
④Mの原子量
の順に求める。

❓**113** [アボガドロ定数] 右図に示すように，ステアリン酸($C_{17}H_{35}COOH$，分子量284)は，水面に分子がすき間なく一層に並んだ膜(単分子膜)を形成する。したがって，ステアリン酸分子1個が占める面積がわかっていれば，単分子膜の面積から分子の数がわかる。このことを利用してアボガドロ定数を求める実験を行った。いま，質量 w〔g〕のステアリン酸が形成する単分子膜の面積は S〔cm²〕であった。ステアリン酸分子1個が占める面積を a〔cm²〕としたとき，アボガドロ定数 N_A〔/mol〕を計算する式として正しいものを，次の①～⑥のうちから一つ選べ。
難

ステアリン酸分子1個が占める面積 a〔cm²〕
CH_3 CH_2 CH_2 CH_2 $O=C$ OH 水面

113 ステアリン酸の物質量と分子数を式で表す。

① $\dfrac{284S}{wa}$　② $\dfrac{284a}{wS}$　③ $\dfrac{wS}{284a}$　④ $\dfrac{wa}{284S}$　⑤ $\dfrac{284wS}{a}$　⑥ $\dfrac{284wa}{S}$

▶3 溶液の濃度

● 中学までの復習 ● 以下の空欄に適当な語句または数字を入れよ。

■ 溶液

基本用語	説明	例 砂糖水
①(　　　)	液体中に他の物質が均一に混ざりあうこと。	砂糖が水に溶解する。
②(　　　)	溶けている物質のこと。	砂糖
溶媒	溶かしている液体のこと。	③(　　　)
溶液	溶解によりできた液体のこと。(　②　)+溶媒	砂糖水

解答
①溶解
②溶質
③水

■ 質量パーセント濃度〔%〕

質量パーセント濃度	溶液④(　　　)g 中に含まれる溶質の質量で表される。 質量パーセント濃度〔%〕= $\dfrac{⑤(\qquad)の質量〔g〕}{溶液の質量^{※}〔g〕}$ ×⑥(　　　) ※溶液の質量〔g〕＝溶質の質量〔g〕＋溶媒の質量〔g〕

解答
④100
⑤溶質
⑥100

■ 溶解度

溶解度	溶媒⑦(　　　)g に溶かすことができる溶質の質量〔g〕
⑧(　　　)溶液	ある温度で溶かすことのできる最大量の溶質を溶かした溶液のこと。
⑨(　　　)曲線	温度と溶解度の関係を示す曲線。一般的に固体では温度が高いほど溶解度も⑩(　　　)くなる傾向がみられる。

解答
⑦100
⑧飽和
⑨溶解度
⑩大き

● 確認事項 ● 以下の空欄に適当な語句を入れよ。

● モル濃度〔mol/L〕

モル濃度	モル濃度〔mol/L〕= $\dfrac{①(\qquad)の②(\qquad)〔mol〕}{溶液の体積〔L〕}$

解答
①溶質
②物質量

● 0.100 mol/L 塩化ナトリウム NaCl 水溶液 200 mL のつくり方

必要なNaClの質量

0.100 mol/L × $\dfrac{200}{1000}$ L × 58.5 g/mol ＝ 1.17g

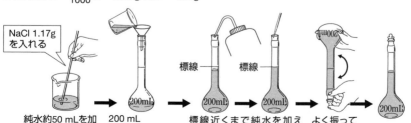

NaCl 1.17g を入れる

純水約50 mLを加えてよくかき混ぜ、溶かす。　200 mL ③(　　　)に水溶液を移す。　標線近くまで純水を加える。標線近くになったら駒込ピペットを使う。　よく振って均一にする。

③メスフラスコ

例題 37 モル濃度

2.0 mol/L の水酸化ナトリウム NaOH 水溶液について，次の問いに答えよ。ただし，NaOH の式量は 40 とする。

(1) 水溶液 200 mL 中に存在する NaOH の物質量は何 mol か。

(2) この水溶液を 200 mL つくるのに必要な NaOH の質量は何 g か。

(3) この水溶液の密度が 1.05 g/cm³ であるとき，この水溶液の質量パーセント濃度を求めよ。

解答 (1) 0.40 mol (2) 16 g (3) 7.6 %

ベストフィット mol を L で割ればモル濃度である。

❶ 200 mL = $\frac{200}{1000}$ L

❷ 溶液の質量〔g〕= 体積〔cm³〕× 密度〔g/cm³〕。

❸ 密度の単位 g/cm³ または g/mL を用いる。

解説 ▶

(1) NaOH の物質量〔mol〕= モル濃度〔mol/L〕× 溶液の体積〔L〕より

NaOH の物質量〔mol〕= 2.0 mol/L × $\frac{200}{1000}$ L = 0.40 mol

(2) この水溶液を 200 mL つくるのに必要な NaOH の質量は，2.0 mol/L の NaOH 水溶液 200 mL に溶けている NaOH の質量である。(1)で求めた物質量を質量〔g〕に変換すればよい。NaOH = 40 g/mol より

必要な NaOH の質量〔g〕= 0.40 mol × 40 g/mol = 16 g

(3) 2.0 mol/L だから，溶液 1 L（1000 mL）に NaOH が 2.0 mol 溶けている。

溶液 1 L の質量〔g〕= 1000 mL × 1.05 g/mL = 1050 g

溶液 1 L 中の溶質の質量〔g〕= 2.0 mol × 40 g/mol = 80 g より

質量パーセント濃度〔%〕= $\frac{溶質の質量〔g〕}{溶液の質量〔g〕}$ × 100 = $\frac{80 g}{1050 g}$ × 100 = 7.61 ≒ 7.6

例題 38 溶解度

60 ℃ で硝酸ナトリウム NaNO₃ を最大限溶かした水溶液（飽和溶液）が 100 g ある。NaNO₃ の溶解度（水 100 g に溶ける溶質の質量 g）は 60 ℃ で 124，20 ℃ で 88 であるとして，次の問いに答えよ。

(1) この水溶液 100 g 中に溶けている溶質の質量は何 g か。

(2) この水溶液 100 g を 20 ℃ に冷却すると，結晶は何 g 析出するか。

解答 (1) 55.4 g (2) 16.1 g

ベストフィット 溶解度の問題は溶質と溶液または溶質と溶媒の質量の関係から解く。

❶ 溶液 = 溶質 + 溶媒

❷
	溶質	溶媒	溶液
60 ℃	124	100	224
20 ℃	88	100	188
	析出		36

解説 ▶

(1) 60 ℃ の飽和溶液 100 g に x〔g〕の NaNO₃ が溶けているとすると

$\frac{溶質の質量〔g〕}{溶液の質量〔g〕} = \frac{124 g}{100 g + 124 g} = \frac{x〔g〕}{100 g}$ の関係がなりたつ。この式を解くと

$x = 100 g × \frac{124 g}{224 g} = 55.35 g ≒ 55.4 g$

(2) 最も単純なモデルで考える。60 ℃ の飽和溶液 224 g（水 100 g + NaNO₃ 124 g）を 20 ℃ に冷却すると溶解度が 88 に下がることから，124 g − 88 g = 36 g 析出する。60 ℃ の飽和溶液 100 g を 20 ℃ に冷却したとき，y〔g〕析出したとすると，次の関係がなりたつ。

$\frac{析出量〔g〕}{飽和溶液の質量〔g〕} = \frac{36 g}{224 g} = \frac{y〔g〕}{100 g}$ より，$y = 100 g × \frac{36 g}{224 g} = 16.07 g ≒ 16.1 g$

114 ［質量パーセント濃度］　20％の塩化ナトリウム NaCl 水溶液 100 g がある。この溶液に対して，次の操作をしたときにできる溶液の質量パーセント濃度を求めよ。
(1) 水を 100 g 加えた。
(2) 15 ％の塩化ナトリウム水溶液 400 g を加えた。

114 ◀ 例37
質量パーセント濃度〔％〕
$= \dfrac{溶質の質量〔g〕}{溶液の質量〔g〕} \times 100$

115 ［モル濃度］　0.50 mol/L の塩化ナトリウム NaCl 水溶液がある。この水溶液 200 mL 中には塩化ナトリウムが何 g 含まれているか。

↓check!

115 ◀ 例37
モル濃度〔mol/L〕
$= \dfrac{溶質の物質量〔mol〕}{溶液の体積〔L〕}$

116 ［質量パーセント濃度とモル濃度］　密度が 1.18 g/cm³ の 10 ％ 硫酸 H_2SO_4 水溶液がある。H_2SO_4 の分子量を98.0として，次の問いに答えよ。
(1) この硫酸 1.00 L の質量はいくらか。
(2) 硫酸 1.00 L 中に含まれる H_2SO_4 の質量と物質量を求めよ。
(3) 硫酸のモル濃度はいくらになるか。

116 ◀ 例37
$1 cm^3 = 1 mL$
$1.18 g/cm^3$
$= 1.18 g/mL$

117 ［溶解度と濃度］　30℃で硝酸カリウム KNO_3 の水への溶解度は45.6である。次の問いに答えよ。
(1) この温度で水 200 g には何 g の KNO_3 を溶かすことができるか。
(2) この温度で溶けることのできる KNO_3 をすべて水に溶かしたとき，この水溶液の質量パーセント濃度は何％か。

117 ◀ 例38
溶解度は水100gに溶けることができる溶質の質量である。

118 ［溶解度と温度］　下図は固体の溶解度（水 100 g に溶ける溶質の質量 g）と温度の関係を表すグラフである。次の問いに答えよ。
(1) 図のグラフは何とよばれるか。
(2) 温度 70℃ では水 1 kg に硝酸カリウム KNO_3 は何 kg 溶けるか。
(3) 70℃ で水 200 g に KNO_3 を最大限溶かした溶液を40℃に冷却すると，析出する KNO_3 の結晶は何 g か。
❓(4) グラフの中で再結晶による精製が最も適する物質と最も適さない物質を答えよ。

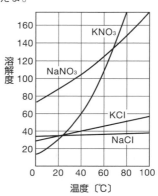

118 ◀ 例38
グラフから溶解度を正確に読み取る。

グラフの傾きから再結晶に適しているかどうかがわかる。

119 [溶液の調製]　1.0 mol/L の塩化ナトリウム水溶液をつくりたい。次のどの方法が正しいか。最も適した方法を次の(ア)～(エ)より一つ選べ。ただし，NaCl の式量は 58.5 とする。

(ア) 水 1000 mL をとり，NaCl 58.5 g を加える。

(イ) 水 1000 g をとり，NaCl 58.5 g を加える。

(ウ) 水 941.5 g をとり，NaCl 58.5 g を加える。

(エ) NaCl 58.5 g を水に溶かし，さらに水を加えて体積を 1000 mL にする。

120 [溶液の調製]　0.100 mol/L の塩化ナトリウム水溶液 100 mL の調製について，次の文中の(ア)～(エ)に適当な語句または数字を入れよ。

(1) NaCl 0.0100 mol（　ア　）g を正確にはかりとる。

(2) (1)をビーカーに移し，少量の蒸留水を加え，完全に溶かす。

(3) (2)の水溶液を（　イ　）mL の（　ウ　）に入れる。ビーカーを蒸留水ですすぎ，すすいだ液は（　ウ　）に入れ（　エ　）。

(4) （　ウ　）の標線まで蒸留水を加え，栓をしてよく振る。

121 [水和水を含む物質の質量パーセント濃度]　硫酸銅(II)五水和物 $CuSO_4 \cdot 5H_2O$ の結晶 10 g を水 100 g に溶かした。次の問いに答えよ。ただし，$CuSO_4 = 160$，$H_2O = 18$ とする。

(1) 溶液中の溶質は何 g か。

(2) 溶液中の溶媒は何 g か。

(3) 溶液の質量パーセント濃度は何 % か。

122 [濃度換算]　次の問いに答えよ。

(1) 分子量 180 の化合物の溶液があり，この溶液の質量パーセント濃度は 45 %，密度は 1.2 g/cm³ であった。この溶液のモル濃度を求めよ。

(2) 分子量 M の物質 a 〔g〕が溶けた b 〔mL〕の溶液の密度は d 〔g/cm³〕であった。この溶液のモル濃度および質量パーセント濃度を文字を用いて表せ。

(3) 質量パーセント濃度が x 〔%〕の硫酸 H_2SO_4 （分子量 98）水溶液の密度は d 〔g/cm³〕である。この硫酸水溶液の v 〔mL〕を水で希釈して全量を y 〔mL〕にした。この溶液のモル濃度を文字を用いて表せ。

123 [水和物の溶解度]　硫酸銅(II)の水への溶解度は 60 ℃ で 40.0，10 ℃ で 15.0 である。次の問いに答えよ。ただし，$CuSO_4 = 160$，$H_2O = 18$ とする。

(1) 硫酸銅(II)五水和物 $CuSO_4 \cdot 5H_2O$ の質量を x 〔g〕とすると，この結晶中に含まれる無水物 $CuSO_4$ と水和水の質量をそれぞれ x を使って示せ。

(2) 60 ℃ の水 50 g に硫酸銅(II)五水和物は何 g 溶けるか。

(3) 60 ℃ の飽和溶液 280 g を 10 ℃ に冷却すると，何 g の硫酸銅(II)五水和物が析出するか。

---

119 溶液の体積が最終的に 1 L にならなければならない。

120 一定濃度の溶液を調製する場合はメスフラスコで体積を正確に決定する。

121 式量における割合
$CuSO_4 \cdot 5H_2O$
$= 250$

$CuSO_4$	$5H_2O$
160	90

3章
物質の変化

122
溶液の質量〔g〕
= 密度〔g/cm³〕
× 体積〔cm³〕

123 水和水を含む結晶が析出すれば溶媒は減る。

▶**4** 化学反応式

■中学までの復習■ 以下の空欄に適当な化学式を入れよ。

■ おもな化学反応と化学反応式

反応の例	化学反応式
鉄 Fe と硫黄 S の化合	Fe ＋ S $\longrightarrow$①(　　　　)
マグネシウム Mg の酸化	2Mg ＋ O_2 $\longrightarrow$②(　　　　)
水素 H_2 と酸素 O_2 の化合	$2H_2$ ＋ O_2 $\longrightarrow$③(　　　　)
水 H_2O の電気分解	$2H_2O$ $\longrightarrow$④(　　　) ＋ O_2

解答
①FeS
②2MgO
③$2H_2O$
④$2H_2$

● 確認事項 ● 以下の空欄に適当な語句または数字を入れよ。

● 化学反応式のつくり方

順	説明	例　メタンCH_4の燃焼
1	①(　　　　)物の化学式を左辺に，②(　　　　)物の化学式を右辺に書いて，両辺を矢印($\longrightarrow$)で結ぶ。	$CH_4 + O_2 \longrightarrow CO_2 + H_2O$
2	両辺の各原子の数が等しくなるようにして係数を決める。係数は最も簡単な③(　　　　)になるようにし，係数が④(　　)の場合は省略する。	$CH_4 + $⑤$(\quad) O_2 \longrightarrow$ $CO_2 + $⑥$(\quad)H_2O$

解答
①反応
②生成
③整数比
④1
⑤2
⑥2

化学反応で気体が生じる場合，化学式の右側に「↑」を書くことがある。

例 $Mg + 2HCl \longrightarrow MgCl_2 + H_2 \uparrow$

化学反応で沈殿が生じる場合，化学式の右側に「↓」を書くことがある。

例 $AgNO_3 + NaCl \longrightarrow NaNO_3 + AgCl \downarrow$

● イオン反応式のつくり方

　イオンが関係する反応において，反応しないイオンを省略した(反応するイオンだけを書いた)化学反応式を，とくにイオン反応式という。

順	説明	例　ナトリウムNaと塩酸HClの反応
1	反応に関係した反応物の化学式を左辺に，生成物の化学式を右辺に書いて，両辺を矢印($\longrightarrow$)で結ぶ。	$Na + H^+$ $\longrightarrow Na^+ + H_2$
2	両辺の各原子の数が等しくなるようにして係数を決める。	$Na + $⑦$(\quad)H^+$ $\longrightarrow Na^+ + H_2$
3	両辺の⑧(　　　　)の和が等しくなるようにして係数を決める。係数は最も簡単な整数比になるようにし，係数が1の場合は省略する。	⑨$(\quad)Na + ($⑦$)H^+$ $\longrightarrow ($⑨$)Na^+ + H_2$

解答
⑦2
⑧電荷
⑨2

例題 39 化学反応式

example problem

エタン C_2H_6 が完全燃焼するときの化学反応式を書け。

解答 $2C_2H_6 + 7O_2 \longrightarrow 4CO_2 + 6H_2O$

> ❶燃焼すれば
> H は H_2O に,
> C は CO_2 になる。

▶ベストフィット 係数は最も簡単な整数比である必要がある。

化学式の中で最も複雑そうな物質(原子の種類や数が多い物質)の係数を1とし，単体のような1種類の元素からなる物質の係数を最後に決める。

解説▶

Step 1) 反応物の化学式を左辺に，生成物の化学式を右辺に書く。

C_2H_6 + O_2 $\longrightarrow$ CO_2 + H_2O

Step 2) エタン C_2H_6 (原子の種類が2つ[CとH]，原子の数は8[2+6])の係数をとりあえず1とする。左辺にはCが2個あるので，右辺の CO_2 の係数を2とする。また，左辺にHは6個あるので，右辺の H_2O の係数を3とする。これで，両辺のCとHの数は一致したので，左辺の O_2 の係数を a とする。

C_2H_6 + aO_2 $\longrightarrow$ $2CO_2$ + $3H_2O$

Step 3) 右辺にある酸素 O は $2\times2+3\times1=7$ 個であるから，$a\times2=7$ となる必要がある。すなわち，$a=\dfrac{7}{2}$ となる。

C_2H_6 + $\dfrac{7}{2}O_2$ $\longrightarrow$ $2CO_2$ + $3H_2O$

Step 4) 係数は最も簡単な整数比なので，O_2 の係数 $\dfrac{7}{2}$ は不適切である。そこで，両辺を2倍する。

$2C_2H_6$ + $7O_2$ $\longrightarrow$ $4CO_2$ + $6H_2O$

例題 40 イオン反応式

example problem

硝酸銀 $AgNO_3$ 水溶液に銅板 Cu を浸したら，銀 Ag が析出してくるとともに，水溶液は Cu^{2+} の影響で青くなった。この反応をイオン反応式で表せ。

解答 $2Ag^+ + Cu \longrightarrow 2Ag + Cu^{2+}$

> ❶ Ag^+ が Ag に変化
> ❷ Cu が Cu^{2+} に変化
> ❸ NO_3^- は反応の前後で変化していない。
> ❹ 両辺の原子数と電荷の和を一致させる。

▶ベストフィット イオン反応式では，両辺の電荷も一致させる。

解説▶

Step 1) 反応物の化学式を左辺に，生成物の化学式を右辺に書く。このとき，水溶液中で電離しているものは電離した状態で書く。

Ag^+ + NO_3^- + Cu $\longrightarrow$ Ag + Cu^{2+} + NO_3^-

Step 2) 左辺と右辺で変化していないものは，反応に関係していないイオンなので省略する。

Ag^+ + Cu $\longrightarrow$ Ag + Cu^{2+}

Step 3) 両辺の原子の数と，電荷を一致させる。原子の数は，両辺でともにAg1個，Cu1個で一致している。しかし，両辺の電荷が一致していない。左辺が Ag^+ で +1，右辺が Cu^{2+} で +2 である。そこで，左辺の電荷の和を +2 にするために，Ag^+ の係数を2とする。また，原子の数を一致させるために，右辺のAgの係数を2とする。

$2Ag^+$ + Cu $\longrightarrow$ $2Ag$ + Cu^{2+}

3章 物質の変化

124 ［化学反応式の係数］　次の化学反応式の係数を求めよ。係数が1の場合も1と記入せよ。

(1) (　　) C_2H_4 + (　　) O_2 ⟶ (　　) CO_2 + (　　) H_2O

(2) (　　) C_3H_8O + (　　) O_2 ⟶ (　　) CO_2 + (　　) H_2O

(3) (　　) $CaCO_3$ + (　　) HCl
　　　　　　　　　　⟶ (　　) $CaCl_2$ + (　　) CO_2 + (　　) H_2O

(4) (　　) H_2O_2 ⟶ (　　) H_2O + (　　) O_2

(5) (　　) $KClO_3$ ⟶ (　　) KCl + (　　) O_2

(6) (　　) Al + (　　) HCl ⟶ (　　) $AlCl_3$ + (　　) H_2

(7) (　　) Na + (　　) H_2O ⟶ (　　) $NaOH$ + (　　) H_2

(8) (　　) MnO_2 + (　　) HCl
　　　　　　　　　　⟶ (　　) $MnCl_2$ + (　　) H_2O + (　　) Cl_2

(9) (　　) Cu + (　　) H_2SO_4
　　　　　　　　　　⟶ (　　) $CuSO_4$ + (　　) H_2O + (　　) SO_2

124 ◀ 例39
求める順番
①複雑な化学式
→係数1
②単体
→ 1番最後

125 ［化学反応式の係数］　次の化学変化を化学反応式で記せ。

(1) 一酸化炭素 CO を燃やすと，二酸化炭素ができる。

(2) プロパン C_3H_8 が完全燃焼すると，二酸化炭素と水ができる。

(3) 炭酸水素ナトリウム $NaHCO_3$ を加熱すると，炭酸ナトリウム，二酸化炭素，水ができる。

(4) アルミニウムを酸化すると酸化アルミニウムができる。

(5) 酸素の無声放電(音をともなわない放電)によりオゾン O_3 ができる。

(6) 十酸化四リン P_4O_{10} に水を加えて加熱するとリン酸 H_3PO_4 ができる。

125 ◀ 例39
燃焼
O_2 と激しく反応すること。
炭酸ナトリウム
Na_2CO_3
酸化アルミニウム
Al_2O_3
酸化
O_2 と反応すること。

126 ［イオン反応式］　次のイオン反応式の係数を求めよ。係数が1の場合も1と記入せよ。

(1) (　　) Ba^{2+} + (　　) SO_4^{2-} ⟶ (　　) $BaSO_4↓$

(2) (　　) Fe^{3+} + (　　) OH^- ⟶ (　　) $Fe(OH)_3↓$

(3) (　　) FeS + (　　) H^+ ⟶ (　　) Fe^{2+} + (　　) $H_2S↑$

(4) (　　) Mg + (　　) H^+ ⟶ (　　) Mg^{2+} + (　　) $H_2↑$

(5) (　　) Ag^+ + (　　) Zn ⟶ (　　) $Ag↓$ + (　　) Zn^{2+}

(6) (　　) Al + (　　) H^+ ⟶ (　　) Al^{3+} + (　　) $H_2↑$

126 ◀ 例40
電荷を合わせること。

127 ［化学反応式とイオン反応式］　次の化学変化をそれぞれ化学反応式とイオン反応式で記せ。

(1) 亜鉛に希塩酸 HCl を加えると，水素が発生する。

(2) 硫酸ナトリウム水溶液と塩化カルシウム水溶液を混ぜたところ，硫酸カルシウムの沈殿を生じる。

127 ◀ 例39, 例40
(1)Cl^- は反応に関与していない。
(2)Na^+ と Cl^- が反応の前後で変化していない。

■コラム■ 「化学の基本法則と原子説・分子説」

発見者	法則名	内容
ラボアジエ （フランス） 1774 年	質量保存の法則	化学変化において，反応前の物質の質量の総和と，反応後の物質の質量の総和は等しい。 例 全反応物の質量＝全生成物の質量
プルースト （フランス） 1799 年	定比例の法則	ある化合物を構成している成分元素の質量比は常に一定である。 例 どのような反応で生成した CO_2 であろうと，CO_2 なら成分元素の質量比はつねに一定。CO_2 なら C：O ＝ 12：32
ドルトン （イギリス） 1803 年	原子説	・すべての物質は，それ以上分割できない小さな粒子である原子からできている。 ・同じ原子は，質量や性質が同じで，異なる元素の原子は，これらが異なる。 ・化合物は，異なる原子が決まった数で集合している。 ・化学変化は，原子の集まり方が変わるだけで，原子はなくなることも新しく生まれることもない。 例 原子が物質の基本であり，気体の水素も H_2 ではなく H と考えていた。
	倍数比例の法則	2種の元素 A，B からなる化合物が2種以上あるとき，元素 A の一定質量と化合する元素 B の質量の間には簡単な整数比がなりたつ。 例 CO と CO_2 の関係。一定質量の C に結合する酸素は 1：2 となっている。
ゲーリュサック （フランス） 1808 年	気体反応の法則	気体間の反応においては，反応または生成する気体の体積は，同温・同圧のもとでは簡単な整数比となる。 例 水素 H_2 と酸素 O_2 から水ができる反応において，水素と酸素は 2：1 で反応する。
アボガドロ （イタリア） 1811 年	分子説	すべての気体は，いくつかの原子が集まった分子という粒子からなり，同温・同圧では，気体の種類に関係なく同数の分子が含まれる。 例 気体の水素は H ではなく H_2 として存在すると考えた。
	アボガドロの法則	同温・同圧のもとでは，どの気体も，同体積中に同数の分子を含む。 例 水素 H_2 であろうと酸素 O_2 であろうと，1 mol の気体の体積は同じである（標準状態で22.4L）。

3章
物質の変化

ラボアジエ　　　プルースト　　　ドルトン　　　ゲーリュサック　　　アボガドロ

▶ **5** 化学反応式が表す量的関係

▪ **中学までの復習** ▪ 以下の空欄に適当な語句を入れよ。

■ 質量保存の法則

質量保存の法則	化学反応の前後において，物質全体の質量は変化しない。このことを①(　　　　　)の法則という。

解答
①質量保存

● **確認事項** ● 以下の空欄に適当な語句，式または数字を入れよ。

● 化学反応式が表す量的関係

化学反応式	N_2 窒素	+	$3H_2$ 水素	⟶	$2NH_3$ アンモニア
物質量	1 mol		3 mol		2 mol
質量	$1 \times 28\,g/mol$		$3 \times 2\,g/mol$　①(　　) $\times 17\,g/mol$		
	└──── 34 g ────┘		質量保存の法則　34 g		
体積 (標準状態)	$1 \times 22.4\,L$		②(　　) $\times 22.4\,L$		$2 \times 22.4\,L$
分子数	③(　　) $\times 6.0 \times 10^{23}$個		$3 \times 6.0 \times 10^{23}$個		$2 \times 6.0 \times 10^{23}$個

解答
①2
②3
③1

● 化学反応式の係数が表すこと

- ・粒子の数の比
- ・物質量の比
- ・④(　　　　　)の比(気体の場合のみ)

化学反応式	N_2	+	$3H_2$	⟶	$2NH_3$
係数	1		3		2
分子数の比					
物質量の比	⑤(　　)	:	⑥(　　)	:	⑦(　　)
体積の比					

解答
④体積
⑤1
⑥3
⑦2

● 化学反応式を用いた計算

化学反応式 モル質量	N_2 28 g/mol	+	$3H_2$ 2 g/mol	⟶	$2NH_3$ 17 g/mol
窒素 a〔g〕と反応・生成する物質量	a〔g〕は $\frac{a}{28}$〔mol〕		⑧(　　　　)〔mol〕		$2 \times \frac{a}{28}$〔mol〕
窒素 a〔g〕と反応・生成する質量	a〔g〕		$3 \times \frac{a}{28} \times 2$〔g〕		⑨(　　　　)〔g〕
窒素 a〔g〕と反応・生成する体積	⑩(　　　　)〔L〕		$3 \times \frac{a}{28} \times 22.4$〔L〕		$2 \times \frac{a}{28} \times 22.4$〔L〕
窒素 a〔g〕と反応・生成する分子数	$\frac{a}{28} \times 6.0 \times 10^{23}$個		⑪(　　　　)個		$2 \times \frac{a}{28} \times 6.0 \times 10^{23}$個

解答
⑧$3 \times \dfrac{a}{28}$
⑨$2 \times \dfrac{a}{28} \times 17$
⑩$\dfrac{a}{28} \times 22.4$
⑪$3 \times \dfrac{a}{28} \times 6.0 \times 10^{23}$

プロパンC_3H_8の燃焼の反応式について，次の問いに答えよ。

$$C_3H_8 + 5O_2 \longrightarrow 3CO_2 + 4H_2O$$

(1) C_3H_8 6.6 g を燃焼させるのに必要な酸素は何 g か。

(2) C_3H_8 6.6 g の燃焼によって生じる二酸化炭素は，標準状態で何 L の体積を占めるか。

(3) ある量の C_3H_8 を完全燃焼させたら水が 7.2 g 生じた。燃焼させた C_3H_8 の分子数は何個か。

（解答）　(1) 24 g　　(2) 10 L　　(3) $6.0×10^{22}$ 個

▶ ベストフィット　与えられた量をまずは物質量〔mol〕に変換する。

❶$C_3H_8 = 44$ g/mol
❷$O_2 = 32$ g/mol
❸1 mol の気体の体積 $= 22.4$ L（標準状態）
❹$H_2O = 18$ g/mol
❺1 mol $= 6.0×10^{23}$ 個

解 説 ▶
(1), (2)

C_3H_8	+	$5O_2$	$\longrightarrow$	$3CO_2$	+	$4H_2O$	
44 g/mol		32 g/mol		44 g/mol		18 g/mol	モル質量
$\dfrac{6.6\,g}{44\,g/mol}=0.15$ mol		$5×0.15$ $=0.75$ mol		$3×0.15$ $=0.45$ mol		$4×0.15$ $=0.60$ mol	物質量
6.6 g		$32×0.75$ $=\boxed{24\,g\,(1)}$		$44×0.45$ $=19.8$ g		$0.60×18$ $=10.8$ g	質量
$0.15×22.4$ L		$0.75×22.4$ L		$0.45×22.4$ $=10.08≒\boxed{10\,L\,(2)}$		液体	体積

(3) H_2O 7.2 g は $\dfrac{7.2\,g}{18\,g/mol}=0.40$ mol である。係数の関係より $H_2O : C_3H_8 = 4:1$ なので

H_2O の物質量の $\dfrac{1}{4}$ 倍の C_3H_8 が必要である。

よって，必要なC_3H_8 は $0.40\,mol × \dfrac{1}{4}=0.10$ mol となるので，C_3H_8 は，$0.10\,mol × 6.0×10^{23}/mol = 6.0×10^{22}$

メタン CH_4 を燃焼させると二酸化炭素 CO_2 と水 H_2O になる。いま，標準状態で 4.48 L のメタンと11.2 L の酸素 O_2 の混合気体が密閉容器中にある。この混合気体を反応させてメタンを完全に燃焼させたあと，室温になるまで放置した。燃焼後に容器内に存在するすべての気体について，それぞれの物質量を答えよ。ただし，生成した水はすべて液体になるものとする。

（解答）　$O_2 : 0.100$ mol,　$CO_2 : 0.200$ mol

▶ ベストフィット　化学反応の量的関係は少ない方（反応後に残らない方）の物質によって決まる。

❶反応前，変化量，反応後の順に考える。

解 説 ▶
CH_4 4.48 L は，$\dfrac{4.48\,L}{22.4\,L/mol}=0.200$ mol, O_2 11.2 L は，$\dfrac{11.2\,L}{22.4\,L/mol}=0.500$ mol

	CH_4	+	$2O_2$	$\longrightarrow$	CO_2	+	$2H_2O$
反応前	0.200 mol		0.500 mol		0 mol		0 mol
変化量	-0.200 mol		-0.400 mol		$+0.200$ mol		$+0.400$ mol
反応後	0 mol		0.100 mol		0.200 mol		0.400 mol（液体）

3章 物質の変化

128 ［化学反応式の量的関係］ 常温で気体のメタン CH_4 を燃焼させるときの反応式は下のようになる。この反応について，次の文中の(ア)〜(ケ)に適当な語句または数字を入れよ。

$$CH_4 + 2O_2 \longrightarrow CO_2 + 2H_2O$$

(1) CH_4 の 1 mol を完全に反応させるには酸素が（ ア ）mol 必要であり，また，反応によって生じる二酸化炭素は（ イ ）mol，水は（ ウ ）mol である。

(2) CH_4 の 32 g を完全に燃焼させるとき，必要な酸素は（ エ ）g である。このとき生じる二酸化炭素は（ オ ）g で，水は（ カ ）g である。燃焼前のメタンと酸素の質量の和は（ キ ）g であり，燃焼によって生じた二酸化炭素と水の質量の和は（ ク ）g である。これは，反応の前後で物質の総質量は変わらないことを示している。これを（ ケ ）の法則という。

128 ◀例41
係数比から化学反応の物質量の関係をまず考える。

129 ［反応における分子数］ 炭素が燃焼する反応式について，次の問いに答えよ。ただし，アボガドロ定数を 6.0×10^{23} /mol とする。

$$C + O_2 \longrightarrow CO_2$$

(1) 炭素 2.4 g と反応する酸素分子数は何個か。
(2) 炭素 6.0 g が完全に燃焼したとき生じる二酸化炭素は標準状態で何 L か。
(3) 反応によって二酸化炭素分子が 2.4×10^{23} 個生じたとすると，反応した炭素の質量は何 g か。

129 ◀例41
与えられた量をまず物質量〔mol〕に変換してから，他の単位に変換する。

130 ［反応における質量と体積］ 水素と酸素は激しく反応して水を生じる。次の問いに答えよ。

$$2H_2 + O_2 \longrightarrow 2H_2O$$

(1) 標準状態で 28 L の水素をすべて燃焼させると水が何 g 生じるか。
(2) 水素 6.0 g を完全に燃焼させるのに必要な酸素は標準状態で何 L か。

130 ◀例41
1 mol = 22.4 L

131 ［過不足のある反応］ 一酸化炭素 CO と酸素 O_2 が反応すると，二酸化炭素 CO_2 が生成する。次の問いに答えよ。ただし，一酸化炭素と酸素は完全に反応するものとする。

$$2CO + O_2 \longrightarrow 2CO_2$$

(1) 反応により，二酸化炭素 10 L が生成したとすると，同温・同圧の状態で反応した一酸化炭素と酸素はそれぞれ何 L か。
(2) 同温・同圧のもとで，一酸化炭素 20 L と酸素 20 L を反応させるとき，反応後に存在する気体とその体積を求めよ。
(3) 同温・同圧のもとで，一酸化炭素 20 L と酸素 5 L を反応させたところ，一酸化炭素が一部残った。すべて二酸化炭素にするには，さらに何 L の酸素が必要か。

131 ◀例42
気体の場合，係数比は気体の体積比とも一致するので，物質量に変換しなくても量的関係がわかる。

132 [化学反応式と量的関係]　主成分が炭酸カルシウム $CaCO_3$ の石灰岩 15.0 g

🔖check!　に 0.500 mol/L の塩酸を注いだら，気体が発生しなくなるまでに塩酸 0.400 L を要した。次の問いに答えよ。

(1) このときの化学反応式を記せ。

(2) 気体がすべて炭酸カルシウムから発生したとすると，標準状態で何Lの気体が発生したか。有効数字3桁で求めよ。

(3) 石灰岩には何%の炭酸カルシウムが含まれていたか。有効数字3桁で求めよ。

132
$CaCO_3 = 100$

133 [物質量と気体の体積]　0.24 g のマグネシウムに 1.0 mol/L の塩酸を少量ず

🔖check!　つ加え，発生した水素を捕集して，その体積を標準状態で測定した。次の問いに答えよ。

(1) マグネシウムと塩酸の化学反応式を記せ。

(2) 加えた塩酸の体積と発生した水素の体積との関係を表す図として最も適当なものを，次の(ア)～(エ)より選べ。

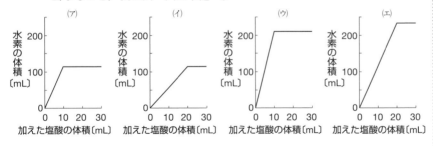

133 0.24 g の Mg がすべて反応したときの条件で考える。

134 [混合気体の化学反応]　一酸化炭素 CO とエタン C_2H_6 の混合気体を，触媒の存在下で十分な量の酸素を用いて完全に燃焼したところ，二酸化炭素 5.5 mol と 水 4.2 mol が生成した。反応前の混合気体中の一酸化炭素とエタンの物質量は，それぞれ何 mol か。

134 水はエタンからのみ生成する。

❓ **135** [混合気体の燃焼]　メタン CH_4 とプロパン C_3H_8 の混合気体が標準状態で

🔖check!　11.2 L ある。これを完全燃焼させたところ，水が 22.5 g 生じた。次の問いに答えよ。

(1) メタンとプロパンの化学反応式を記せ。

(2) 生成した水は何 mol か。

(3) 最初に存在していたメタンの物質量を x [mol]，プロパンの物質量を y [mol] として，それぞれの気体から生成する水の物質量を x, y を用いて表せ。

(4) はじめの混合気体中にはメタンおよびプロパンはそれぞれ何 mol 存在するか。

135 11.2 L を物質量 [mol] に変換する。

水 22.5 g を物質量 [mol] に変換する。

▶**1** 酸と塩基

●中学までの復習● 以下の空欄に適当な語句またはイオン式を入れよ。

■ 酸性・中性・塩基性（アルカリ性）

水溶液の液性	酸性	中性	塩基性
青色リトマス紙の変化	①（　　）	変化なし	②（　　）
赤色リトマス紙の変化	③（　　）	変化なし	④（　　）
フェノールフタレインの色	⑤（　　）	⑥（　　）	⑦（　　）
マグネシウムとの反応	⑧（　　）	変化なし	⑨（　　）

解答
①赤色
②変化なし
③変化なし
④青色
⑤無色
⑥無色
⑦赤色
⑧水素を発生
⑨変化なし

■ 酸性・塩基性とイオン

	イオンの名称	イオン式
酸性を示すイオン	⑩（　　）	⑪（　　）
塩基性を示すイオン	⑫（　　）	⑬（　　）

⑩水素イオン
⑪H^+
⑫水酸化物イオン
⑬OH^-

■ 酸・塩基の電離

物質名	水溶液中での電離
塩酸	$HCl \longrightarrow H^+ + $⑭（　　）
硫酸	$H_2SO_4 \longrightarrow$ ⑮（　　）$+ SO_4^{2-}$
水酸化ナトリウム水溶液	$NaOH \longrightarrow$ ⑯（　　）$+ OH^-$
水酸化カリウム水溶液	$KOH \longrightarrow K^+ +$ ⑰（　　）

⑭Cl^-
⑮$2H^+$
⑯Na^+
⑰OH^-

●確認事項● 以下の空欄に適当な語句，記号，数字またはイオン式を入れよ。

● アレニウスとブレンステッド・ローリーの定義

基本用語	酸	塩基
アレニウスの定義	水溶液中で①（　　）（オキソニウムイオンH_3O^+）を生じる物質　例 $HCl \longrightarrow$（①）$+Cl^-$	水溶液中で②（　　）を生じる物質　例 $NaOH \longrightarrow Na^+ +$（②）
ブレンステッド・ローリーの定義	水素イオンH^+を③（　　）分子・イオン	水素イオンH^+を④（　　）分子・イオン

$$\overset{\frown}{NH_3 + H_2O} \rightleftharpoons NH_4^+ + OH^-$$
⑤（　　）⑥（　　）　　酸　　塩基

解答
①H^+
②OH^-
③与える
④受け取る
⑤塩基
⑥酸

● 価数

価数	酸の化学式の中で電離して⑦(　　　)になることができるHの数を酸の価数，塩基の化学式の中で電離して⑧(　　　)になることができるOHの数を塩基の価数という。

⑦H^+
⑧OH^-

おもな酸と塩基の価数

酸	価数	塩基	価数
HCl	1	NaOH	1
HNO_3	⑨(　　)	NH_3	⑬(　　)
H_2SO_4	⑩(　　)	$Ca(OH)_2$	⑭(　　)
CH_3COOH	⑪(　　)	$Cu(OH)_2$	⑮(　　)
H_3PO_4	⑫(　　)		

⑨1
⑩2
⑪1
⑫3
⑬1
⑭2
⑮2

● 電離度

電離度	溶解した電解質における，電離した割合を電離度という。 電離度 α は次のように求められる。 電離度 $\alpha = \dfrac{電離した電解質の物質量}{溶解した電解質の物質量}$ 溶液の濃度 c〔mol/L〕，電離した電解質の濃度 c'〔mol/L〕のとき， 電離度 $\alpha = \dfrac{⑰(\quad)}{⑱(\quad)}$ となる。 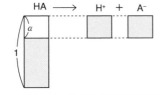 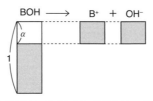

⑰c'
⑱c

● 酸・塩基の強弱

酸・塩基の強弱	電離度 α の値が1に近い酸/塩基を⑲(　　　)酸/塩基といい，そうでないものを⑳(　　　)酸/塩基という。

⑲強
⑳弱

おもな酸と塩基の強弱

酸	強弱	塩基	強弱
HCl	強酸	NaOH	強塩基
HNO_3	㉑(　　)酸	KOH	㉗(　　)塩基
H_2SO_4	㉒(　　)酸	$Ca(OH)_2$	㉘(　　)塩基
$(COOH)_2$	㉓(　　)酸	$Ba(OH)_2$	㉙(　　)塩基
CH_3COOH	㉔(　　)酸	NH_3	㉚(　　)塩基
H_2CO_3	㉕(　　)酸	$Cu(OH)_2$	㉛(　　)塩基
H_3PO_4	㉖(　　)酸		

㉑強
㉒強
㉓弱
㉔弱
㉕弱
㉖弱
㉗強
㉘強
㉙強
㉚弱
㉛弱

3章
物質の変化

例題 43 ブレンステッド・ローリーの定義

次の(1)～(5)の反応において，ブレンステッド・ローリーの定義❶に基づいて，酸としてはたらいている物質および塩基としてはたらいている物質をそれぞれ答えよ。

(1) $HSO_4^- + H_2O$❷ $\longrightarrow SO_4^{2-} + H_3O^+$

(2) $NH_4^+ + H_2O \longrightarrow NH_3 + H_3O^+$

(3) $HNO_3 + H_2O \longrightarrow H_3O^+ + NO_3^-$

(4) $HS^- + H_2O \longrightarrow H_3O^+ + S^{2-}$

(5) $CH_3COO^- + H_2O \longrightarrow CH_3COOH + OH^-$

解答 (1) 酸：HSO_4^- 塩基：H_2O (2) 酸：NH_4^+ 塩基：H_2O (3) 酸：HNO_3 塩基：H_2O
(4) 酸：HS^- 塩基：H_2O (5) 酸：H_2O 塩基：CH_3COO^-

ベストフィット

H^+ を与えるものが酸，H^+ を受け取るものが塩基である。
反応後に H が減っているものが酸，H が増えているものが塩基。

❶ブレンステッド・ローリーの定義では，水に溶けないものでも酸・塩基を定義することができる。
❷水は相手によって，酸にも塩基にもなる。

解説 ▸ ....

水素イオン H^+ を $\begin{cases} 与えている分子またはイオンが酸 \\ 受け取る分子またはイオンが塩基 \end{cases}$

(1) HSO_4^- は H^+ を与えて SO_4^{2-} になり，H_2O は H^+ を受け取り H_3O^+ になる。
　　よって，HSO_4^- は酸，H_2O は塩基である。

(2) NH_4^+ は H^+ を与えて NH_3 になり，H_2O は H^+ を受け取り H_3O^+ になる。
　　よって，NH_4^+ は酸，H_2O は塩基である。

(3) HNO_3 は H^+ を与えて NO_3^- になり，H_2O は H^+ を受け取り H_3O^+ になる。
　　よって，HNO_3 は酸，H_2O は塩基である。

(4) HS^- は H^+ を与えて S^{2-} になり，H_2O は H^+ を受け取り H_3O^+ になる。
　　よって，HS^- は酸，H_2O は塩基である。

(5) CH_3COO^- は H^+ を受け取り CH_3COOH になり，H_2O は H^+ を与えて OH^- になる。
　　よって，CH_3COO^- は塩基，H_2O は酸である。

例題 44 酸・塩基の分類

次の酸・塩基の水溶液中の電離のようす，強弱，価数を例にならって記せ。

(例)塩酸　$HCl \longrightarrow H^+ + Cl^-$（強酸，1価）　　フッ化水素　$HF \rightleftharpoons H^+ + F^-$（弱酸，1価）

(1) 硝酸　　(2) 硫酸　　(3) 酢酸❶　　(4) リン酸　　(5) 水酸化ナトリウム　　(6) アンモニア

解答

(1) $HNO_3 \longrightarrow H^+ + NO_3^-$　　（強酸，1価）

(2) $H_2SO_4 \longrightarrow 2H^+ + SO_4^{2-}$　　（強酸，2価）

(3) $CH_3COOH \rightleftharpoons H^+ + CH_3COO^-$　　（弱酸，1価）

(4) $H_3PO_4 \rightleftharpoons 3H^+ + PO_4^{3-}$　　（弱酸，3価）

(5) $NaOH \longrightarrow Na^+ + OH^-$　　（強塩基，1価）

(6) $NH_3 + H_2O \rightleftharpoons NH_4^+ + OH^-$　　（弱塩基，1価）

> **❶** CH_3COOH は1価の酸である。
> **❷** 強酸・強塩基の覚え方 硫酸，塩酸，硝酸およびアルカリ金属と Ca, Ba の水酸化物

> ▶ **ベストフィット**　強酸・強塩基はすべて電離する。

解説 ▶ ....

HF を除くハロゲン化水素(HCl, HBr, HI)と硝酸，硫酸は強酸であり，
Ba, Ca, Na, K の水酸化物は強塩基である。リン酸は3価，硫酸，水酸化バリウム，水酸化カルシウムは2価，
塩酸(塩化水素の水溶液)，酢酸，水酸化ナトリウム，水酸化カリウムは1価である。

例題 **45** 電離度

濃度 1.0×10^{-3} mol/L の酢酸水溶液中の水素イオン濃度は 1.5×10^{-4} mol/L であった。次の問いに
答えよ。

(1) 酢酸の電離度を求めよ。

(2) 電離していない酢酸分子の濃度を求めよ。

解答　(1) 0.15　　(2) 8.5×10^{-4} mol/L

> ▶ **ベストフィット**　a 価の c〔mol/L〕の酸の電離度が α なら
> 生じた水素イオン濃度は $a \times c \times \alpha$

> **❶** 1 L について考えることで，物質量を濃度に置きかえて解くことができる。

解説 ▶ ....

(1) 酢酸は水溶液中で次のように電離している。

$$CH_3COOH \rightleftharpoons H^+ + CH_3COO^-$$

電離度 α は，次のようにして求められる。

$$電離度\ \alpha = \frac{電離した電解質の濃度〔mol/L〕}{溶液の濃度〔mol/L〕} = \frac{1.5 \times 10^{-4}\ mol/L}{1.0 \times 10^{-3}\ mol/L} = 0.15$$

(2) 電離していない酢酸分子の割合は，$1 - \alpha = 1 - 0.15 = 0.85$ より，
酢酸分子の濃度は，$1.0 \times 10^{-3} mol/L \times 0.85 = 8.5 \times 10^{-4} mol/L$
である。

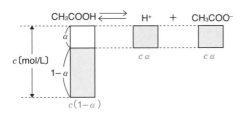

136 ［酸・塩基の定義］ 次の化学反応式において，下線を引いた物質はブレンステッド・ローリーの定義によると酸・塩基のいずれになるか答えよ。

(1) $HCl + \underline{H_2O} \longrightarrow Cl^- + H_3O^+$

(2) $NH_3 + \underline{H_2O} \longrightarrow NH_4^+ + OH^-$

(3) $CH_3COO^- + \underline{H_2O} \longrightarrow CH_3COOH + OH^-$

(4) $CO_3^{2-} + \underline{H_2O} \longrightarrow HCO_3^- + OH^-$

137 ［酸・塩基の強弱］ 次の(1)～(9)の化合物の化学式を答えよ。また，下の(ア)～(ク)の中から適当なものを選べ。

(1) 塩化水素　　(2) 酢酸　　　(3) 硫酸

(4) アンモニア　(5) 水酸化カリウム　(6) 水酸化カルシウム

(7) 硝酸　　　　(8) 水酸化ナトリウム　(9) 炭酸

(ア) 1価の強酸　　(イ) 1価の弱酸　　(ウ) 1価の強塩基

(エ) 1価の弱塩基　(オ) 2価の強酸　　(カ) 2価の弱酸

(キ) 2価の強塩基　(ク) 2価の弱塩基

138 ［電離式］ 次の(1)～(6)の化合物を水に溶かしたときの電離のようすを電離式で記せ。

(1) 硝酸　　(2) 酢酸　　(3) 硫酸

(4) 水酸化カリウム　　(5) 水酸化カルシウム　　(6) アンモニア

139 ［電離度］ 電離度について，次の問いに答えよ。

(1) $5.0 \times 10^{-2}\,mol/L$ の酢酸の水素イオン濃度を求めよ（電離度 0.020）。

(2) $0.10\,mol/L$ の酢酸中の水素イオン濃度は $0.0010\,mol/L$ であった。酢酸の電離度を求めよ。

(3) $0.10\,mol/L$ のアンモニア水の水酸化物イオン濃度を求めよ（電離度 0.010）。

練習問題

140 ［酸・塩基の定義］ 次の記述のうち，正しいものには○を，誤っているものには×を記せ。

(1) H^+ を多く出す酸が強酸なので，1分子中に H を多く含む酸が強酸である。

(2) 塩基の水溶液は，OH^- を出して塩基性を示すが，水に溶けにくい塩基もある。

(3) H_2S のように酸素を含まない酸は，一般に弱酸である。

(4) アンモニアは水に溶けやすいので，強塩基である。

(5) 酢酸は，1価の強酸である。

136 ◀例43
ブレンステッド・ローリーの定義
水素イオンを与える分子・イオンが酸。
水素イオンを受け取る分子・イオンが塩基。

137 ◀例44
酸・塩基の強弱および価数はしっかり覚える。

138 ◀例44
電離式
水溶液中での電離のようすを表した式。

139 ◀例45
電離度
溶解した電解質のうち電離した電解質の割合。

140 具体的な物質を考えるとよい。

141 ［ブレンステッド・ローリーの定義］　次の反応(1)〜(4)において，酸としてはたらいた物質と塩基としてはたらいた物質をそれぞれ化学式で答えよ。

(1) $NH_3 + HCl \longrightarrow NH_4Cl$

(2) $CH_3COONa + HNO_3 \longrightarrow CH_3COOH + NaNO_3$

(3) $KHCO_3 + KOH \longrightarrow K_2CO_3 + H_2O$

(4) $NaHCO_3 + CH_3COOH \longrightarrow H_2O + CO_2 + CH_3COONa$

142 ［酸・塩基の分類］　次の(1)〜(4)に最も適当な物質を下から選び，化学式で答えよ。

(1) 1価の弱酸と弱塩基　　　　(2) 2価の弱酸と弱塩基

(3) 酸素を含まない酸と塩基　　(4) 3価の酸と塩基

　　硫酸　　酢酸　　水酸化バリウム　　シュウ酸　　水酸化アルミニウム
　　アンモニア　　リン酸　　水酸化銅(Ⅱ)　　塩酸

143 ［酸・塩基の性質］　①ブレンステッド・ローリーの定義では，酸とは水素イオンを与えるものであり，塩基は水素イオンを受け取るものとされている。水溶液中で，塩化水素は水素イオンと（　ア　）に電離するが，実際には水素イオンは水分子と（　イ　）結合し，（　ウ　）イオンを生成する。

　また，水溶液中でアンモニアは水と反応し，電離して（　エ　）イオンと水酸化物イオンを生じる。（　エ　）イオンは（　ウ　）イオンと同様に，アンモニアが水素イオンと（　イ　）結合することにより生じたイオンである。

(1) 文章中の(ア)〜(エ)に適当な語句を入れよ。

(2) 下線部①の酸と塩基の定義のほかに，「アレニウスの酸と塩基の定義」がある。「アレニウスの定義」における塩基とは何かを25字程度で説明せよ。

(3) (エ)イオンの電子式を，右の例を参考に記せ。　　(例) $[:\!C\!::\!N\!:]^-$

144 ［電離度］　酢酸の電離度 α は濃度により変化することがわかっている。モル濃度 c〔mol/L〕を横軸，α を縦軸にとったグラフをもとに，次の問いに答えよ。

(1) 酢酸のモル濃度と電離度の記述について，次の①〜④より誤っているものをすべて選べ。

① 酢酸の濃度が高いほど酢酸は電離しにくくなる。

② α が0.01のとき，電離している酢酸分子濃度は電離していない酢酸分子濃度の $\dfrac{1}{100}$ である。

③ 0.1mol/Lの酢酸を10倍に薄めると水素イオン濃度は $\dfrac{1}{10}$ になる。

④ 酢酸濃度をどれだけ小さくしても α が1を超えることはない。

(2) グラフより，$c = 0.01$ mol/Lのときの水素イオン濃度を求めよ。

（グラフ）
縦軸：電離度 α　0.15　0.10　0.05　0
横軸：濃度 c〔mol/L〕　0　0.02　0.04　0.06　0.08　0.10

141 ブレンステッド・ローリーの定義
水素イオンを与える分子・イオンが酸。
水素イオンを受け取る分子・イオンが塩基。

142 酸・塩基の強弱および価数はしっかり覚える。

3章
物質の変化

144 電離度 α とする。

▶2 水素イオン濃度と pH

■中学までの復習■ 以下の空欄に適当な語句を入れよ。────

■ pH と酸性・中性・塩基性

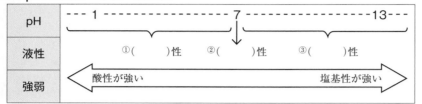

解答
①酸
②中
③塩基

● 確認事項 ● 以下の空欄に適当な語句または数字を入れよ。────

● [H⁺]と[OH⁻]の関係　化学

水の イオン積	水溶液中でのH^+のモル濃度〔mol/L〕を$[H^+]$，OH^-のモル濃度 〔mol/L〕を$[OH^-]$と表すと，水溶液では次の関係がなりたつ。 $[H^+] \times [OH^-] = $①(　　　　)

解答
①$1.0 \times 10^{-14}$

● 酸性・中性・塩基性と濃度

	$[H^+]$	$[OH^-]$
酸性	1.0×10^{-7}より②(　　　)	1.0×10^{-7}より小さい
中性	1.0×10^{-7}と等しい	1.0×10^{-7}と③(　　　)
塩基性	1.0×10^{-7}より④(　　　)	1.0×10^{-7}より大きい

②大きい
③等しい
④小さい

● 水素イオン指数 pH

水素イオン指数 pH	水素イオン濃度$[H^+]$の指数を水素イオン指数とよび， pH を用いて表す。 $[H^+] = 1.0 \times 10^{-n} \longleftrightarrow pH = n$

● 塩酸 HCl の濃度，[H⁺]，[OH⁻]と pH の関係

濃度	0.1	0.01	0.001	0.0001
$[H^+]$	⑤(　　)	10^{-2}	⑥(　　)	10^{-4}
$[OH^-]$	10^{-13}	⑦(　　)	10^{-11}	⑧(　　)
pH	1	⑨(　　)	3	⑩(　　)

⑤$10^{-1}$
⑥$10^{-3}$
⑦$10^{-12}$
⑧$10^{-10}$
⑨2
⑩4

● 水酸化ナトリウム NaOH 水溶液の濃度, [OH⁻], [H⁺]と pH の関係

濃度	0.1	0.01	0.001	0.0001
$[OH^-]$	⑪(　　)	10^{-2}	⑫(　　)	10^{-4}
$[H^+]$	10^{-13}	⑬(　　)	10^{-11}	⑭(　　)
pH	13	⑮(　　)	11	⑯(　　)

⑪10^{-1}
⑫10^{-3}
⑬10^{-12}
⑭10^{-10}
⑮12
⑯10

● 水溶液の希釈

HCl および NaOH の希釈

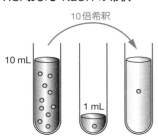

10倍希釈

10 mL

1 mL

①塩酸 HCl

		10倍希釈			10倍希釈		
$[H^+]$	10^{-1}	$\Longrightarrow$	⑰( )		$\Longrightarrow$	⑱( )	
pH	1		⑲( )			⑳( )	

②水酸化ナトリウム NaOH 水溶液

		10倍希釈			10倍希釈		
$[OH^-]$	10^{-1}		㉑( )			㉒( )	
$[H^+]$	10^{-13}	$\Longrightarrow$	㉓( )		$\Longrightarrow$	㉔( )	
pH	13		㉕( )			㉖( )	

⑰10^{-2}
⑱10^{-3}
⑲2
⑳3
㉑10^{-2}
㉒10^{-3}
㉓10^{-12}
㉔10^{-11}
㉕12
㉖11

※いくら希釈しても，酸が pH 7 より大きくなったり，塩基が pH 7 より小さくなることはない。

例題 **46** $[H^+]$と$[OH^-]$の関係

example problem

次の文中の(ア)～(ク)に適当な語句，数字または化学式を入れよ。

水はごくわずかであるが，$H_2O \rightleftharpoons$ (ア) + (イ)のように電離している。純水では$[H^+]$と$[OH^-]$は等しく，25℃で(ウ)mol/L である。$[H^+]$と$[OH^-]$の積を水のイオン積とよび，25℃で$[H^+] \times [OH^-] = 1.0 \times 10^{-14}(mol/L)^2$ の関係がある。水に酸を溶かすと(エ)が増加するが，(オ)は減少する。このように(エ)と(オ)の値は一方が増加すると他方は減少する(カ)の関係である。たとえば，$[H^+] = 1.0 \times 10^{-6}$mol/L のときは$[OH^-] = 1.0 \times 10^{-(キ)}$mol/L になる。$[H^+] = 10^{-n}$mol/L のとき，$n$ の値を(ク)または水素イオン指数という。

解答 (ア) H^+　(イ) OH^-　(ウ) 1.0×10^{-7}　(エ) $[H^+]$
(オ) $[OH^-]$　(カ) 反比例　(キ) 8　(ク) pH

▶ ベストフィット

水溶液では，$[H^+] \times [OH^-] = 1.0 \times 10^{-14}$ がなりたつ。

解説 ▶

水はごくわずかであるが，水溶液中で電離している。

$$H_2O \rightleftharpoons H^+ + OH^-$$

電離したとき水素イオン濃度$[H^+]$と水酸化物イオン濃度$[OH^-]$は等しく，25℃において$[H^+] = [OH^-] = 1.0 \times 10^{-7}$の関係がある。
水に酸を加えると$[H^+]$が増加する。$[H^+] \times [OH^-] = $一定であるので，$[OH^-]$は減少する。逆に，水に塩基を加えると$[OH^-]$が増加し，$[H^+] \times [OH^-] = $一定であるので，$[H^+]$は減少する。
$[H^+] \times [OH^-] = 1.0 \times 10^{-14}$の関係より，$[H^+]$か$[OH^-]$の一方がわかるともう一方を求めることができる。$[H^+] = 1.0 \times 10^{-6}$のとき

$$[OH^-] = \frac{1.0 \times 10^{-14}}{[H^+]} = \frac{1.0 \times 10^{-14}}{1.0 \times 10^{-6}} = 1.0 \times 10^{-8}$$ である。

水素イオン濃度$[H^+]$を簡便に表す方法として水素イオン指数 pH がある。水素イオン濃度$[H^+] = 1.0 \times 10^{-n}$のとき，pH$= n$と定義される。

❶水のイオン積を用いて$[H^+]$と$[OH^-]$の変換ができる。
❷$[H^+]$と$[OH^-]$の関係

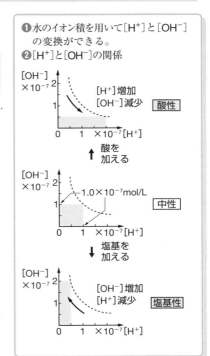

$[OH^-] \times 10^{-7}$

$[H^+]$増加
$[OH^-]$減少　酸性

酸を加える ↑

$[OH^-] \times 10^{-7}$

1.0×10^{-7}mol/L　中性

塩基を加える ↓

$[OH^-] \times 10^{-7}$

$[OH^-]$増加
$[H^+]$減少　塩基性

次の(1)〜(6)の水溶液におけるpHの値を求めよ。

(1) $[H^+]=0.010\,mol/L$ の水溶液

(2) $0.10\,mol/L$ の塩酸

(3) $0.050\,mol/L$ の硫酸 ❶

(4) $0.10\,mol/L$ の酢酸(酢酸の電離度は 1.0×10^{-2}) ❷

(5) $0.10\,mol/L$ の水酸化ナトリウム水溶液

(6) $0.10\,mol/L$ のアンモニア水(アンモニアの電離度は 1.0×10^{-2})

解答 (1) 2 (2) 1 (3) 1 (4) 3 (5) 13 (6) 11

▶ **ベストフィット** $[H^+]=1.0\times10^{-n}$ のとき,pH$=n$ である。

$[OH^-]$ がわかれば,$[H^+]=\dfrac{10^{-14}}{[OH^-]}$

❶ 強酸・強塩基は電離度が1である。
❷ 弱酸・弱塩基は電離度より電離したイオンの濃度を求める。

解説 ▶ ⋯⋯⋯

(1) 水素イオン濃度 $[H^+]=0.010\,mol/L=1.0\times10^{-2}\,mol/L$ より,pH$=2$ である。

(2) 塩酸 HCl は1価の強酸である。

電離式 $HCl \longrightarrow H^+ + Cl^-$ より,塩酸と水素イオン濃度の関係は1:1である。

水素イオン濃度 $[H^+]=1.0\times10^{-1}\,mol/L$ より,pH$=1$ である。

(3) 硫酸 H_2SO_4 は2価の強酸である。

電離式 $H_2SO_4 \longrightarrow 2H^+ + SO_4^{2-}$ より,硫酸と水素イオン濃度の関係は1:2である。

水素イオン濃度 $[H^+]=0.050\,mol/L\times2=0.10\,mol/L=1.0\times10^{-1}\,mol/L$ より,pH$=1$ である。

(4) 酢酸 CH_3COOH は1価の弱酸である。

酢酸は弱酸であるため,水素イオン濃度 $[H^+]$ は化学反応式の係数の関係にならず,電離度より求める。

水素イオン濃度 $[H^+]=$ 酢酸の濃度×電離度$=0.10\,mol/L\times1.0\times10^{-2}=1.0\times10^{-3}\,mol/L$ より,pH$=3$ である。

(5) 水酸化ナトリウム NaOH は1価の強塩基である。

電離式 $NaOH \longrightarrow Na^+ + OH^-$ より,水酸化ナトリウムと水酸化物イオン濃度の関係は1:1である。

水酸化物イオン濃度 $[OH^-]=0.10\,mol/L=1.0\times10^{-1}\,mol/L$ である。

水素イオン濃度 $[H^+]=\dfrac{1.0\times10^{-14}}{[OH^-]}=\dfrac{1.0\times10^{-14}}{1.0\times10^{-1}}=1.0\times10^{-13}\,mol/L$ より,pH$=13$ である。

(6) アンモニア NH_3 は1価の弱塩基である。

アンモニアは弱塩基であるため,水酸化物イオン濃度 $[OH^-]$ は化学反応式の係数の関係にならず,電離度より求める。

水酸化物イオン濃度 $[OH^-]=$ アンモニアの濃度×電離度$=0.10\,mol/L\times1.0\times10^{-2}=1.0\times10^{-3}\,mol/L$ である。

水素イオン濃度 $[H^+]=\dfrac{1.0\times10^{-14}}{[OH^-]}=\dfrac{1.0\times10^{-14}}{1.0\times10^{-3}}=1.0\times10^{-11}\,mol/L$ より,pH$=11$ である。

145 [[H^+]と[OH^-]の関係]　次の例にしたがって，(ア)〜(ケ)に適当な語句または数字を入れよ。

	[H^+]	pH	溶液の性質	[OH^-]
例	10^{-2} mol/L	2	酸性	10^{-12} mol/L
(1)	10^{-4} mol/L	（　ア　）	（　イ　）性	（　ウ　）mol/L
(2)	10^{-7} mol/L	（　エ　）	（　オ　）性	（　カ　）mol/L
(3)	（　キ　）mol/L	11	（　ク　）性	（　ケ　）mol/L

145 ◀例46
水素イオン指数
[H^+] = 1.0×10^{-n}
のとき pH = n

146 [水素イオン指数 pH]　次に示した純水と四つの水溶液について，その pH の値を整数で答えよ。
(1) 純水(25 ℃)
(2) 0.10 mol/L の塩酸
(3) 0.0050 mol/L の硫酸
(4) 0.050 mol/L の酢酸水溶液(電離度を 0.020 とする)
(5) 0.00050 mol/L の水酸化バリウム水溶液

146 ◀例47
[H^+] × [OH^-]
= 1.0×10^{-14}

練習問題

147 [水素イオン指数 pH]　水溶液の pH に関する次の記述(1)〜(5)の中から，正しいものを一つ選べ。
(1) 0.010 mol/L の硫酸の pH は，同じ濃度の硝酸の pH より大きい。
(2) 0.10 mol/L の酢酸の pH は，同じ濃度の塩酸の pH より小さい。
(3) pH 3 の塩酸を 10^5 倍に薄めると，溶液の pH は 8 になる。
(4) 0.10 mol/L のアンモニア水の pH は，同じ濃度の水酸化ナトリウム水溶液の pH より小さい。
(5) pH 12 の水酸化ナトリウム水溶液を 10 倍に薄めると，溶液の pH は 13 になる。

147
水素イオン指数
[H^+] = 1.0×10^{-n}
のとき pH = n

[H^+] × [OH^-]
= 1.0×10^{-14}

148 [水素イオン指数 pH]　次の水溶液 A 〜 D を，pH の小さいものから順に並べるとどうなるか。最も適当なものを，下の(1)〜(6)の中から一つ選べ。

A 0.01 mol/L アンモニア水　　B 0.005 mol/L 水酸化カルシウム水溶液
C 0.01 mol/L 硫酸　　　　　　D 0.01 mol/L 塩酸

(1) C < D < B < A　　(2) C < D < B = A　　(3) D = C < A < B
(4) C < D < A < B　　(5) B < A < D < C　　(6) B = A < D < C

148
水素イオン指数
[H^+] = 1.0×10^{-n}
のとき pH = n

[H^+] × [OH^-]
= 1.0×10^{-14}

▶ 3 中和反応

■中学までの復習■ 以下の空欄に適当な語句を入れよ。

■ 中和

中和	①(　　　　)と②(　　　　)が反応して，(①)と(②)の性質が打ち消され，③(　　　　)と④(　　　　)が生成する化学変化。 例 塩酸と水酸化ナトリウム水溶液を混合すると塩化ナトリウム水溶液ができる。

解答
①/②
酸/塩基
（順不同）
③/④
塩/水
（順不同）

● 確認事項 ● 以下の空欄に適当な語句，記号，数字または化学式を入れよ。

● おもな中和反応

1価の酸 ＋ 1価の塩基	$HCl + NaOH \longrightarrow$ ①(　　　) $+ H_2O$ $CH_3COOH + NaOH \longrightarrow CH_3COONa +$ ②(　　　)
2価の酸 ＋ 1価の塩基	$H_2SO_4 + 2NH_3 \longrightarrow$ ③(　　　) $H_2S + 2NaOH \longrightarrow$ ④(　　　) $+ 2H_2O$
1価の酸 ＋ 2価の塩基	2⑤(　　　) $+ Ba(OH)_2 \longrightarrow BaCl_2 + 2H_2O$ 2⑥(　　　) $+ Ca(OH)_2 \longrightarrow Ca(NO_3)_2 + 2H_2O$
2価の酸 ＋ 2価の塩基	$H_2SO_4 +$ ⑦(　　　　) $\longrightarrow CaSO_4 + 2H_2O$ $(COOH)_2 +$ ⑧(　　　　) $\longrightarrow (COO)_2Ba + 2H_2O$

解答
①$NaCl$
②H_2O
③$(NH_4)_2SO_4$
④Na_2S
⑤HCl
⑥HNO_3
⑦$Ca(OH)_2$
⑧$Ba(OH)_2$

● 過不足なく中和する酸と塩基の量的関係

酸と塩基の量的関係	酸の⑨(　　　　)×⑩(　　　　)＝ 　　　　　　　　　塩基の(⑨)×(⑩)
中和反応の量的関係 （濃度・体積）	濃度 c〔mol/L〕の a 価の酸 V〔L〕と，濃度 c'〔mol/L〕の b 価の塩基 V'〔L〕が，ちょうど中和したとすると，次の関係式がなりたつ。 酸からのH^+の物質量＝塩基からのOH^-の物質量 $c \times V \times a = c' \times V' \times b$

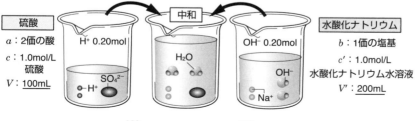

$$1.0 \text{ mol/L} \times \frac{100}{1000} \text{ L} \times 2 = 1.0 \text{ mol/L} \times \frac{200}{1000} \text{ L} \times 1$$

● 酸・塩基の物質量の求め方

わかっている値	物質量を求める式
分子量 M〔g/mol〕と質量 m〔g〕	⑪（ ）
濃度 c〔mol/L〕と体積 V〔L〕	⑫（ ）
標準状態での気体の体積 V〔L〕	⑬（ ）

⑪ $\dfrac{m}{M}$

⑫ cV

⑬ $\dfrac{V}{22.4}$

例題 48 中和反応と化学反応式

example problem

次の酸と塩基が完全に中和するときの化学反応式を書け。❶

(1) 塩酸と水酸化ナトリウム　　(2) 酢酸と水酸化ナトリウム

(3) 塩酸とアンモニア　　(4) 硫酸と水酸化カリウム

(5) シュウ酸と水酸化ナトリウム

解答 (1) $HCl + NaOH \longrightarrow NaCl + H_2O$　　(2) $CH_3COOH + NaOH \longrightarrow CH_3COONa + H_2O$

(3) $HCl + NH_3 \longrightarrow NH_4Cl$　　(4) $H_2SO_4 + 2KOH \longrightarrow K_2SO_4 + 2H_2O$

(5) $(COOH)_2 + 2NaOH \longrightarrow (COONa)_2 + 2H_2O$

▶ ベストフィット　（酸の価数）×（酸の係数）=（塩基の価数）×（塩基の係数）

Step 1) 酸と塩基の電離式を書く。

Step 2) H^+とOH^-の数が等しくなるように何倍かする。

Step 3) 左辺と右辺をおろす。右辺は水と対応する塩を書く。

❶弱酸・強酸，弱塩基・強塩基は区別する必要がない。

❷両辺に同じものがあれば消去する。

解説 ▶

(1)
$$
\begin{array}{rcl}
HCl & \longrightarrow & H^+ + Cl^- \\
NaOH & \longrightarrow & Na^+ + OH^- \\
\hline
HCl + NaOH & \longrightarrow & NaCl + H_2O
\end{array}
$$

(2)
$$
\begin{array}{rcl}
CH_3COOH & \longrightarrow & H^+ + CH_3COO^- \\
NaOH & \longrightarrow & Na^+ + OH^- \\
\hline
CH_3COOH + NaOH & \longrightarrow & CH_3COONa + H_2O
\end{array}
$$

(3)
$$
\begin{array}{rcl}
HCl & \longrightarrow & H^+ + Cl^- \\
NH_3 + H_2O & \longrightarrow & NH_4^+ + OH^- \\
\hline
HCl + NH_3 + H_2O & \longrightarrow & NH_4Cl + H_2O
\end{array}
$$
❷

(4)
$$
\begin{array}{rcl}
H_2SO_4 & \longrightarrow & 2H^+ + SO_4^{2-} \\
2倍 \quad 2KOH & \longrightarrow & 2K^+ + 2OH^- \\
\hline
H_2SO_4 + 2KOH & \longrightarrow & K_2SO_4 + 2H_2O
\end{array}
$$

(5)
$$
\begin{array}{rcl}
(COOH)_2 & \longrightarrow & 2H^+ + (COO)_2{}^{2-} \\
2倍 \quad 2NaOH & \longrightarrow & 2Na^+ + 2OH^- \\
\hline
(COOH)_2 + 2NaOH & \longrightarrow & (COONa)_2 + 2H_2O
\end{array}
$$

中和について，次の問いに答えよ。

(1) 濃度がわからない塩酸 50 mL を中和するのに，2.0 mol/L の水酸化ナトリウム水溶液が 100 mL 必要であった。この塩酸のモル濃度を求めよ。❶

(2) 0.10 mol/L の塩酸 10 mL を中和するのに，$5.0×10^{-2}$ mol/L の水酸化カルシウム水溶液は何 mL 必要か。

(3) 2価の酸 0.30 g を含んだ水溶液を完全に中和するのに，0.10 mol/L の水酸化ナトリウム水溶液が 40 mL 必要であった。酸のモル質量を求めよ。

解答 (1) 4.0 mol/L   (2) 10 mL   (3) 150 g/mol

> **ベストフィット**

酸の出す H^+ の物質量＝塩基の出す OH^- の物質量

●物質量の求め方

わかっている値	物質量を求める式
モル質量 M〔g/mol〕と質量 m〔g〕	$\dfrac{m}{M}$
濃度 c〔mol/L〕と体積 V〔L〕	cV
標準状態での気体の体積 V〔L〕	$\dfrac{V}{22.4}$

> ❶ 中和反応の量的関係において，弱酸・強酸，弱塩基・強塩基を区別する必要はない。
> ❷ 両辺に 1000 をかけて，分母を払うと計算が簡単になる。

解説 ▶ ┈┈

(1) 塩酸は1価の酸，水酸化ナトリウムは1価の塩基である。

塩酸の濃度を x〔mol/L〕とすると，

酸の物質量×価数＝塩基の物質量×価数より，

$$x〔mol/L〕×\frac{50}{1000}L×1＝2.0 mol/L×\frac{100}{1000}L×1$$ ❷

よって，$x＝4.0$ mol/L である。

(2) 塩酸は1価の酸，水酸化カルシウムは2価の塩基である。

水酸化カルシウム水溶液の体積を V〔mL〕とすると，

酸の物質量×価数＝塩基の物質量×価数より，

$$0.10 mol/L×\frac{10}{1000}L×1＝5.0×10^{-2}mol/L×\frac{V}{1000}L×2$$

よって，$V＝10$ mL である。

(3) 2価の酸と1価の塩基である水酸化ナトリウムの中和反応である。

酸のモル質量を M〔g/mol〕とすると，酸の物質量は $\dfrac{0.30}{M}$ mol となる。

酸の物質量×価数＝塩基の物質量×価数より，

$$\frac{0.30}{M} mol ×2＝0.10 mol/L×\frac{40}{1000}L×1$$

よって，$M＝150$ g/mol である。

例題 50 逆滴定 〔難〕

example problem

標準状態で 11.2 mL のアンモニアを 0.10 mol/L の硫酸 10.0 mL に吸収させた。残った硫酸を 0.10 mol/L の水酸化ナトリウム水溶液で中和した。中和に要した水酸化ナトリウム水溶液の体積を求めよ。

解答 15 mL

▶ ベストフィット

「酸の出す H^+ の物質量」の和＝「塩基の出す OH^- の物質量」の和

解説 ▶

水酸化ナトリウム水溶液の体積を V〔mL〕とすると，量的関係は下図のようになる。

酸 ├────── 硫酸の出す H^+ の物質量 ──────┤
$$0.10 \, \text{mol/L} \times \frac{10.0}{1000} \, \text{L} \times 2$$

塩基 ├── アンモニアの出す OH^- の物質量 ──┼── 水酸化ナトリウムの出す OH^- の物質量 ──┤
$$\frac{11.2}{1000} \, \text{L} \times \frac{1}{22.4 \, \text{L/mol}} \times 1 \qquad 0.10 \, \text{mol/L} \times \frac{V}{1000} \, \text{L} \times 1$$

図の関係から次式がなりたつ。

$$\frac{11.2}{1000} \, \text{L} \times \frac{1}{22.4 \, \text{L/mol}} \times 1 + 0.10 \, \text{mol/L} \times \frac{V}{1000} \, \text{L} \times 1 = 0.10 \, \text{mol/L} \times \frac{10.0}{1000} \, \text{L} \times 2$$

よって，$V = 15 \, \text{mL}$ である。

■ 類題

149 ［中和反応と化学反応式］ 次の酸と塩基が完全に中和するときの反応を化学反応式で書け。
(1) HNO_3 と $NaOH$　(2) H_2SO_4 と $Ca(OH)_2$　(3) $(COOH)_2$ と KOH
(4) H_2SO_4 と $NaOH$　(5) H_2SO_4 と $Al(OH)_3$　(6) H_3PO_4 と $Ca(OH)_2$

149 ◀ 例48

150 ［中和反応の量的関係］ 中和反応について，次の問いに答えよ。
(1) 1.5 mol/L の塩酸 100 mL を完全に中和するには，水酸化ナトリウム $NaOH$ を何 mol 必要とするか。
(2) 1.5 mol/L の酢酸 100 mL を完全に中和するには，水酸化ナトリウム $NaOH$ を何 mol 必要とするか。
(3) 1.0 mol/L の塩酸 50 mL を完全に中和するには，水酸化カルシウム $Ca(OH)_2$ を何 mol 必要とするか。
(4) 0.10 mol/L の硫酸 100 mL を完全に中和するには，気体のアンモニアを何 mol 必要とするか。

150 ◀ 例49
酸の物質量×価数
＝塩基の物質量×
価数

151 ［中和反応の量的関係］　中和反応について，次の問いに答えよ。

(1) 濃度がわからない塩酸 10 mL を，0.10 mol/L の水酸化バリウム水溶液で完全に中和するのに 8.0 mL を必要とした。この塩酸のモル濃度を求めよ。

(2) 0.10 mol/L の希硫酸 40 mL を完全に中和するには，0.10 mol/L の水酸化バリウム水溶液は何 mL 必要か。

(3) 水酸化カリウム 0.56 g を完全に中和するのに濃度がわからない塩酸を 20 mL 必要とした。この塩酸のモル濃度を求めよ。

(4) 水酸化カルシウム 0.37 g を完全に中和するのに 0.10 mol/L の酢酸は何 mL 必要か。

(5) 0.10 mol/L の希硫酸 40 mL を完全に中和するには，標準状態で気体のアンモニアは何 mL 必要か。

151 ◀例49
酸の物質量×価数
＝塩基の物質量×
価数

152 ［中和反応の量的関係］　濃度のわからない希硫酸がある。その濃度を決定するために次のような実験を行った。硫酸の濃度を求めよ。

難

① この硫酸 10.0 mL を三角フラスコにとり，0.100 mol/L の水酸化ナトリウム水溶液を加えて，混合溶液を塩基性にした。使用した水酸化ナトリウム水溶液の体積は 15.0 mL であった。

② この混合溶液に 0.100 mol/L の塩酸を加えて中和した。ちょうど中和するまでに必要であった塩酸の体積は 5.00 mL であった。

152 ◀例50
「酸の物質量×価数」の和＝「塩基の物質量×価数」の和

◆ ◆ ◆ ◆ ◆ ◆ ◆ ◆ ◆ ◆ ◆ **練習問題** ◆ ◆ ◆ ◆ ◆ ◆ ◆ ◆ ◆ ◆ ◆

153 ［中和反応の量的関係］　濃度未知の水酸化カルシウム水溶液 V_1〔mL〕を中和するために，濃度 C〔mol/L〕の希硫酸 V_2〔mL〕を要した。この水酸化カルシウム水溶液の濃度は何 mol/L か。正しいものを，次の(1)〜(6)のうちから一つ選べ。

(1) $\dfrac{2CV_2}{V_1}$　　(2) $\dfrac{2CV_1}{V_2}$　　(3) $\dfrac{CV_2}{2V_1}$

(4) $\dfrac{CV_1}{2V_2}$　　(5) $\dfrac{CV_2}{V_1}$　　(6) $\dfrac{CV_1}{V_2}$

153
酸の物質量×価数
＝塩基の物質量×
価数

154 ［シュウ酸のモル濃度］　シュウ酸の結晶 $(COOH)_2 \cdot 2H_2O$ を 0.630 g 含む水溶液 10.0 mL のモル濃度を求めよ。

154
$(COOH)_2 \cdot 2H_2O$ と $(COOH)_2$ の物質量は同じである。

155 [シュウ酸の中和反応]　0.10 mol/L のシュウ酸 (COOH)₂ 水溶液と濃度未知の塩酸がある。それぞれ 10.0 mL をある濃度の水酸化ナトリウム水溶液で滴定したところ、中和に要した体積は、それぞれ 7.5 mL と 15.0 mL であった。次の問いに答えよ。

(1) シュウ酸と水酸化ナトリウムが中和するときの反応式を示せ。

(2) この塩酸の濃度は何 mol/L か。

155 水酸化ナトリウムの濃度をまず決定する。

156 [中和反応と物質量]　0.1 mol/L の H_2SO_4 10 mL に 0.1 mol/L の NaOH 水溶液を加えたとき、SO_4^{2-}, H^+, Na^+, OH^- の物質量を表すグラフを選べ。

156 中和前、中和点、中和後の状態を考える。

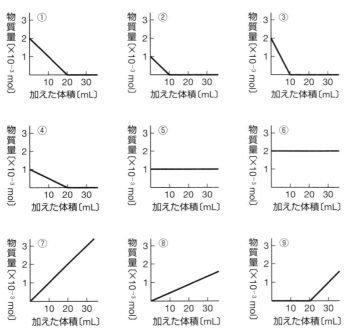

157 [逆滴定]　0.200 mol/L の硫酸 200 mL にある量のアンモニアを完全に吸収させ、残った硫酸を 0.250 mol/L の水酸化ナトリウム水溶液で滴定したところ 160 mL で中和した。吸収されたアンモニアは標準状態で何 mL か。

157 逆滴定
「酸の物質量×価数」の和＝「塩基の物質量×価数」の和

158 [中和反応とイオン濃度]　0.10 mol/L の水酸化ナトリウム水溶液 100 mL に、0.050 mol/L の硫酸 50 mL を加えた。この混合水溶液中のナトリウムイオンと水酸化物イオンのモル濃度の比（$[Na^+]:[OH^-]$）の値を答えよ。

158 中和反応では水酸化物イオンが水素イオンと反応している。

159 [混合溶液の pH]　0.2 mol/L の塩酸 300 mL と 0.05 mol/L の水酸化ナトリウム水溶液 200 mL を混合したときの pH を求めよ。

159 水素イオン指数
$[H^+] = 1.0 \times 10^{-n}$ のとき、$pH = n$

▶4 中和滴定と塩

● 確認事項 ● 以下の空欄に適当な語句，記号または化学式を入れよ。

● 中和滴定

基本用語	説明
①(　　　　　)	②(　　　　)反応の量的関係を用いて，濃度がわからない酸/塩基の濃度を求めることができる。このための実験操作を(　①　)という。
③(　　　　　)	正確な濃度の溶液を用意するために使う。
④(　　　　　)	一定量の溶液を取り出すために使う。
⑤(　　　　　)	反応させる溶液を滴下するために使う。
⑥(　　　　　)	溶液を反応させるために使う。

解答
①中和滴定
②中和
③メスフラスコ
④ホールピペット
⑤ビュレット
⑥コニカルビーカー

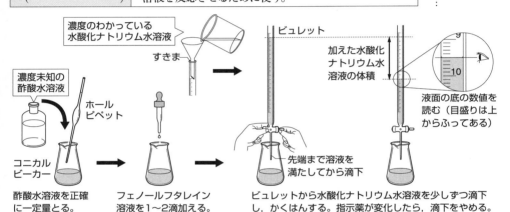

濃度のわかっている
水酸化ナトリウム水溶液

すきま

ビュレット

加えた水酸化ナトリウム水溶液の体積

液面の底の数値を読む（目盛りは上からふってある）

濃度未知の酢酸水溶液

ホールピペット

コニカルビーカー

酢酸水溶液を正確に一定量とる。

フェノールフタレイン溶液を1〜2滴加える。

先端まで溶液を満たしてから滴下

ビュレットから水酸化ナトリウム水溶液を少しずつ滴下し，かくはんする。指示薬が変化したら，滴下をやめる。

● 器具についての注意事項

器具の名称	水でぬれたまま用いてよいか→使用できないときは共洗い	乾燥のときは加熱してよいか→加熱できないときは自然乾燥
ホールピペット	⑦(　　)	⑧(　　)
ビュレット	⑨(　　)	⑩(　　)
メスフラスコ	⑪(　　)	⑫(　　)
コニカルビーカー	⑬(　　)	⑭(　　)

⑦×
⑧×
⑨×
⑩×
⑪○
⑫×
⑬○
⑭○

● 指示薬

指示薬	pHの値により，色が変化する試薬。中和滴定の⑮(　　　)の確認のために用いられる。

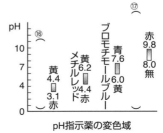

pH指示薬の変色域

⑮終点
⑯メチルオレンジ
⑰フェノールフタレイン

● 滴定曲線

滴定曲線	酸/塩基に塩基/酸を加えていったときの滴下した⑱(　　　)と混合溶液の⑲(　　　)の変化を示したもの。

⑱体積
⑲pH

強酸＋⑳(　　　)　　　　強酸＋㉑(　　　)　　　　弱酸＋㉒(　　　)

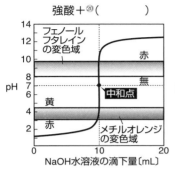
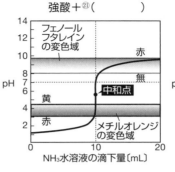
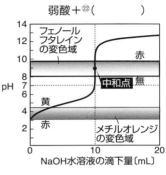

⑳強塩基
㉑弱塩基
㉒強塩基
㉓H
㉔OH
㉕H
㉖OH

● 塩の種類

基本用語	説明
正塩	酸としての㉓(　　　)も塩基としての㉔(　　　)も残っていない塩 例 NaCl, NH₄Cl, Na₂SO₄, Na₂CO₃
酸性塩	酸としてはたらく㉕(　　　)が残っている塩 例 NaHSO₄ 硫酸水素ナトリウム NaHCO₃ 炭酸水素ナトリウム
塩基性塩	塩基としてはたらく㉖(　　　)が残っている塩 例 MgCl(OH) 塩化水酸化マグネシウム CuCl(OH) 塩化水酸化銅(Ⅱ)

● 塩の水溶液

塩の水溶液の液性	塩の水溶液の液性は，その塩のもとになった㉗(　　　)と㉘(　　　)の組み合わせによって異なる。

㉗/㉘
酸/塩基
(順不同)

正塩

酸＼塩基	強塩基	弱塩基
強酸	㉙(　　　)性 例 NaCl, Na₂SO₄	㉚(　　　)性 例 NH₄Cl
弱酸	㉛(　　　)性 例 Na₂CO₃	種類によって異なる

㉙中
㉚酸
㉛塩基
㉜酸
㉝塩基

酸性塩

強酸＋強塩基　　　　　　弱酸＋強塩基

NaHSO₄ ㉜(　　　)性　　　NaHCO₃ ㉝(　　　)性

$HSO_4^- \rightleftharpoons H^+ + SO_4^{2-}$　　　$HCO_3^- + H_2O \rightleftharpoons H_2CO_3 + OH^-$

3章
物質の変化

例題 51 中和滴定に用いる実験器具

次の文は中和滴定に用いる実験器具について説明したものである。下の問いに答えよ。

中和滴定などで標準溶液を調製する際に，一定体積まで希釈するのに（　ア　）を用いる。また，一定量の溶液をはかりとるのに（　イ　），溶液を徐々に滴下するのに（　ウ　）を用いる。実験前に，（　エ　），コニカルビーカーは純水でぬれていてもよいが，（　オ　），（　カ　）は中に入れる溶液で，数回すすぐ必要がある。これを（　キ　）という。

(1) 文中の(ア)〜(キ)に最も適当な語句を入れよ。ただし，(エ)〜(カ)に入る語句は，(ア)〜(ウ)に用いた語句のいずれかである。

(2) (ア)〜(ウ)に当てはまる実験器具を①〜④より選べ。

(3) ①〜④の実験器具の中で，乾燥させるときに加熱をしてはいけないものをすべて選べ。

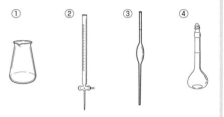

解答 (1) (ア) メスフラスコ　　(イ) ホールピペット　　(ウ) ビュレット　　(エ) メスフラスコ
(オ) ホールピペット　　(カ) ビュレット　　(キ) 共洗い　　※(オ), (カ)は順不同
(2) (ア)−④　　(イ)−③　　(ウ)−②　　(3) ②, ③, ④

ベストフィット　溶液を出し入れするものは共洗いする。
正確に体積をはかるものは加熱してはいけない。

解説
正確な体積をはかりとるビュレット，ホールピペット，メスフラスコは目盛りと体積が一致する必要がある。これらの器具を加熱すると，ガラスが膨張して変形するため正確な体積がはかれなくなるので，乾燥するときは自然乾燥をする。コニカルビーカーは，ホールピペットなどで正確にはかりとった液体を入れるため体積を正確に示す必要はない。

例題 52 滴定曲線

次の①〜③に示すような滴定実験を行った。下の問いに答えよ。
① 濃度未知の塩酸を，濃度既知の水酸化ナトリウム水溶液で滴定する。
② 濃度既知の酢酸水溶液を，濃度未知の水酸化カリウム水溶液で滴定する。❶
③ 濃度未知の塩酸を，濃度既知のアンモニア水で滴定する。

(1) 実験①〜③の滴定曲線として最も適当なものを(ア)〜(ウ)よりそれぞれ選べ。

(2) 実験①〜③に使用可能な指示薬を次の中から選べ。（メチルオレンジ，フェノールフタレイン）

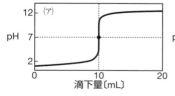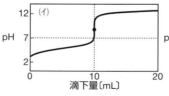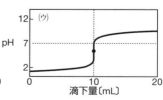

解答 (1) ①−(ア)　②−(イ)　③−(ウ)
(2) ① メチルオレンジまたはフェノールフタレイン
② フェノールフタレイン　③ メチルオレンジ

❶弱酸の最初のpHは強酸と比べて値が大きくなる。

強弱が異なる酸と塩基の中和滴定の実験のとき，中和点における pH は強い性質の方に移動する。
●指示薬
強酸を用いるときはメチルオレンジを使用。
強塩基を用いるときはフェノールフタレインを使用。

解説▶

① 強酸と強塩基の中和滴定である。滴定曲線は中和点における pH の幅が広い(ア)である。
　指示薬はメチルオレンジとフェノールフタレインの両方が使用できる。
② 弱酸と強塩基の中和滴定である。滴定曲線は中和点における pH が塩基性側に移動している(イ)である。
　指示薬はフェノールフタレインが最適である。
③ 強酸と弱塩基の中和滴定である。滴定曲線は中和点における pH が酸性側に移動している(ウ)である。
　指示薬はメチルオレンジが最適である。

例題 53 塩の種類と液性 　　　　example problem

次の塩の種類を A 群から，水溶液の性質を B 群からそれぞれ選べ。

(1) $NaCl$ 　　(2) NH_4Cl 　　(3) Na_2CO_3 　　(4) $NaHCO_3$ 　　(5) $NaHSO_4$

　　[A 群] 　(ア) 酸性塩 　　(イ) 正塩 　　(ウ) 塩基性塩
　　[B 群] 　① 酸性 　　② 中性 　　③ 塩基性

解答 (1) (イ)—② 　　(2) (イ)—① 　　(3) (イ)—③ 　　(4) (ア)—③ 　　(5) (ア)—①

⟫ ベストフィット 　塩の分類は化学式を見て決め，液性はもとの酸・塩基の強弱で決まる。

●塩の分類(酸性塩・正塩・塩基性塩)　　　　　　●塩の液性…強い方の液性になる。
酸性塩　　　化学式中に H を含む　　　　　　　弱酸と強塩基からなる塩は塩基性，強酸と弱塩基
正塩　　　　化学式中に H も OH も含まない　　からなる塩は酸性，強酸と強塩基からなる塩は中
塩基性塩　　化学式中に OH を含む　　　　　　性を示すことが多い。

解説▶

(1) 塩化ナトリウム $NaCl$ は化学式中に H も OH も含まないので正塩である。$NaCl$ は強酸の HCl と強塩基の
　　$NaOH$ からできた塩である。よって，水溶液は中性である。
(2) 塩化アンモニウム NH_4Cl は化学式中に H も OH も含まないので正塩である。NH_4Cl は強酸の HCl と弱塩
　　基の NH_3 からできた塩である。アンモニウムイオン NH_4^+ は水と反応して次のようになる。
　　$NH_4^+ + H_2O \longrightarrow NH_3 + H_3O^+$ 　　よって，水溶液は酸性である。
(3) 炭酸ナトリウム Na_2CO_3 は化学式中に H も OH も含まないので正塩である。Na_2CO_3 は弱酸の H_2CO_3 と強
　　塩基の $NaOH$ からできた塩である。炭酸イオン CO_3^{2-} は水と反応して次のようになる。
　　$CO_3^{2-} + H_2O \longrightarrow HCO_3^- + OH^-$ 　　よって，水溶液は塩基性である。
(4) 炭酸水素ナトリウム $NaHCO_3$ は化学式中に H を含むので酸性塩である。$NaHCO_3$ は弱酸の H_2CO_3 と強
　　基の $NaOH$ からできた塩である。炭酸水素イオン HCO_3^- は水と反応して次のようになる。
　　$HCO_3^- + H_2O \longrightarrow H_2CO_3 + OH^-$ 　　よって，水溶液は塩基性である。
(5) 硫酸水素ナトリウム $NaHSO_4$ は化学式中に H を含むので酸性塩である。$NaHSO_4$ は強酸の H_2SO_4 と強塩
　　基の $NaOH$ からできた塩である。HSO_4^- は水とは反応せず，次のように電離する。
　　$HSO_4^- \longrightarrow H^+ + SO_4^{2-}$ 　　よって，水溶液は酸性である。

160 ［中和滴定に用いる実験器具］　中和滴定に用いる器具の説明として，誤っているものを次の(1)〜(5)より二つ選べ。

(1) ビュレットは，内側を純水で十分に洗浄した後，使用する溶液で共洗いしてから用いる。
(2) コニカルビーカーは，内側を純水で十分に洗浄した後，使用する溶液で共洗いしてから用いる。
(3) ホールピペットは使用後，純水で洗浄し，加熱乾燥する。
(4) メスフラスコは使用後，純水で洗浄し，自然乾燥する。
(5) コニカルビーカーは使用後，純水で洗浄し，加熱乾燥する。

160 ◀例51
入れた液をそのまま出す器具は共洗い。その他の器具は純水で洗浄してそのまま使用する。

161 ［滴定曲線］　ある濃度の酢酸水溶液 10 mL を，0.010 mol/L の水酸化ナトリウム水溶液で滴定しながら，その体積(滴下量)と溶液の pH との関係を調べた。この実験で得られる滴定曲線として最も適当なものを，次の図①〜⑥のうちから一つ選べ。

161 ◀例52
中和点における pH の変化の位置より考える。

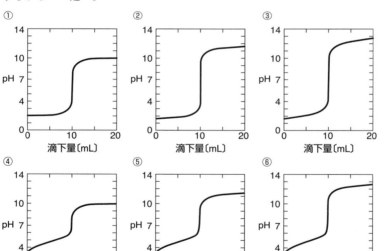

162 ［塩と水溶液の液性］　次に示す酸と塩基の 0.1 mol/L の水溶液を同体積混合したときに生成する塩の種類を答えよ。また，水溶液の液性についても答えよ。

(1) HNO₃ と KOH　　(2) HCl と NH₃
(3) CH₃COOH と NaOH　(4) H₂SO₄ と NaOH

162 ◀例53
強い方の液性

練習問題

163 [中和滴定に用いる実験器具]　次の①～③に示す操作は，酢酸（約1 mol/L）の正確なモル濃度を測定するため，正確に0.1 mol/L に調製された水酸化ナトリウム水溶液で中和滴定する実験の一部である。誤った操作があれば，改善案を書け。必要に応じて〈器具・試薬〉欄に示す器具や試薬の名称を用いよ。
① 酢酸濃度が高すぎるため，メスシリンダーで10 mL をはかり取り，100 mL メスフラスコに入れて蒸留水を加えて10倍に希釈したものを中和する。
② ビュレットは使用する水酸化ナトリウム水溶液で共洗いしておく。
③ 中和滴定では，希釈した酢酸を正確にはかり取り，コニカルビーカーに入れて指示薬としてメチルオレンジを一滴加えた。その後，ビュレットに入れた水酸化ナトリウム水溶液で中和滴定を行った。
〈器具・試薬〉　三角フラスコ　　丸底フラスコ　　メスフラスコ
ホールピペット　　ビーカー　　蒸留水　　メチルレッド
フェノールフタレイン

164 [中和滴定の実験操作]　濃度既知の水酸化ナトリウム水溶液を用いて濃度未知の塩酸を滴定し，塩酸の濃度を求める実験を行った。滴定で使用する器具の一部は共洗いが必要であるが，誤って水でぬれたまま実験を進めてしまった。(1)～(3)の状況で実験を進めたとき，正確な操作をして塩酸の濃度を求めた場合と比較してその値はどうなるか。「大きくなる」「変わらない」「小さくなる」で答えよ。
(1) コニカルビーカーのみ水でぬれていた場合
(2) ホールピペットのみ水でぬれていた場合
(3) ビュレットのみ水でぬれていた場合

165 [中和滴定曲線]　下図は，ある濃度の塩酸25 mL に0.1 mol/L の（　ア　）を加えたときのpHの変化を示した滴定曲線である。このとき，（　ア　）を25 mL 加えたところで中和点Cに達した。
次の問いに答えよ。
(1) (ア)に適する水溶液を①～④より選べ。
　① アンモニア
　② 水酸化銅(Ⅱ)
　③ 水酸化ナトリウム
　④ 水酸化アルミニウム
(2) 塩酸の濃度を答えよ。
(3) 点Aと点CのpHの値を答えよ。
(4) この中和滴定に用いる指示薬の説明について正しいものを選べ。
　① メチルオレンジのみが適している。
　② フェノールフタレインのみが適している。
　③ メチルオレンジとフェノールフタレインの両方が適している。
　④ メチルオレンジとフェノールフタレインの両方とも適していない。

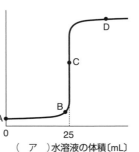

（　ア　）水溶液の体積〔mL〕

163 正確な体積の測定には，ホールピペット，ビュレットを使用する。

164 ホールピペット，ビュレットは水でぬれたまま使用できない。

165 塩酸25 mL を中和するのに必要な塩基は25 mL である。

3章 物質の変化

2. 酸と塩基の反応式　**97**

166 [塩の分類] 次の塩の化学式を答えよ。また，酸性塩・正塩・塩基性塩に分類せよ。
(1) 塩化ナトリウム　　　(2) 酢酸ナトリウム　　　(3) 硫酸水素ナトリウム
(4) 炭酸水素ナトリウム　　(5) 塩化水酸化マグネシウム

166 H があれば酸性塩，OH があれば塩基性塩，どちらもなければ正塩

167 [塩の分類と液性] 次の(ア)～(キ)の塩について，下の問いに答えよ。
(ア) CH_3COONa　　　(イ) NH_4Cl　　　(ウ) $NaCl$
(エ) $NaHSO_4$　　　(オ) $NaHCO_3$　　　(カ) Na_2CO_3
(キ) $(NH_4)HSO_4$
(1) (ア)～(キ)を酸性塩・正塩・塩基性塩に分類せよ。
(2) (ア)～(キ)を水溶液にしたとき，酸性・中性・塩基性のいずれを示すか。

167 強い方の液性

168 [塩の液性] 次の(1)～(4)の溶液の組み合わせを，それぞれ1個のビーカーに混ぜあわせたとき，混合溶液の状態はどうなるか，(ア)～(オ)のうちから一つ選べ。
(1) $0.1\,mol/L$ $NaOH$ $20\,mL$と$0.05\,mol/L$ H_2SO_4 $20\,mL$
(2) $0.1\,mol/L$ $NaOH$ $20\,mL$と$0.1\,mol/L$ CH_3COOH $20\,mL$
(3) $0.1\,mol/L$ $Ca(OH)_2$ $20\,mL$ と$0.1\,mol/L$ HCl $20\,mL$
(4) $0.1\,mol/L$ NH_3 $20\,mL$ と$0.05\,mol/L$ H_2SO_4 $20\,mL$
　(ア) 中和が完了して，溶液は酸性になる。
　(イ) 中和が完了して，溶液は塩基性になる。
　(ウ) 中和が完了して，溶液は中性になる。
　(エ) 中和が完了せず，溶液は酸性になる。
　(オ) 中和が完了せず，溶液は塩基性になる。

169 [中和滴定] 濃度不明の1価の弱酸 A の水溶液を，$0.10\,mol/L$ の1価の強塩基 B の水溶液で滴定し，濃度を決定したい。
　$0.10\,mol/L$ の B 水溶液を調製するため，固体の B を $0.10\,mol$ はかりとり，（　ア　）に入れ，$100\,mL$ の水で溶かした。この溶液を $1000\,mL$ の（　イ　）に移し替え，（　ア　）を洗浄した水とともに，（　ウ　）まで純水を注いだ。この溶液の一部を，ろうとを用いて（　エ　）に入れた。
　次に，濃度不明の A 水溶液をホールピペットで $10.0\,mL$ はかりとり（　オ　）に入れた。ここに指示薬として（　カ　）を加え，（　エ　）から B 水溶液を滴下した。
　ある班では，実験操作を正しく行い，B 水溶液を $10.0\,mL$ 滴下すると中和するというデータが得られた。このことより，濃度不明の A 水溶液の濃度は，$0.10\,mol/L$ と決定することができた。
(1) (ア)～(カ)に適する語句を答えよ。
(2) 別の班では，ある器具を間違えて**共洗い**してしまっていたため，A の濃度を $0.12\,mol/L$ としていた。どの器具を共洗いしたか，理由とともに答えよ。
(3) さらに別の班では，ある器具を間違えて**水洗い**してしまっていたため，A の濃度を $0.12\,mol/L$ としていた。どの器具を水洗いしたか，理由とともに答えよ。

170 [中和滴定] 食酢中の酢酸の濃度を調べるため，次の実験①〜⑤を行った。これについて下の問いに答えよ。計算値は四捨五入して有効数字3桁で示せ。

170 質量パーセント濃度
$$\frac{溶質の質量}{溶液の質量} \times 100$$

実験：① 水酸化ナトリウム約 0.4 g を水に溶かして 100 mL の水溶液をつくった。

② シュウ酸二水和物 $((COOH)_2 \cdot 2H_2O)$ を正確にはかり取り，メスフラスコを用いて 0.0500 mol/L のシュウ酸水溶液を 100 mL つくった。

③ 実験②でつくったシュウ酸水溶液 10.0 mL をホールピペットにより正確にはかり取り，実験①でつくった水酸化ナトリウム水溶液で中和滴定したところ，12.5 mL を要した。

④ 食酢 10.0 mL をホールピペットにより正確にはかり取り，容量 100 mL のメスフラスコに入れ，標線まで水を加え，よく振り混ぜた。

⑤ 実験④でつくった溶液 10.0 mL をホールピペットにより正確にはかり取り，実験①でつくった水酸化ナトリウム水溶液で中和滴定したところ，8.50 mL を要した。

(1) 実験②ではシュウ酸二水和物が何 g 必要か。

難 (2) 実験②でつくったシュウ酸水溶液を用いて水酸化ナトリウム水溶液の濃度を決定する。シュウ酸を用いると濃度が正確に調製できるのはなぜか。簡潔に記せ。

(3) この滴定で用いた水酸化ナトリウム水溶液のモル濃度を求めよ。

(4) 薄めた食酢中の酢酸のモル濃度を求めよ。

(5) 食酢中の酢酸の濃度を質量パーセント濃度で答えよ。ただし，食酢の密度は 1.00 g/mL とし，食酢中の酸はすべて酢酸であると仮定する。

(6) 0.100 mol/L の酢酸水溶液 5.00 mL を，0.100 mol/L の水酸化ナトリウム水溶液で中和する場合，滴定曲線として最も適切なものを次の図(a)〜(f)の中から選び，記号で答えよ。

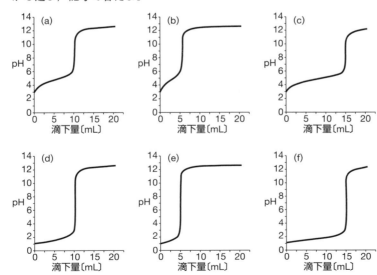

▶**1** 酸化と還元

● 中学までの復習 ● 以下の空欄に適当な語句または化学式を入れよ。

■ 酸化反応と還元反応

	酸化反応	還元反応
反応	①( )と結合	(①)が奪われる
具体例	マグネシウムが酸化されて②( )になる	④( )が還元されて銅になる
反応式	$2Mg + O_2 \longrightarrow 2$③( )	$2CuO + C \longrightarrow 2$⑤( )$ + CO_2$
酸化反応と還元反応は，⑥( )に起こっている。	

解答
①酸素
②酸化マグネシウム
③MgO
④酸化銅(Ⅱ)
⑤Cu
⑥同時

● 確認事項 ● 以下の空欄に適当な語句または数字を入れよ。

● 酸化と還元の定義

	酸化反応	還元反応
酸素の授受	酸素を①( )変化 $2Cu + O_2 \longrightarrow 2CuO$	酸素を②( )変化 $2CuO \longrightarrow 2Cu + O_2$
水素の授受	水素を③( )変化 $2H_2S + O_2 \longrightarrow 2S + 2H_2O$	水素を④( )変化 $N_2 + 3H_2 \longrightarrow 2NH_3$
電子の授受	原子・イオンが電子を⑤( )変化 $Cu \longrightarrow Cu^{2+} + 2e^-$	原子・イオンが電子を⑥( )変化 $Cl_2 + 2e^- \longrightarrow 2Cl^-$
酸化反応と還元反応は，⑦( )に起こっている。 $Cu + Cl_2 \longrightarrow CuCl_2$	

解答
①受け取る
②失う
③失う
④受け取る
⑤失う
⑥受け取る
⑦同時

● 酸化数

酸化数	原子1個ごとに決まる，酸化の程度を表す尺度となる数値。0を含めた正負の整数で表し，数値が大きいほど酸化の程度は⑧( )。

⑧大きい

酸化数の決め方	例	総和
(1) 単体中の原子の酸化数は0	$O_2(O:0)$, $Cu(Cu:0)$	
(2) 化合物中の各原子の酸化数は0でなく，各原子の酸化数の総和が0になる ① 化合物中の1族の元素の酸化数は+1 化合物中の2族の元素の酸化数は+2 ※金属と化合したHの酸化数は−1	$NaCl(Na:+1, Cl:-1)$ $H_2O(H:+1, O:-2)$ $CaCl_2(Ca:+2, Cl:-1)$ $LiH(Li:+1, H:-1)$	$(+1)+(-1)=0$ $(+1)\times2+(-2)=0$ $(+2)+(-1)\times2=0$ $(+1)+(-1)=0$
② 化合物中の酸素原子の酸化数は−2 ※過酸化水素中の酸素の酸化数は−1	$CuO(O:-2, Cu:+2)$ $H_2O_2(O:-1, H:+1)$	$(-2)+(+2)=0$ $(-1)\times2+(+1)\times2=0$
③ 化合物中の17族の元素の酸化数は−1 ※酸素を含む化合物では正の値になる	$AgF(F:-1, Ag:+1)$ $NaClO$ $(O:-2, Na:+1, Cl:+1)$	$(-1)+(+1)=0$ $(-2)+(+1)+(+1)=0$
(3) イオン中の各原子の酸化数は0でなく，各原子の酸化数の総和がイオンの価数になる	SO_4^{2-}（1個のSと4個のOで−2になる）Sの酸化数をxとして，総和$=(-2)\times4+x=-2$より，$x=+6$	

● 酸化・還元と酸化数

⑨増加
⑩2
⑪減少
⑫1

	酸化反応	還元反応
電子の授受	電子を失う変化 $Cu \longrightarrow Cu^{2+} + 2e^-$ $(0) \longrightarrow (+2)$	電子を受け取る変化 $Cl_2 + 2e^- \longrightarrow 2Cl^-$ $(0) \longrightarrow (-1)$
酸化数の変化	酸化数が⑨(　　　)する変化 Cu の酸化数は2(　⑨　)した →電子を⑩(　　)個失った	酸化数が⑪(　　　)する変化 Cl の酸化数は1(　⑪　)した →電子を⑫(　　)個受け取った
$Cu + Cl_2 \longrightarrow CuCl_2$ $\overline{(0)}\ \ \overline{(0)}\ \ \ \ \overline{(+2)(-1)}$	1つの反応の中では,酸化数の増加分(失った電子数)の総和と減少分(受け取った電子数)の総和が等しくなる。	Cu　　　Cl_2 $(+2) \times 1$　$(-1) \times 2$ $+2$　　　-2
酸化された物質	酸化された原子(Cu)を含んだ反応物 → この反応では銅(Cu)	
還元された物質	還元された原子(Cl)を含んだ反応物 → この反応では塩素(Cl_2)	

例題 54　酸化数と酸化還元反応　example problem

次の化学反応式について,下の問いに答えよ。

$$Cu + 2H_2SO_4 \longrightarrow CuSO_4 + 2H_2O + SO_2$$

(1) 酸化数が変化しているすべての原子と,その原子の反応前後の酸化数を答えよ。

(2) この反応によって,(1)であげた原子は酸化されたか還元されたか。

解答　(1) Cu　$0 \rightarrow +2$　　　　S　$+6 \rightarrow +4$
　　　　(2) Cu は酸化された　　S は還元された

❶イオンに電離してから酸化数を考える。

▶ ベストフィット　酸化数が増加したら酸化,減少したら還元である。

解説 ▶ ⋯⋯⋯⋯⋯⋯⋯⋯⋯⋯⋯⋯⋯⋯⋯⋯⋯⋯⋯⋯⋯⋯⋯⋯⋯⋯⋯⋯⋯⋯⋯⋯⋯⋯⋯⋯

(1) 単体(酸化数＝0)が化合物(酸化数≠0)に変化したり,化合物が単体に変化するとき,酸化数が変化する。
この反応では Cu が単体 Cu から化合物 $CuSO_4$ に変化しているので,酸化数が変化する。
$CuSO_4$ 中の Cu の酸化数は,$CuSO_4 \rightarrow Cu^{2+} + SO_4^{2-}$ より,$0 \rightarrow +2$ と変化する。
$H_2SO_4$❶中のH,O 原子は反応前後ともに化合物中なので酸化数の変化はない。
S の酸化数も硫酸イオン中ではつねに+6であるので,反応後の $CuSO_4$ 中の S の酸化数は変化していない。
一方,SO_2 中の S の酸化数は,$x + (-2) \times 2 = 0$ より,$x = +4$ である。
S の酸化数は,$+6 \rightarrow +4$ と変化する。

$$Cu + 2H_2SO_4 \longrightarrow CuSO_4 + 2H_2O + SO_2$$

(上部) $+6 \xrightarrow{\ \ \ 還元\ \ \ } +4$
(下部) $0 \xrightarrow{\ \ \ 酸化\ \ \ } +2$

(2) 反応後に酸化数が増加した原子は酸化,減少した原子は還元されたことになる。

3章　物質の変化

171 [酸化と還元の定義]　次の文中の(ア)～(エ)に適当な語句を入れよ。

　　酸化・還元は酸素原子や水素原子のやりとりだけでなく，広く電子の授受という立場で定義することができる。原子やイオンが電子を失って酸化数が（　ア　）すれば，その原子やイオンは（　イ　）されたといい，逆に電子を受け取って酸化数が（　ウ　）すれば，（　エ　）されたという。

171 ◀例54
酸化数が変化すれば酸化・還元が起きている。

172 [酸化数]　下線部の原子の酸化数を求めよ。
(1) Fe　　(2) O_2　　(3) H_2O　　(4) H_2O_2　　(5) H_2S　　(6) SO_2
(7) $SO_4{}^{2-}$　　(8) Fe^{2+}　　(9) $FeSO_4$　　(10) $Fe_2(SO_4)_3$

172 ◀例54
単体中の原子の酸化数は0

173 [酸化数と酸化・還元]　反応式中の下線をつけた原子の酸化数の変化を答えよ。また，その原子は酸化されたか，還元されたか。
(1) $\underline{Zn} + 2HCl \longrightarrow ZnCl_2 + H_2$　(2) $2H_2 + \underline{O_2} \longrightarrow 2H_2O$
(3) $Cu + \underline{Cl_2} \longrightarrow CuCl_2$　　　　(4) $\underline{Cu} + 2H_2SO_4 \longrightarrow \underline{Cu}SO_4 + SO_2 + 2H_2O$
(5) $\underline{Zn} + Cu^{2+} \longrightarrow \underline{Zn}^{2+} + Cu$　(6) $2\underline{Al} + 6H^+ \longrightarrow 2\underline{Al}^{3+} + 3H_2$

173 ◀例54

174 ◀例54
(1)単体と，複数の酸化数をもつ原子（遷移元素・非金属元素）に注目すること。
(2)酸化された物質とは，酸化された原子を含む物質のこと。

174 [酸化された物質・還元された物質]　次の化学反応式について，下の問いに答えよ。

$$2KMnO_4 + 3H_2SO_4 + 5H_2O_2 \longrightarrow K_2SO_4 + 2MnSO_4 + 8H_2O + 5O_2$$

(1) 酸化された原子と還元された原子，また反応前後の酸化数を答えよ。
(2) この反応で酸化された物質，還元された物質を答えよ。

175 [酸化と還元の定義]　酸化と還元は水素・酸素・電子の授受から定義することができる。①～③の実験について下の問いに答えよ。
① 酸化銅(Ⅱ)を水素中で加熱すると銅と水が生成した。
② メタンを空気中で燃焼したところ，二酸化炭素と水が生成した。
③ 酸化マンガン(Ⅳ)と濃塩酸から塩素，水，塩化マンガン(Ⅱ)が生成した。
(1) ①～③の化学反応式を書け。
(2) ①の反応で酸素を得た物質と酸素を失った物質を答えよ。また，それぞれの物質は酸化されたか，還元されたか答えよ。
(3) ②の反応で水素を得た物質と水素を失った物質を答えよ。また，それぞれの物質は酸化されたか，還元されたか答えよ。
(4) ③の反応で電子を得た物質と電子を失った物質を答えよ。また，それぞれの物質中で酸化数が増加した原子と減少した原子およびその酸化数の変化を答えよ。

175 酸化・還元の変化を，原子のやりとり，電子のやりとり，酸化数の変化で説明できる。

176 [酸化数]　次の物質の中で窒素原子の酸化数が最も小さいものと最も大きいものを選べ。
(1) 窒素　　(2) アンモニア　　(3) 一酸化窒素　　(4) 二酸化窒素
(5) 四酸化二窒素　　(6) 硝酸

177 [酸化数]　下線をつけた原子の酸化数の総和はいくつか。下の(1)〜(5)より選べ。
$(\underline{C}OOH)_2$,　$H_2\underline{O}_2$,　$HCl\underline{O}_2$,　$\underline{C}H_4$,　$\underline{N}H_3$,　$Na\underline{H}$
(1) -3　　(2) -1　　(3) 1　　(4) 3　　(5) 5

178 [酸化・還元]　次の文章のうち誤っているものを選べ。
(1) 酸化還元反応は必ず，酸素の出入りがある。
(2) 酸化還元反応は酸化と還元が同時に起こる反応だが，還元のみの反応もある。
(3) 酸素の酸化数はつねに-2である。
(4) 鉄がさびる反応では鉄が酸化されている。
(5) ハロゲンの単体は還元されやすい。

178 酸化と還元は同時に起こる。

179 [酸化された物質・還元された物質]　次の化学反応式から酸化還元反応であるものをすべて選べ。また，その反応において酸化された物質，還元された物質を答えよ。
(1) $H_2O_2 + 2KI + H_2SO_4 \longrightarrow 2H_2O + K_2SO_4 + I_2$
(2) $2K_2CrO_4 + 2HCl \longrightarrow K_2Cr_2O_7 + 2KCl + H_2O$
(3) $Cl_2 + Na_2SO_3 + H_2O \longrightarrow 2HCl + Na_2SO_4$
(4) $Mg + H_2SO_4 \longrightarrow MgSO_4 + H_2$
(5) $2NaHCO_3 \longrightarrow Na_2CO_3 + H_2O + CO_2$
(6) $Fe_2O_3 + 3H_2SO_4 \longrightarrow Fe_2(SO_4)_3 + 3H_2O$
(7) $Na_2CO_3 + 2HCl \longrightarrow 2NaCl + H_2O + CO_2$
(8) $SO_2 + H_2O_2 \longrightarrow H_2SO_4$
(9) $AgNO_3 + HCl \longrightarrow AgCl + HNO_3$
(10) $3NO_2 + H_2O \longrightarrow 2HNO_3 + NO$

179 反応式中に単体，過酸化水素がある場合は，必ず酸化数の変化があるので，酸化還元反応である。

3章

物質の変化

▶2 酸化剤と還元剤

● **確認事項** ● 以下の空欄に適当な語句，数字または化学式を入れよ。

● 酸化剤・還元剤

		酸化剤	還元剤	
相手にすること	相手を①（　　）する。		相手を②（　　）する。	
	相手から電子を③（　　）う。		相手に電子を④（　　）る。	
	相手の酸化数を⑤（　　）する。		相手の酸化数を⑥（　　）する。	
自身の変化	自身は⑦（　　）される。		自身は⑧（　　）される。	
	自身は電子を⑨（　　）られる。		自身は電子を⑩（　　）われる。	
	自身の酸化数は⑪（　　）する。		自身の酸化数は⑫（　　）する。	

$$2KI + Cl_2 \longrightarrow 2KCl + I_2$$
$$\underset{-1}{} \quad \underset{0}{} \qquad \underset{-1}{} \quad \underset{0}{}$$

酸化剤 ⑬（　　）
還元剤 ⑭（　　）

● 酸化剤と還元剤のはたらき

酸化剤の変化	相手から電子を奪う → イオン反応式では電子 e^- が⑮（　　）に書かれる。 電子の係数＝酸化数の減少量の総和
還元剤の変化	相手に電子を与える → イオン反応式では電子 e^- が⑯（　　）に書かれる。 電子の係数＝酸化数の増加量の総和

● おもな酸化剤と還元剤

	酸化剤		還元剤
Cl_2	$Cl_2 + 2e^- \longrightarrow 2Cl^-$	KI	$2I^- \longrightarrow I_2 + 2e^-$
$KMnO_4$（酸性）	$MnO_4^- + 8H^+ + 5e^-$ $\longrightarrow Mn^{2+} + 4H_2O$	Na（単体）	$Na \longrightarrow Na^+ + e^-$
$K_2Cr_2O_7$（酸性）	$Cr_2O_7^{2-} + 14H^+ + 6e^-$ $\longrightarrow 2Cr^{3+} + 7H_2O$	$FeSO_4$	$Fe^{2+} \longrightarrow Fe^{3+} + e^-$
HNO_3（希）	$HNO_3 + 3H^+ + 3e^-$ $\longrightarrow NO + 2H_2O$	$SnCl_2$	$Sn^{2+} \longrightarrow Sn^{4+} + 2e^-$
HNO_3（濃）	$HNO_3 + H^+ + e^-$ $\longrightarrow NO_2 + H_2O$	H_2S	$H_2S \longrightarrow S + 2H^+ + 2e^-$
H_2SO_4（熱濃）	$H_2SO_4 + 2H^+ + 2e^-$ $\longrightarrow SO_2 + 2H_2O$	$H_2C_2O_4$	$H_2C_2O_4 \longrightarrow 2CO_2 + 2H^+ + 2e^-$
H_2O_2	$H_2O_2 + 2H^+ + 2e^- \longrightarrow 2H_2O$	H_2O_2	$H_2O_2 \longrightarrow O_2 + 2H^+ + 2e^-$
SO_2	$SO_2 + 4H^+ + 4e^-$ $\longrightarrow S + 2H_2O$	SO_2	$SO_2 + 2H_2O$ $\longrightarrow SO_4^{2-} + 4H^+ + 2e^-$
O_3	$O_3 + 2H^+ + 2e^- \longrightarrow O_2 + H_2O$	H_2	$H_2 \longrightarrow 2H^+ + 2e^-$

解答
①酸化
②還元
③奪
④与え
⑤増加
⑥減少
⑦還元
⑧酸化
⑨与え
⑩奪
⑪減少
⑫増加
⑬Cl_2
⑭KI

⑮左辺
⑯右辺

● 酸化還元の化学反応式のつくり方

	酸化剤 KMnO₄	還元剤 H₂O₂
イオン 反応式	$MnO_4^- + 8H^+ + 5e^-$ 　　　　$\longrightarrow Mn^{2+} + 4H_2O$ MnO_4^- 1 mol が相手から電 子を⑰(　　　)mol 受け取る	$H_2O_2 \longrightarrow O_2 + 2H^+ + 2e^-$ H_2O_2 1 mol が相手に電子を ⑱(　　　)mol 与える
Step1) 電子e⁻の数 をそろえる	$(MnO_4^- + 8H^+ + 5e^- \longrightarrow Mn^{2+}$ $+ 4H_2O) \times$ ⑲(　　　) $2MnO_4^- + 16H^+ + 10e^-$ 　　　　$\longrightarrow 2Mn^{2+} + 8H_2O$	$(H_2O_2 \longrightarrow O_2 + 2H^+ + 2e^-)$ $\times$ ⑳(　　　) $5H_2O_2 \longrightarrow 5O_2 + 10H^+ + 10e^-$
Step2) 二つのイオ ン反応式を 合わせる	$2MnO_4^- + 16H^+ + 10e^- \longrightarrow 2Mn^{2+} + 8H_2O$ $+)$　　　　　　　$5H_2O_2 \longrightarrow 5O_2 + 10H^+ + 10e^-$ 　$2MnO_4^- + 5H_2O_2 + 6H^+ \longrightarrow 2Mn^{2+} + 5O_2 + 8H_2O$ $\longrightarrow$ を等号（＝）と考え，電子e⁻を消去する。同じ物質やイオン も計算する。	
Step3) 適当なイオ ンを加えて 化学反応式 にする	MnO_4^-は㉑(　　　　)から生じているので, ㉒(　　　　)を加える。 酸性にするためのH⁺は㉓(　　　　)から生じているので, ㉔(　　　　)を加える。 $2MnO_4^- + 5H_2O_2 + 6H^+ \longrightarrow 2Mn^{2+} + 5O_2 + 8H_2O$ ↓+2㉕(　　) ↓+3㉖(　　) ↓+2㉗(　　) ↓+㉘(あまり)(　　) $2KMnO_4 + 5H_2O_2 + 3H_2SO_4 \longrightarrow 2MnSO_4 + 5O_2 + 8H_2O + K_2SO_4$	

● 酸化還元滴定

酸化還元 滴定	濃度未知の酸化剤/還元剤の溶液を，濃度既知の還元剤/酸化 剤の溶液と過不足なく反応させることで，その濃度を決定す る方法。
量的関係	酸化剤が受け取るe⁻の物質量＝還元剤が与えるe⁻の物質量 ↓ c〔mol/L〕の a 価の酸化剤 V〔L〕が受け取るe⁻〔mol〕 　　＝c'〔mol/L〕の b 価の還元剤 V'〔L〕が与えるe⁻〔mol〕 　$a \times c \times V = b \times c' \times V'$ （1molの酸化剤/還元剤が受け取る/与えるe⁻〔mol〕を価数と いう。）
反応の終点	酸化剤自身の色の変化で確認する。酸化剤には酸化数により 色が変化する遷移金属が多い。

酸化剤の例
$MnO_4^- \longrightarrow Mn^{2+}$ ㉙(　　)色 ㉚(　　)色 終点はMnO_4^-の(　㉙　)色が消えなくなったとき

⑰5
⑱2
⑲2
⑳5
㉑KMnO₄
㉒K⁺
㉓H₂SO₄
㉔SO₄²⁻
㉕K⁺
㉖SO₄²⁻
㉗SO₄²⁻
㉘K₂SO₄

㉙赤紫
㉚無（淡桃）

物質の変化

例題 55　酸化剤・還元剤

example problem

次の化学反応式の説明について(ア)〜(キ)に適当な語句または化学式を入れよ。

$$2KI + Cl_2 \longrightarrow I_2 + 2KCl$$
　　　❶　　❷　　　　　　❸

ハロゲンどうしを反応させると酸化還元反応が起こる。上記の化学反応式では，KI は電子を（　ア　）て（　イ　）され，Cl_2 は電子を（　ウ　）て（　エ　）されている。Cl_2 と I_2 を比較すると（　オ　）が相手から電子を奪う力，すなわち（　カ　）力が大きい。このように相手を（　カ　）する物質を（　キ　）という。

解答　(ア) 与え　(イ) 酸化　(ウ) 奪っ　(エ) 還元
　　　　(オ) Cl_2　(カ) 酸化　(キ) 酸化剤

❶化合物中の1族元素の酸化数は +1。
❷単体の酸化数は 0。
❸Oを含まない化合物中のClの酸化数は −1。

▶ベストフィット

相手を酸化する物質が酸化剤，還元する物質が還元剤である。

解説 ▶

KI は自分自身が電子を与えて酸化され，Cl_2 は自分自身が電子を奪って還元される。
KI は相手を還元しているので還元剤，Cl_2 は相手を酸化しているので酸化剤である。

$$\underset{\substack{-1\\ \text{酸化(還元剤)}}}{\overset{\substack{\text{還元(酸化剤)}\\ 0}}{2KI + Cl_2}} \longrightarrow \underset{}{\overset{\substack{-1\\ 0}}{I_2 + 2KCl}}$$

ハロゲンでは周期表の上にある元素ほど酸化力が強くなる。したがって，酸化力の弱い I_2 で Cl_2 を酸化することはできない。$2KCl + I_2 \longrightarrow Cl_2 + 2KI$ は起こらない。（酸化力は $F_2 > Cl_2 > Br_2 > I_2$）

例題 56　酸化還元反応式

example problem

希硝酸と銅の反応について，次のイオン反応式を参考にして，下の問いに答えよ。

$$HNO_3 + (\ ア\ )H^+ + (\ イ\ )e^- \longrightarrow NO + 2\{\ ウ\ \}　　　①$$
$$Cu \longrightarrow Cu^{2+} + (\ エ\ )e^-　　　②$$

(1) （　　）に適する数値，$\{$　　$\}$に適する化学式を答えよ。

(2) 酸化剤，還元剤を物質名で答えよ。

(3) ①，②式から e^- を消去してイオン反応式をまとめ，省略されているイオンを補い酸化還元反応式を完成させよ。

解答　(1) (ア) 3　(イ) 3　(ウ) H_2O　(エ) 2

　　　　(2) 酸化剤：希硝酸　　還元剤：銅

　　　　(3) $3Cu + 8HNO_3 \longrightarrow 3Cu(NO_3)_2 + 4H_2O + 2NO$

▶ベストフィット

酸化剤のイオン反応式は，e^-，H^+，H_2O の順に係数を決める。

Step1）　電子 e^- を加える
Step2）　両辺の電荷のバランスを H^+ でそろえる
Step3）　両辺の H，O の数を H_2O でそろえる

解説 ▶ ....

(1) Step 1) 酸化数の増減を調べる。

　減少している場合は減少分の e⁻ を左辺に，増加している場合は増加分の e⁻ を右辺に加える。

$$\underset{+5 \xrightarrow{\hspace{3cm}} +2}{HNO_3 + (\quad\quad)H^+ + (\ 3\ )e^- \longrightarrow NO + 2} \quad\quad\quad \underset{0 \xrightarrow{\hspace{1.5cm}} +2}{Cu \longrightarrow Cu^{2+} + (\ 2\ )e^-}$$

　N の酸化数が3減少しているので左辺に 3e⁻，Cu の酸化数が2増加しているので右辺に 2e⁻ を加える。

Step 2) 両辺の電荷が等しくなるように H⁺ を加える。

$$HNO_3 + (\ 3\ )H^+ + (\ 3\ )e^- \longrightarrow NO + 2$$

　電荷は左辺 = −3，右辺 = 0 より，左辺に 3H⁺ を加える。

Step 3) 両辺の H，O の数を H₂O で調整する。

$$HNO_3 + (\ 3\ )H^+ + (\ 3\ )e^- \longrightarrow NO + 2\ H_2O$$

　右辺では H が四つ，O が二つ不足しているので，2H₂O を加える。

(2) 酸化された原子を含む物質が還元剤，還元された原子を含む物質が酸化剤である。

(3) 二つの式の電子の係数が等しくなるように整数倍し，加法により電子 e⁻ を消去する。

$$\begin{array}{rl}
2HNO_3 + 6H^+ + 6e^- \longrightarrow 2NO + 4H_2O & \textcircled{1} \times 2 \\
+)\quad 3Cu \longrightarrow 3Cu^{2+} + 6e^- & \textcircled{2} \times 3 \\
\hline
2HNO_3 + 6H^+ + 3Cu \longrightarrow 3Cu^{2+} + 2NO + 4H_2O &
\end{array}$$

　H⁺ は硝酸から生じているので，両辺に 6NO₃⁻ を加えて酸化還元反応式にする。

$$2HNO_3 + 6HNO_3 + 3Cu \longrightarrow 3Cu(NO_3)_2 + 2NO + 4H_2O$$
$$3Cu + 8HNO_3 \longrightarrow 3Cu(NO_3)_2 + 4H_2O + 2NO$$

例題 57 酸化還元滴定

example problem

　硫酸酸性の過マンガン酸カリウム水溶液と硫化水素は，酸化還元反応においてそれぞれ次のイオン反応式のようにはたらく。下の問いに答えよ。

$$MnO_4^- + 8H^+ + 5e^- \longrightarrow Mn^{2+} + 4H_2O \quad \textcircled{1}$$
$$H_2S \longrightarrow S + 2H^+ + 2e^- \quad\quad\quad\quad\quad \textcircled{2}$$

(1) 硫酸酸性の 0.10 mol/L 過マンガン酸カリウム水溶液 10 mL に，H₂S を吹き込んでいった。酸化還元反応が完了するまでの溶液の見た目のようすの変化を説明せよ。

(2) 吸収された H₂S は標準状態で何 mL か。

解答 (1) 溶液の赤紫色が消失し，白濁する。 (2) 56 mL

▶ ベストフィット

酸化剤が受け取る e⁻ の物質量〔mol〕= 還元剤が与える e⁻ の物質量〔mol〕である。

解説 ▶ ....

(1) 酸化剤は，MnO₄⁻ が Mn²⁺ になることにより，赤紫色から無色に変化する。

　還元剤は，H₂S が S に変化し，白濁する。

(2) 酸化剤 KMnO₄ 1 mol あたり 5 mol の e⁻ を受け取るので，KMnO₄ が受け取る電子の物質量は $0.10 \text{ mol/L} \times \dfrac{10}{1000} \text{ L} \times 5$

　還元剤 H₂S 1 mol あたり 2 mol の e⁻ を与えるので，V〔mL〕の H₂S が与える電子の物質量は $\dfrac{V}{1000 \times 22.4}$ mol × 2

$$0.10 \text{ mol/L} \times \frac{10}{1000} \text{ L} \times 5 = \frac{V}{1000 \times 22.4} \text{ mol} \times 2 \quad V = 56 \text{ mL}$$

180 [酸化剤・還元剤] (1)〜(4)の下線の物質は，それぞれどのようなはたらきをしているか。酸化剤としてはたらいている・還元剤としてはたらいている・どちらとしてもはたらいていない　のいずれかで答えよ。

(1) $2\underline{SO_2} + O_2 \longrightarrow 2SO_3$ 　　　　(2) $H_2O_2 + \underline{SO_2} \longrightarrow H_2SO_4$

(3) $NO_2 + \underline{SO_2} \longrightarrow NO + SO_3$ 　　(4) $2H_2S + \underline{SO_2} \longrightarrow 3S + 2H_2O$

181 [ハロゲンの酸化力]　次の(1)〜(4)の反応をもとに，F_2，Cl_2，Br_2，I_2を酸化力の強い順に記せ。

(1) $2KBr + Cl_2 \longrightarrow 2KCl + Br_2$ 　　(2) $2KI + Br_2 \longrightarrow 2KBr + I_2$

(3) $2KI + Cl_2 \longrightarrow 2KCl + I_2$ 　　　(4) $2KCl + F_2 \longrightarrow 2KF + Cl_2$

182 [酸化還元のイオン反応式]　次のイオン反応式を完成させよ。

(1) $Cl_2 + 2e^- \longrightarrow 2($ 　　　$)$

(2) $2I^- \longrightarrow I_2 + ($ 　　$)e^-$

(3) $Fe^{2+} \longrightarrow ($ 　　　$) + e^-$

(4) $H_2S \longrightarrow S + ($ 　　$)H^+ + 2e^-$

(5) $HNO_3 + ($ 　　$)H^+ + ($ 　　$)e^- \longrightarrow NO + ($ 　　$)H_2O$

(6) $Cr_2O_7^{2-} + ($ 　　$)H^+ + ($ 　　$)e^- \longrightarrow ($ 　　$)Cr^{3+} + ($ 　　$)H_2O$

183 [酸化還元反応式]　次のイオン反応式から酸化還元反応式を完成させよ。

(1) 硫化水素と二酸化硫黄との反応
$$H_2S \longrightarrow 2H^+ + S + 2e^- \qquad SO_2 + 4H^+ + 4e^- \longrightarrow S + 2H_2O$$

(2) 硫酸酸性の過酸化水素水とヨウ化カリウム水溶液との反応
$$H_2O_2 + 2H^+ + 2e^- \longrightarrow 2H_2O \qquad 2I^- \longrightarrow I_2 + 2e^-$$

(3) 硫酸酸性の過マンガン酸カリウム水溶液とシュウ酸水溶液との反応
$$MnO_4^- + 8H^+ + 5e^- \rightarrow Mn^{2+} + 4H_2O \qquad (COOH)_2 \rightarrow 2CO_2 + 2H^+ + 2e^-$$

(4) 硫酸鉄（Ⅱ）水溶液に希硫酸を加えた後の，過酸化水素水との反応
$$Fe^{2+} \longrightarrow Fe^{3+} + e^- \qquad H_2O_2 + 2H^+ + 2e^- \longrightarrow 2H_2O$$

184 [酸化還元滴定]　硫酸酸性の過マンガン酸カリウム $KMnO_4$ 水溶液は，次のように強い酸化力を示す。
$$MnO_4^- + 8H^+ + 5e^- \longrightarrow Mn^{2+} + 4H_2O$$
一方，シュウ酸水溶液は，次のように還元剤としてはたらく。
$$(COOH)_2 \longrightarrow 2CO_2 + 2H^+ + 2e^-$$
$0.050\,mol/L$ のシュウ酸水溶液 $10\,mL$ を硫酸酸性下で酸化させるのに，$0.010\,mol/L$ の過マンガン酸カリウム水溶液は何 mL 必要か。

180 ◀例55
酸化数が減った原子をもつ物質→酸化剤
酸化数が増えた原子をもつ物質→還元剤

181 ◀例55
酸化力とは，相手を酸化する力。反応によって自身が還元されていれば，相手より酸化力が強いことになる。

182 ◀例56
①酸化数の変化を e^- で合わせる。
②両辺の電荷のバランスを H^+ で合わせる。
③両辺の原子の数のバランスを H_2O で合わせる。

183 ◀例56
①二つの式の電子の係数が等しくなるように整数倍する。
②二つの式を足して電子を消去する。
③適切なイオンを補ってイオン式を化学反応式にする。

184 ◀例57
イオン反応式の電子の係数＝酸化剤・還元剤としての価数

酸化剤の価数×物質量＝還元剤の価数×物質量

練習問題

185 [身のまわりの酸化還元反応]　次の身のまわりの現象について，下線部が正しいときは○を，誤っているときは正しく直せ。

(1) 食品添加物のビタミンCや亜硫酸塩は，食品の<u>酸化防止</u>のために加えられている。

(2) 塩素系漂白剤，塩酸を主成分とするトイレ洗剤に「混ぜるな危険」と注意書きされているのは，これらを混合すると酸化還元反応により毒性の強い<u>塩化水素</u>が発生するからである。

(3) 食品の袋に封入されている脱酸素剤は，主成分の<u>鉄</u>がおだやかに酸化されることによって，袋の中の酸素が取り除かれる。

186 [酸化剤・還元剤]　硫黄は複数の酸化数をもつ。最も酸化された状態の酸化数を最高酸化数，最も還元された状態の酸化数を最低酸化数という。このため，熱濃硫酸は酸化剤，硫化水素は還元剤としてのみはたらくが，二酸化硫黄は酸化剤，還元剤いずれにもはたらく。次の酸化還元のイオン反応式をもとに下の問いに答えよ。

$$H_2SO_4 + 2H^+ + 2e^- \longrightarrow SO_2 + 2H_2O \qquad H_2S \longrightarrow S + 2H^+ + 2e^-$$
$$SO_2 + 2H_2O \longrightarrow SO_4{}^{2-} + 4H^+ + 2e^- \qquad SO_2 + 4H^+ + 4e^- \longrightarrow S + 2H_2O$$

(1) 硫黄の最高酸化数と最低酸化数を答えよ。また，二酸化硫黄が酸化剤，還元剤のいずれにもはたらく理由を簡単に説明せよ。

(2) 火山性ガスには硫化水素と二酸化硫黄が含まれ，噴出口付近では硫黄が生成する。硫黄が生成する反応の化学反応式を完成せよ。

187 [酸化還元滴定]　市販の過酸化水素水 25.0 mL を（　A　）を用いて正確にとり，500 mL の（　B　）に入れ，蒸留水を加えて正確に20倍に希釈した。この希釈水溶液 15.0 mL を（　C　）を用いて正確にとり，100 mL の（　D　）に入れ，3 mol/L の硫酸 5 mL を加え，（　E　）から 0.0200 mol/L の過マンガン酸カリウム水溶液を滴下したところ，13.5 mL を要した。下の問いに答えよ。

$$MnO_4{}^- + 8H^+ + (a)e^- \longrightarrow Mn^{2+} + 4H_2O \quad \cdots ①$$
$$H_2O_2 \longrightarrow O_2 + 2H^+ + 2e^- \quad \cdots ②$$

(1) 文中の(A)～(E)に当てはまる器具を次の(ア)～(カ)の中から選べ。

(ア) 駒込ピペット　　(イ) ホールピペット　　(ウ) コニカルビーカー
(エ) メスフラスコ　　(オ) メスシリンダー　　(カ) ビュレット

(2) 反応式①の(a)に係数を記入し，イオン反応式を完成させよ。

(3) (F)，(G)に適当な語句を入れよ。
この滴定は，過マンガン酸イオンの（　F　）色が（　G　）ときが終点である。

(4) 市販の過酸化水素水のモル濃度〔mol/L〕を求めよ。ただし，有効数字3桁で表せ。

185 (2)塩素系漂白剤の主成分は次亜塩素酸ナトリウム。

186
H_2SO_4
SO_2
S
H_2S
（大↑酸化数↓小）

187 (1)酸化還元滴定での使用器具は，酸・塩基の中和滴定と共通である。

(3)酸化剤・還元剤自身が色を変えるので指示薬になることが多い。

3章 物質の変化

3. 酸化還元反応　**109**

▶ **3　イオン化傾向と電池・電気分解**

▪中学までの復習▪ 以下の空欄に適当な語句または記号を入れよ。───────

■ 化学変化と電池　　○モーターが回る　　×モーターが回らない

電極 水溶液	亜鉛板と 亜鉛板	銅板と 銅板	銅板と 亜鉛板
蒸留水	×	①(　　　)	×
塩化ナトリウム水溶液	②(　　　)	×	③(　　　)
砂糖水	×	×	④(　　　)
塩酸	⑤(　　　)	⑥(　　　)	○
水酸化ナトリウム水溶液	×	×	⑦(　　　)
エタノール	×	×	⑧(　　　)

・両方の電極に⑨(　　　　)金属を用いた場合は電流が流れなかった。
・水溶液が⑩(　　　　)のときは電流が流れなかった。
　── 電池になるのは⑪(　　　　)金属を電極として，⑫(　　　　)の水溶液に入
　　　れたときである。
・化学変化によって電流を取り出す装置を⑬(　　　　　)という。

解答
①×
②×
③○
④×
⑤×
⑥×
⑦○
⑧×
⑨同じ
⑩非電解質
⑪異なる
⑫電解質
⑬化学電池
　（電池）

● **確認事項** ● 以下の空欄に適当な語句，数字または化学式を入れよ。──────

● 金属の性質

金属原子	価電子数が①(　　　)く，価電子を②(　　　)て③(　　　)イオンになりやすい。④(　　　)剤となるものが多い。金属が（ ③ ）イオンになりやすい傾向を金属の⑤(　　　　　)という。

解答
①少な
②失っ
③陽
④還元
⑤イオン化傾向

⑥大
⑦小
⑧大き
⑨還元
⑩水素
⑪酸

● 金属のイオン化列

イオン化列と金属の反応性の関係			
覚え方	リカちゃんカナちゃんまああてにすんなひどすぎる借金		
金属	⑥(　　　) ←─────── イオン化傾向 ───────→ ⑦(　　　)		
	Li K Ca Na Mg Al Zn FeNiSnPb （H₂） Cu Hg Ag Pt Au		

反応	空気	常温でただちに酸化	加熱により酸化	酸化されない
	※1 水	常温で ｜ 熱水で ｜ 高温の水蒸気で	反応しない	
	酸	酸化力のない酸と反応して水素を発生して溶ける※3	酸化力のある酸と反応して溶ける※2	王水に溶ける

イオン化傾向の⑧(　　　)い金属＝酸化されやすい金属＝⑨(　　　)力が強い
※1：反応したときには⑩(　　　)を発生して溶ける。
※2：発生する気体は（ ⑩ ）ではなく，酸化剤となる⑪(　　　)に応じた
　　気体。

※3：Pb は H₂よりイオン化傾向が大きいが，塩酸や希硫酸とは難溶性の塩をつくるため溶けにくい。

● 電池 [化学]

電池名（起電力）	負極（−）	正極（＋）
一般の電池 （電極金属のイオン化傾向の差が大きいほど起電力は大きい）	⑫（　　　）反応が起きる	⑬（　　　）反応が起きる
	電子を⑭（　　　　）	電子を⑮（　　　　）
	電極から⑯（　　　）に電子が出る	（　⑯　）から電極に電子が入る
	イオン化傾向の⑰（　　　）金属が負極になる	
ボルタ電池 （1.1V）	$Zn \longrightarrow Zn^{2+} + ⑱（　　）e^-$	$2H^+ + 2e^- \longrightarrow ⑲（　　　）$
	⑳（　　）が酸化され，㉑（　　　）が還元される。	
	$Zn + 2H^+ \longrightarrow Zn^{2+} + （　⑲　）$	
ダニエル電池 （1.1V）	$Zn \longrightarrow ㉒（　　）+2e^-$	$Cu^{2+} + 2e^- \longrightarrow ㉓（　　）$
	㉔（　　）が酸化され，㉕（　　）が還元される。	
	$Zn + Cu^{2+} \longrightarrow Zn^{2+} + （　㉓　）$	
鉛蓄電池 （2.1V）	$Pb + SO_4^{2-}$ $\longrightarrow PbSO_4 + ㉖（　　）e^-$	$PbO_2 + SO_4^{2-} + 4H^+$ $+ ㉗（　　）e^-$ $\longrightarrow PbSO_4 + 2H_2O$
	㉘（　　）が酸化され，㉙（　　）が還元される。	
	$Pb + PbO_2 + ㉚（　　　） \longrightarrow ㉛（　　　） + 2H_2O$	
燃料電池 （1.23V）	$H_2 \longrightarrow 2H^+ + ㉜（　　）e^-$	$O_2 + 4H^+ + ㉝（　　）e^-$ $\longrightarrow 2H_2O$
	㉞（　　）が酸化され，㉟（　　）が還元される。	
	㊱（　　）$H_2 + O_2 \longrightarrow 2H_2O$ （水素の燃焼と同じ反応）	

● 電気分解 [化学]

電気分解	電気エネルギーを使って電解槽中の物質や電極自身に㊲（　　　　）反応を起こさせ，電極に目的の物質を分ける方法。

電気分解の電解槽中で起こっている変化

陰極（−）			陽極（＋）		
電源の負極から電子を㊳（　　）る ㊴（　　）反応が起きる			電源の正極に電子を㊵（　　）る ㊶（　　）反応が起きる		
電解液	電極	反応式	電極	反応式	
$CuCl_2$ aq	Pt	$Cu^{2+} + ㊷（　　）e^-$ $\longrightarrow Cu$	Pt	$2Cl^- \longrightarrow Cl_2 + ㊸（　　）e^-$	
$CuSO_4$ aq	Cu	$Cu^{2+} + 2e^-$ $\longrightarrow ㊹（　　）$	Cu	$Cu \longrightarrow ㊺（　　）+2e^-$ （電極が変化する）	
Al_2O_3（融解）	C	$Al^{3+} + ㊻（　　）e^-$ $\longrightarrow Al$	C	$O^{2-} + C（陽極）$ $\longrightarrow ㊼（　　）+2e^-$ $2O^{2-} + C（陽極）$ $\longrightarrow CO_2 + ㊽（　　）e^-$	

⑫酸化
⑬還元
⑭放出する
⑮受け取る
⑯導線
⑰大きい
⑱2
⑲H_2
⑳Zn
㉑H^+
㉒Zn^{2+}
㉓Cu
㉔Zn
㉕Cu^{2+}
㉖2
㉗2
㉘Pb
㉙PbO_2
㉚$2H_2SO_4$
㉛$2PbSO_4$
㉜2
㉝4
㉞H_2
㉟O_2
㊱2

㊲酸化還元

㊳受け取
㊴還元
㊵与え
㊶酸化
㊷2
㊸2
㊹Cu
㊺Cu^{2+}
㊻3
㊼CO
㊽4

3章
物質の変化

次の溶液と金属の組み合わせについて，下の問いに答えよ。

① ② 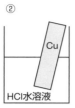 ③ 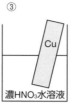 ④ 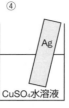 ⑤ 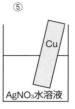 ⑥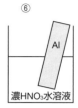

HCl水溶液　　HCl水溶液　　濃HNO₃水溶液　　CuSO₄水溶液　　AgNO₃水溶液　　濃HNO₃水溶液

(1) 気体が発生したものの図番号と，発生した気体の化学式を答えよ。

(2) 金属が析出したものの図番号と，析出した金属の名称を答えよ。

(3) 金属が溶けたものの図番号と，溶け出した金属イオンの化学式を答えよ。

(4) 変化がない，あるいは変化が途中で進まなくなるものの図番号と理由を答えよ。

解答 (1) ① H_2　　③ NO_2

(2) ⑤ 銀　　(3) ① Al^{3+}　③ Cu^{2+}　⑤ Cu^{2+}

(4) ② 水溶液中の H^+ より，金属 Cu のイオン化傾向が小さいから。

④ 水溶液中の Cu^{2+} より，金属 Ag のイオン化傾向が小さいから。

⑥ Al は濃 HNO_3 中では不動態となり溶けないから。

ベストフィット **イオン化傾向**

イオン化傾向が大きいほど酸化されて陽イオンになりやすい。

Li＞K＞Ca＞Na＞Mg＞Al＞Zn＞Fe＞Ni＞Sn＞Pb＞(H_2)＞Cu＞Hg＞Ag＞Pt＞Au

解説 ▶ ⋯⋯

イオン化傾向の大きい金属が溶液中でイオンであるならば，安定なので変化が起こらない。逆に，イオン化傾向の小さい金属が溶液中でイオンであるならば，不安定なため還元されて金属に戻ろうとする。

① 溶液には，塩酸から生じる H^+ と単体 Al が存在している。イオン化傾向は Al＞H の関係にあるので，Al は酸化されて Al^{3+} になる。

② 溶液には，塩酸から生じる H^+ と単体 Cu が存在している。イオン化傾向は H＞Cu の関係にあるので，変化は起こらない。

③ 濃硝酸は酸化力が強く Cu は酸化されて Cu^{2+} になる。

④ 溶液には，$CuSO_4$ 水溶液から生じる Cu^{2+} と単体 Ag が存在している。イオン化傾向は Cu＞Ag の関係にあるので，変化は起こらない。

⑤ 溶液には，硝酸銀水溶液から生じる Ag^+ と単体 Cu が存在している。イオン化傾向は Cu＞Ag の関係にあるので，Ag^+ は還元されて Ag になる。

⑥ Fe，Ni，Al は濃 HNO_3 中では不動態となり，それ以上変化は起こらない。

①，③，⑤は変化が起こり，それぞれの化学反応式は次のようになる。

① $2Al + 6HCl \longrightarrow 2AlCl_3 + 3H_2$　　　　　　水素が発生

③ $Cu + 4HNO_3 \longrightarrow Cu(NO_3)_2 + 2H_2O + 2NO_2$　　二酸化窒素が発生

⑤ $2Ag^+ + Cu \longrightarrow 2Ag + Cu^{2+}$　　　　　　銀が析出

例題 **59** ボルタ電池

example problem

　右図のように亜鉛板と銅板を希硫酸に浸したものをボルタ電池とよぶ。次の問いに答えよ。

(1) 銅板と亜鉛板のうち負極はどちらか。

(2) 負極と正極での反応をイオン反応式で記せ。 ❶

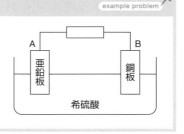

解答 (1) 亜鉛板　　(2) 負極：$Zn \longrightarrow Zn^{2+} + 2e^-$　　　正極：$2H^+ + 2e^- \longrightarrow H_2$

▶ **ベストフィット**　**イオン化傾向が大きい金属が負極になる。**

❶電子は負極から正極に移動し，電流は正極から負極に流れる。

解説 ▶ ･･･

(1) イオン化傾向が大きい金属が負極になる。銅 Cu と亜鉛 Zn のイオン化傾向を比較すると Zn＞Cu であるので，負極は亜鉛板である。

(2) 負極では電子を放出する酸化，正極では電子を受け取る還元が起こる。

例題 **60** ダニエル電池

example problem

　右図のように，亜鉛板を薄い硫酸亜鉛水溶液，銅板を濃い硫酸銅（Ⅱ）水溶液に浸し，素焼きの筒で仕切ったものをダニエル電池とよぶ。次の問いに答えよ。

(1) 銅板での反応をイオン反応式で記せ。 ❶

(2) 素焼きの筒を用いる理由を答えよ。

(3) 「亜鉛板を浸した硫酸亜鉛水溶液」を「ニッケル板を浸した硫酸ニッケル水溶液」にすると起電力はどのようになるか。

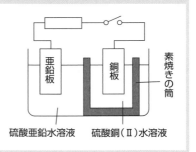

解答 (1) $Cu^{2+} + 2e^- \longrightarrow Cu$　　(2) 正極と負極が浸してある水溶液の混合を防ぎ，イオンが素焼きの筒を通過することで両方の溶液間の電荷のバランスを調整する。　　(3) 小さくなる。

▶ **ベストフィット**　**素焼きの筒は大きさの小さいイオンなどは通過することができる。**

❶電子は負極から正極に移動し，電流は正極から負極に流れる。

解説 ▶ ･･･

(1) 銅 Cu と亜鉛 Zn のイオン化傾向を比較すると Cu＜Zn であるので，銅は正極である。

(2) 素焼きの筒は両電極間の溶液が混じりあわないようにするとともに，反応が進行することにより生じる電荷のバランス(偏り)を調整する。

(3) 両電極間のイオン化傾向の差が大きいほど，起電力が大きくなる。イオン化傾向は Zn＞Ni＞Cu であるので，亜鉛板をニッケル板に変えると起電力は小さくなる。

3章
物質の変化

例題 61 鉛蓄電池 化学

　鉛蓄電池は正極に（　ア　），負極に（　イ　），電解液に（　ウ　）を用いた化学電池である。鉛蓄電池は，マンガン電池やアルカリ電池と異なり，使用後も充電することでくり返し使用することができる。このような電池を（　エ　）とよぶ。

(1) (ア)〜(エ)に最も適当な語句を入れよ。

(2) 負極と正極での反応をイオン反応式で記せ。

解答 (1) (ア) 酸化鉛(IV)　　(イ) 鉛　　(ウ) 希硫酸　　(エ) 二次電池(蓄電池)

(2) 負極：$Pb + SO_4^{2-} \longrightarrow PbSO_4 + 2e^-$

正極：$PbO_2 + 4H^+ + SO_4^{2-} + 2e^- \longrightarrow PbSO_4 + 2H_2O$

ベストフィット 充電して再利用できる電池を二次電池という。

解説 ▶

(1) 鉛蓄電池は正極に酸化鉛(IV)，負極に鉛，電解液に希硫酸を用いた化学電池である。

　鉛蓄電池は充電することで再利用できる二次電池である。

(2) 負極も正極も反応後は硫酸鉛(II)になる。充電では逆の反応が起こる。

例題 62 電気分解 化学

　次のイオンの組み合わせの水溶液を白金電極を用いて電気分解したとき，<u>陰極の変化</u>をイオン反応式で記せ。❶

(1) Na^+ と Cu^{2+}　　(2) Ag^+ と K^+　　(3) Na^+ と Ca^{2+}　　(4) Cu^{2+} と Ag^+

解答 (1) $Cu^{2+} + 2e^- \longrightarrow Cu$　　(2) $Ag^+ + e^- \longrightarrow Ag$

(3) $2H_2O + 2e^- \longrightarrow H_2 + 2OH^-$　　(4) $Ag^+ + e^- \longrightarrow Ag$

❶**ベストフィット**の順番にしたがい電極での変化を考える。

ベストフィット

●陰極　還元反応
(①→②の順番で反応を考える)
①Cu^{2+} や Ag^+ が単体になる
②H^+ または H_2O が還元されて，H_2 が発生する
酸性の水溶液　　$2H^+ + 2e^- \longrightarrow H_2$
中性・塩基性の水溶液　$2H_2O + 2e^- \longrightarrow H_2 + 2OH^-$

●陽極　酸化反応
(①→②→③の順番で反応を考える)
①電極が白金 Pt と炭素 C 以外のとき
→電極が溶けてイオンになる
②ハロゲンのイオンが単体になる
③OH^- または H_2O が酸化されて O_2 が発生する
塩基性の水溶液　　　$4OH^- \longrightarrow O_2 + 2H_2O + 4e^-$
酸性・中性の水溶液　$2H_2O \longrightarrow O_2 + 4H^+ + 4e^-$

解説 ▶

(1) Cu^{2+}が還元されて，Cu が析出する。

(2) Ag^+が還元されて，Ag が析出する。

(3) 中性の水溶液中なので H_2O が還元されて H_2 が生成する。

(4) Ag は Cu よりイオン化傾向が小さいので還元され，Ag が析出する。

188 ［イオン化傾向］　次の組み合わせで起こる変化をイオン反応式で答えよ。
　(1) 熱水とマグネシウム
　(2) 硫酸銅(Ⅱ)水溶液とニッケル
　(3) 塩化スズ(Ⅱ)水溶液と亜鉛
　(4) 希硫酸とアルミニウム
　(5) 硝酸銀水溶液と銅

188 ◀ 例58
イオン化傾向より
考える。

189 ［ボルタ電池］　右図はボルタ電池の模式図である。
　これについて，次の問いに答えよ。
　(1) 銅板と亜鉛板のうち正極はどちらか。
　(2) 負極と正極での反応をイオン反応式で記せ。
　(3) 電子と電流が導線内を流れる向きを矢印で
　　記せ。

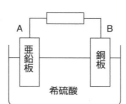

189 ◀ 例59
(1)イオン化傾向の
大きい方が負極。
(3)電子は負極から
正極に移動し，電
流は正極から負極
に流れる。

190 ［ダニエル電池］　右図はダニエル電池の模式図
　である。これについて，次の問いに答えよ。
　(1) 負極と正極での反応をイオン反応式で記せ。
　(2) おもに硫酸銅(Ⅱ)水溶液から，素焼きの筒を
　　通り硫酸亜鉛水溶液に移動するイオンをイオ
　　ン式で答えよ。
　(3) 「銅板を浸した硫酸銅(Ⅱ)水溶液」を「銀板を
　　浸した硫酸銀水溶液」にすると起電力はどのよ
　　うになるか。

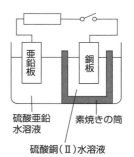

190 ◀ 例60
(1)イオン化傾向の
大きい方が負極。

191 ［電気分解］　次の水溶液の（　）内の電極を用いた電気分解について，陽極お
化学 よび陰極の変化をそれぞれイオン反応式で記せ。
　(ア) $AgNO_3$(Pt)　　(イ) Na_2SO_4(Pt)　　(ウ) KCl(Pt)
　(エ) $CuCl_2$(Pt)　　(オ) $CuSO_4$(Cu)

191 ◀ 例62

図を書いて考える。
→ 電子の流れ

3章
物質の変化

練習問題

192 [イオン化傾向] 次の①〜⑤の文中の金属 A〜E は白金，カリウム，銀，アルミニウム，鉄のいずれかである。下の問いに答えよ。

① 常温の水と激しく反応するのは E だけである。
② A〜D を希塩酸に入れたとき反応するのは B，D である。
③ A と D を中性の電解質水溶液に浸し，導線でつなぐと D が負極になる。
④ D のイオンを含む水溶液に B を入れたとき，D が析出する。
⑤ 金属 C は王水にのみ溶ける。

(1) 上記の①〜⑤から A〜E に該当する金属を答えよ。
(2) ①〜⑤の反応の中で，同じ気体が発生するものを選べ。また，発生する気体の化学式を答えよ。

192 表をつくって，条件を整理する。

193 [鉛蓄電池] 右図は鉛蓄電池の模式図である。放電したときの負極および正極のイオン反応式は次のように表される。

化学

負極：$Pb + SO_4^{2-} \longrightarrow PbSO_4 + 2e^-$
正極：$PbO_2 + 4H^+ + SO_4^{2-} + 2e^- \longrightarrow PbSO_4 + 2H_2O$

次の問いに答えよ。

(1) 負極と正極の反応式をまとめた化学反応式を記せ。
(2) 鉛蓄電池を放電すると，電解液の濃度は大きくなるか小さくなるか。
(3) 放電したとき，各電極の質量はどのように変化するか。
(4) 充電するとき，外部電池の正極は Pb と PbO_2 のどちらにつなぐか。

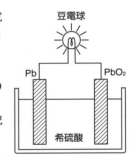

豆電球
Pb　PbO_2
希硫酸

193 放電が進むと両極とも $PbSO_4$ になっていく。

194 [燃料電池] 燃料電池について，次の問いに答えよ。

化学

右図はリン酸形燃料電池の模式図である。燃料として供給された水素は，負極で（ ア ）となり電子を放出する。電子は導線，（ ア ）はリン酸水溶液を通って正極に移動し，外部から供給された酸素と反応し，（ イ ）が生成する。

(1) (ア)，(イ)に適当な語句を入れよ。
(2) 負極と正極で起こる反応を電子を用いたイオン反応式で記せ。
(3) 負極と正極の反応式をまとめて，化学反応式を記せ。
(4) 生成した(イ)は，A，B のどちらで回収されるか。

リン酸水溶液
O_2　A　B　H_2

195 [鉄の製錬] 鉄は鉄鉱石を右図のように溶鉱炉で還元して得る。上部から赤鉄鉱(Fe_2O_3),コークス(C),石灰石($CaCO_3$)を投入する。下部から送り込まれた高温の空気により,コークスが酸化され一酸化炭素となり,鉄鉱石を徐々に還元する。

(1) 鉄は① $Fe_2O_3 \longrightarrow$ ② $Fe_3O_4 \longrightarrow$ ③$FeO \longrightarrow$ ④ Fe と変化する。①〜④の鉄原子の酸化数を求めよ。

(2) FeO と一酸化炭素の反応を化学反応式で答えよ。

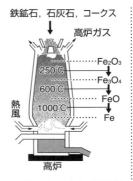

鉄鉱石,石灰石,コークス
高炉ガス
Fe_2O_3
250℃ Fe_3O_4
600℃ FeO
熱風 1000℃ Fe
高炉

195 (1) Fe_3O_4 には,酸化数の異なる鉄原子が混在しているので,その平均値を求める。
(2)一酸化炭素は酸化されて二酸化炭素になる。

196 **化学** [銅の電解精錬] 黄銅鉱の鉱石を石灰石,ケイ砂,コークスとともに溶鉱炉で赤熱すると,硫化銅(Ⅰ)が分離される。この硫化銅(Ⅰ)を融解して空気を吹き込むと,粗銅が得られる。粗銅は,不純物として銀,鉄,亜鉛などのいくつかの金属を含んでいる。これらの不純物をとり除いて高純度の銅を得る方法を(ア)という。(ア)では,粗銅板を(イ),純銅板を(ウ)として,硫酸酸性の硫酸銅(Ⅱ)水溶液を約 0.3 V の電圧で電気分解して行う。このとき,(イ)では,銅が(エ)されて溶解し,(ウ)では銅(Ⅱ)イオンが(オ)されて銅が析出する。また,粗銅板中に不純物として含まれている金属は,(エ)されて溶解するか,または(カ)として(イ)の下に沈殿する。

(1) 文章中の空欄(ア)〜(カ)に適当な語句を入れよ。

(2) 粗銅中に不純物として含まれる次の金属のうち,イオンとなり溶解するものには○,(カ)として沈殿するものには×と記せ。
　(a) 銀　　(b) 鉄　　(c) 亜鉛　　(d) 金

196 イオン化傾向がCuより大きいものはイオンとなり,Cuより小さいものは沈殿する。

197 **化学** [水酸化ナトリウムの製造] 水酸化ナトリウムの製造について,次の(ア)〜(カ)に適当な語句を入れよ。

右図のように,陽イオン交換膜で仕切られた陽極側に飽和塩化ナトリウム水溶液を,陰極側に水を入れ電気分解を行う。陽極では気体として(ア)が発生する。陰極では気体として(イ)が,液中には(ウ)イオンが発生する。溶液中の陰極付近では(ウ)イオンの濃度が高くなり,また,(エ)イオンは陽極から陰極へ陽イオン交換膜を透過できる。一方,(ウ)イオンや(オ)イオンは陽イオン交換膜を透過できない。したがって,陰極付近では(ウ)イオンと(エ)イオンの濃度が高くなり,この水溶液を濃縮すると(カ)が得られる。

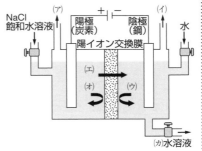

(ア) (イ)
NaCl 陽極 ＋ － 陰極 水
飽和水溶液 (炭素) (鉄)
陽イオン交換膜
(エ)
(オ) (ウ)
(カ)水溶液

197 陽イオン交換膜を用いた方法で水酸化ナトリウムの製造が連続してできるようになった。

▶ ファラデーの法則（電気分解の法則） 化学

● 確認事項 ● 以下の空欄に適当な語句，記号または数字を入れよ。

● ファラデーの法則

molとC（クーロン）の関係	電子 1 mol のもつ電気量 ＝ 9.65×10^4 C ＝ ①（　　　　　　　　）定数	
電気量Q〔C〕の求め方	$Q = $②（　　　　）$\times$③（　　　　）	電気量 Q（単位 C［クーロン］） 電流 I（単位 A［アンペア］） 時間 t（単位 s［秒］）
電子n〔mol〕の求め方	$n = \dfrac{Q}{④（\qquad）}$	移動した電子の物質量 n （単位 mol）

解答 ① ファラデー　②，③ I，t（順不同）　④ 9.65×10^4

例題 63 ファラデーの法則 化学 example problem

硫酸銅（Ⅱ）$CuSO_4$ 水溶液を，白金電極を用いて電気分解した。電流を 5.0 A，電解時間を 16 分 5 秒として次の問いに答えよ。ただし，$Cu = 63.5$, $H = 1.0$, $O = 16$, ファラデー定数 $F = 9.65 \times 10^4$ C/mol とする。

(1) 流れた電子の電気量は何 C か。

(2) (1)の電気量は，何 mol の電子が流れたことになるか。

(3) 陰極で起こる反応を，電子を含むイオン反応式で表せ。

(4) 陰極で生じる物質の質量〔g〕を求めよ。

(5) 陽極では次のような反応が起こる。生成する酸素の標準状態における体積〔L〕を求めよ。

$$2H_2O \longrightarrow O_2 + 4H^+ + 4e^-$$

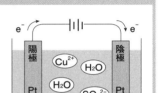

解答 (1) 4.8×10^3 C　(2) 0.050 mol　(3) $Cu^{2+} + 2e^- \longrightarrow Cu$　(4) 1.6 g　(5) 0.28 L

解説 ▶

(1) 16 分 5 秒 ＝ $16 \times 60 + 5 = 965$ s
   電気量 ＝ 電流〔A〕× 時間〔s〕＝ 5.0 A × 965 s ＝ 4825 ≒ 4.8×10^3 C

(2) 物質量 ＝ $\dfrac{電気量}{96500} = \dfrac{4825}{96500} = 0.050$ mol

(3) 陰極では水溶液中の銅（Ⅱ）イオンが電子を受け取り単体の銅になっている。
   $$Cu^{2+} + 2e^- \longrightarrow Cu$$

(4) 係数の関係より電子 e^- 1 mol につき銅 Cu が $\dfrac{1}{2}$ mol 生成するので
   生成する銅 Cu は　0.050 mol $\times \dfrac{1}{2} \times 63.5$ g/mol ＝ 1.58 ≒ 1.6 g

(5) $2H_2O \longrightarrow O_2 + 4H^+ + 4e^-$
   係数の関係より電子 e^- 1 mol につき，酸素 O_2 が $\dfrac{1}{4}$ mol 生成するので
   生成する酸素 O_2 は　0.050 mol $\times \dfrac{1}{4} \times 22.4$ L/mol ＝ 0.28 L

198 [塩化銅（Ⅱ）の電気分解]　炭素電極を使って，塩化銅（Ⅱ）水溶液を 2.0 A の
化学 電流で 32 分 10 秒間電気分解した。次の問いに答えよ。ただし，ファラデー
定数 $F = 9.65 \times 10^4$ C/mol とする。

✎check!
(1) 電気分解に要した電子の物質量は何
　　mol か。
(2) 陰極に析出した銅の質量は何 g か。
(3) 陽極から発生した塩素の体積は，標準
　　状態で何 L か。ただし，塩素は水に溶
　　けないものとする。

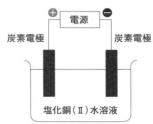

198 ◀例63
電子 e⁻ を含むイ
オン反応式を書
き，量的関係より
値を求める。

199 [直列接続の電気分解]　下図のように，硫酸銅（Ⅱ）水溶液が入った電解槽 A
化学 と硝酸銀水溶液が入った電解槽 B にそれぞれ白金電極を浸し，電気分解を
行った。ある一定の電流を 1 時間 20 分 25 秒間流したところ，電解槽 A の
✎check! 陽極に標準状態で 0.56 L の酸素が発生した。次の問いに答えよ。ただし，ファ
ラデー定数 $F = 9.65 \times 10^4$ C/mol とする。

(1) 電解槽 A の陽極で起こる反応を，電
　　子を含むイオン反応式で表せ。
(2) この実験で通じた電気量は何 C か。
　　整数値で示せ。
(3) この実験で通じた電流は何 A か。
(4) 電解槽 A および B の陰極に析出し
　　た物質の質量はそれぞれ何 g か。

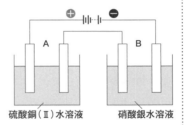

199 ◀例63
電流〔A〕＝ $\dfrac{\text{電気量〔C〕}}{\text{時間〔s〕}}$

200 [鉛蓄電池の放電]　鉛蓄電池に電球をつなぎ，1 時間 4 分 20 秒間放電させ
化学 た。このとき流れた電流は 1.0 A で一定であった。次の問いに答えよ。ただし，
✎check! ファラデー定数 $F = 9.65 \times 10^4$ C/mol とする。

(1) 流れた電子は何 mol か。
(2) 負極の質量は何 g 増減したか。
(3) 正極の質量は何 g 増減したか。

難 (4) 用いた電解液が 30.0 % の硫酸 100 g であ
　　ったとすると，放電後の硫酸の濃度は何
　　% か。小数第 1 位まで求めよ。

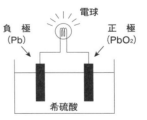

200 ◀例63
負極
Pb → PbSO₄
1 mol あたり 96 g
増加する。

正極
PbO₂ → PbSO₄
1 mol あたり 64 g
増加する。

3章
物質の変化

◆ 物質の構成

1 蒸留

蒸留を行うために，下図のような装置を組み立てたが，不適切な箇所がある。その内容を記した文を，下の①〜⑤のうちから一つ選べ。

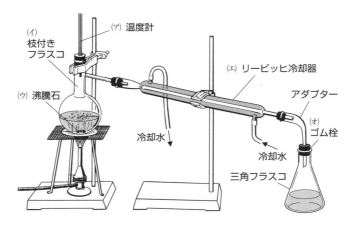

① 温度計(ア)の球部を，枝付きフラスコの枝の付け根あたりに合わせている。
② 枝付きフラスコ(イ)に入れる液体の量を，フラスコの半分以下にしている。
③ 沸騰石(ウ)を，枝付きフラスコの中に入れている。
④ リービッヒ冷却器(エ)の冷却水を，下部から入り上部から出る向きに流している。
⑤ ゴム栓(オ)で，アダプターと三角フラスコとの間をしっかり密閉している。

2 身のまわりの化学

身のまわりの事柄とそれに関連する化学用語の組合せとして適当でないものを，次の①〜⑤のうちから一つ選べ。

	身のまわりの事柄	化学用語
①	澄んだだし汁を得るために，布巾やキッチンペーパーを通して，煮出した鰹節を取り除く。	ろ 過
②	茶葉を入れた急須に湯を注いで，お茶を入れる。	蒸 留
③	車や暖房の燃料となるガソリンや灯油を，原油から得る。	分 留
④	活性炭が入った浄水器で，水をきれいにする。	吸 着
⑤	アイスクリームをとかさないために用いたドライアイスが小さくなる。	昇 華

3 元素の検出

物質の確認法に関する次の文中のA～Cに相当する気体またはイオンがア～カに示してある。正しいものの組み合わせを下の①～⑧のうちから一つ選べ。

Aを石灰水に通じると溶液は白く濁る。

　　ア　二酸化炭素　　　　　イ　一酸化炭素

Bを含む水溶液で炎色反応を行うと，炎が黄色になる。

　　ウ　ナトリウムイオン　　　エ　カリウムイオン

Cを含む水溶液に硝酸銀水溶液を加えると，溶液は白く濁る。

　　オ　硫化物イオン　　　　　カ　塩化物イオン

	A	B	C
①	ア	ウ	オ
②	ア	エ	オ
③	ア	エ	カ
④	ア	ウ	カ
⑤	イ	エ	オ
⑥	イ	ウ	オ
⑦	イ	ウ	カ
⑧	イ	エ	カ

4 元素と単体

元素名と単体名とは同じものが多い。次の記述①～⑤の下線部が，単体でなく，元素の意味に用いられているものを一つ選べ。

① アルミニウムはボーキサイトを原料としてつくられる。

② アンモニアは窒素と水素から合成される。

③ 競技の優勝者に金のメダルが与えられた。

④ 負傷者が酸素吸入を受けながら，救急車で運ばれていった。

⑤ カルシウムは歯や骨に多く含まれている。

5 物質の用途

物質の用途に関する記述として誤りを含むものを，次の①～⑤のうちから一つ選べ。

① 塩化ナトリウムは，塩素系漂白剤の主成分として利用されている。

② アルミニウムは，1円硬貨や飲料用の缶の材料として用いられている。

③ 銅は，電線や合金の材料として用いられている。

④ ポリエチレンテレフタラートは，飲料用ボトルに用いられている。

⑤ メタンは，都市ガスに利用されている。

6 原子の構成

次の6種類の原子に関する記述として正しいものを，下の①～⑤のうちから一つ選べ。

$_1^1H$ $_2^4He$ $_{10}^{20}Ne$ $_{11}^{23}Na$ $_{18}^{40}Ar$ $_{19}^{39}K$

① すべての原子は中性子を含む。
② すべての原子において，電子数と中性子数は等しい。
③ 質量数は原子番号の順に大きくなる。
④ ヘリウムの陽子数は水素の陽子数の4倍である。
⑤ 中性子数が最も多いのはアルゴンである。

7 質量数の異なる原子の組み合わせ

塩素 Cl には質量数が 35 と 37 の同位体が存在する。分子を構成する原子の質量数の総和を M とすると，二つの塩素原子から生成する塩素分子 Cl_2 には，M が 70，72，および 74 のものが存在することになる。天然に存在するすべての Cl 原子のうち，質量数が 35 のものの存在比は 76 %，質量数が 37 のものの存在比は 24 %である。

これらの Cl 原子 2 個から生成する Cl_2 分子のうちで，M が 70 の Cl_2 分子の割合は何%か。最も適当な数値を，次の①～⑥のうちから一つ選べ。

① 5.8 　　② 18 　　③ 24 　　④ 36 　　⑤ 58 　　⑥ 76

8 同位体

水分子1個に含まれる陽子の数 a，電子の数 b，および中性子の数 c の大小関係を正しく表しているものを，次の①～⑦のうちから一つ選べ。ただし，この水分子は ^1H と ^{16}O からなるものとする。

① $a = b = c$ 　　② $a = b > c$ 　　③ $c > a = b$ 　　④ $b = c > a$
⑤ $a > b = c$ 　　⑥ $c = a > b$ 　　⑦ $b > c = a$

次の図に示す電子配置をもつ原子a〜dに関する記述として誤っているものを，下の①〜⑤のうちから一つ選べ。ただし，中心の丸（●）は原子核を，その外側の同心円は電子殻を，円周上の黒丸（●）は電子をそれぞれ表す。

   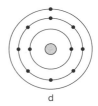

a　　　　　　　b　　　　　　　c　　　　　　　d

① a，b，cは，いずれも周期表の第2周期に含まれる元素の原子である。
② aのみからなる二原子分子において，原子間で共有される価電子は4個である。
③ bは，a〜dの中で最も1価の陰イオンになりやすい。
④ cの価電子数は，a〜dの中で最も少ない。
⑤ dのイオン化エネルギー（第一イオン化エネルギー）は，a〜dの中で最も小さい。

原子のイオン化エネルギー（第一イオン化エネルギー）が原子番号とともに変化する様子を示す図として最も適当なものを次の①〜⑥のうちから一つ選べ。

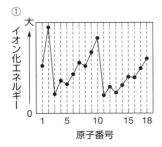 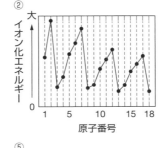 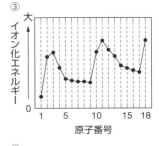

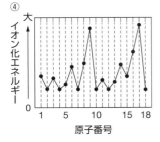 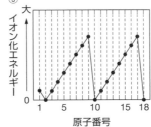 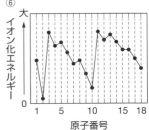

◆ 物質と化学結合

11 化学結合と分子

次のa・bに当てはまるものを，それぞれの解答群の①～⑤のうちから一つずつ選べ。

a　最も多くの価標をもつ原子

① 窒素分子中のN　　　② フッ素分子中のF

③ メタン分子中のC　　④ 硫化水素分子中のS

⑤ 酸素分子中のO

b　単結合のみでできている三角錐形の分子

① H_2O　　② CO_2　　③ C_6H_6　　④ NH_3　　⑤ C_2H_4

12 極性と電気陰性度

電気陰性度および分子の極性に関する記述として正しいものを，次の①～⑤のうちから一つ選べ。

① 共有結合からなる分子では，電気陰性度の小さい原子は，電子をより強く引きつける。

② 第2周期の元素のうちで，電気陰性度が最も大きいのはリチウムである。

③ ハロゲン元素のうちで，電気陰性度が最も大きいのはフッ素である。

④ 同種の原子からなる二原子分子は極性をもつ。

⑤ 酸素原子と炭素原子の電気陰性度には差があるので，二酸化炭素は極性分子である。

13 分子の極性

極性に関する次の記述a～cの下線部について，正誤の組み合わせとして正しいものを，下の①～⑧のうちから一つ選べ。

a　C−H，N−H，O−HおよびF−H結合の中で，極性の一番大きな結合はO−H結合である。

b　二酸化炭素分子が無極性分子であるのは，C＝O結合に極性がないからである。

c　アンモニアの沸点がメタンの沸点よりも100℃以上高いのは，アンモニア分子間に水素結合があるからである。

	a	b	c
①	正	正	正
②	正	正	誤
③	正	誤	正
④	正	誤	誤
⑤	誤	正	正
⑥	誤	正	誤
⑦	誤	誤	正
⑧	誤	誤	誤

14 分子結晶の性質

分子結晶に関する次の記述a～cについて，正誤の組み合わせとして正しいものを，右の①～⑧のうちから一つ選べ。

a　イオン結晶に比べると，一般に融点が高い。

b　極性分子の結晶は，電気をよく導く。

c　無極性分子の結晶には，常温で昇華するものがある。

	a	b	c
①	正	正	正
②	正	正	誤
③	正	誤	正
④	正	誤	誤
⑤	誤	正	正
⑥	誤	正	誤
⑦	誤	誤	正
⑧	誤	誤	誤

15 アボガドロ数を用いた計算

180 g の水に関する記述として誤りを含むものを，次の①～④のうちから一つ選べ。ただし，アボガドロ数(6.02×10^{23})を N とする。

① 水素原子の数は，$10\,N$ である。

② 原子核の数は，$30\,N$ である。

③ 共有結合に使われている電子の数は，$40\,N$ である。

④ 非共有電子対の数は，$20\,N$ である。

16 配位結合と水素結合

次の記述①～⑤のうちから，誤りを含むものを一つ選べ。

① NH_3 は非共有電子対を一つもつ。

② H_2O は非共有電子対を二つもつ。

③ NH_4^+ 中の四つの N－H 結合には，イオン結合が一つ含まれている。

④ H_3O^+ 中の三つの O－H 結合は，まったく同じで区別することができない。

⑤ 氷の中の H_2O の分子は，互いに水素結合によってつながっている。

17 金属の性質

金属の一般的性質に関する次の記述ア～ウについて，正誤の組み合わせとして正しいものを，下の①～⑧のうちから一つ選べ。

ア　金属は酸に溶けると，電子を失って陽イオンになりやすい。

イ　金属は光沢をもち，熱をよく伝える。

ウ　金属の両端に電圧をかけると，電子が金属内を移動する。

	ア	イ	ウ
①	正	正	正
②	正	正	誤
③	正	誤	正
④	正	誤	誤
⑤	誤	正	正
⑥	誤	正	誤
⑦	誤	誤	正
⑧	誤	誤	誤

18 結晶の結合と結合力

塩化ナトリウムの結晶，ダイヤモンド，ヨウ素の結晶は，次のa～dのどの結合あるいは結合力でなりたっているか。正しいものの組み合わせとして最も適当なものを，下の①～⑧のうちから一つ選べ。

a イオン結合　　b 共有結合　　c 金属結合　　　d 分子間力(ファンデルワールス力)

	塩化ナトリウムの結晶	ダイヤモンド	ヨウ素の結晶
①	a	b	a・c
②	a	d	b・c
③	a	b	b・d
④	a	d	c・d
⑤	c	b	a・c
⑥	c	d	b・c
⑦	c	b	b・d
⑧	c	d	c・d

19 化合物の構造と性質

次の記述のうちから，誤りを含むものを一つ選べ。
① 塩化ナトリウムは，高温で融解して液体になると電気をよく導く。
② ダイヤモンドは，1個の炭素原子に4個の炭素原子が正四面体状に共有した構造をもっている。
③ ハロゲン化水素のうち，フッ化水素が一番高い沸点を示すのは，分子間の水素結合が強いためである。
④ ドライアイスの結晶は，CO_2で構成された分子結晶である。
⑤ 二酸化ケイ素の結晶は，ケイ素と酸素がイオン結合によって，三次元的につながったものである。

20 化学結合と結晶の性質

化学結合に関する次の記述①～⑤のうちから，誤りを含むものを一つ選べ。
① ナフタレンは分子結晶であり，ナフタレン分子が互いに共有結合で結びついている。
② 氷の結晶は，水分子が水素結合で連なった構造をもっている。
③ 塩化カリウムはイオン結晶であり，カリウムイオンと塩化物イオンが静電気的な引力で結びついている。
④ 金属銅は自由電子が存在し，電気をよく導く。
⑤ ダイヤモンドは共有結合の結晶であり，非常にかたく，融点が高い。

21 化合物の構造と性質

化学結合に関する次の記述①～⑤のうちから，誤りを含むものを一つ選べ。
① 共有結合の結晶は，原子間で電子対を共有するため，電気伝導性を示すものはない。
② イオン結晶は，陽イオンと陰イオンからなるが，水に溶けにくいものもある。
③ 金属は，一般に熱や電気をよく導き，延性・展性を示す。
④ 分子結晶では，分子間にはたらく力が弱いため，室温で昇華するものがある。
⑤ 水分子は，非共有電子対をもち，水素イオンと配位結合することができる。

◆ 物質量と化学反応式

22 金属の酸化物からの原子量の計算

ある金属 M の酸化物 MO_2 中には，M が質量百分率で 60 % 含まれている。M の原子量として最も適当な値を，次の①〜⑥のうちから一つ選べ。

① 12　　② 24　　③ 48　　④ 72　　⑤ 96　　⑥ 144

23 物質の式量と質量の計算

原子 X および Z からなり，化学式が X_2Z_3 で表される物質がある。X および Z のモル質量がそれぞれ M_x〔g/mol〕および M_z〔g/mol〕であるとき，物質 X_2Z_3 5 g に含まれている X の質量を求める式として正しいものを，次の①〜⑥のうちから一つ選べ。

①　$\dfrac{2M_x}{2M_x + 3M_z}$　　　②　$\dfrac{5M_x}{2M_x + 3M_z}$　　　③　$\dfrac{10M_x}{2M_x + 3M_z}$

④　$\dfrac{2M_x}{3M_x + 2M_z}$　　　⑤　$\dfrac{5M_x}{3M_x + 2M_z}$　　　⑥　$\dfrac{10M_x}{3M_x + 2M_z}$

24 原子量の計算

ある金属 M の塩化物は，組成式 $MCl_2 \cdot 2H_2O$ の水和物をつくる。この水和物 294 mg を加熱して完全に無水物にしたところ，質量は 222 mg になった。この金属の原子量として最も適当な数値を，次の①〜⑤のうちから一つ選べ。

① 24　　② 40　　③ 56　　④ 88　　⑤ 112

25 物質量の比較

物質量〔mol〕が最も多いものを，次の①〜④のうちから一つ選べ。

① 40 g のアルゴン
② 標準状態で 40L のメタンを完全燃焼させたときに生成する水
③ 標準状態で 40L の窒素
④ 40 g の水酸化ナトリウムが溶けている水溶液を中和するのに必要な硫酸

26 標準状態における体積

標準状態における体積が最も大きいものを，次の①〜⑤のうちから一つ選べ。

① 2.0 g の H_2　　　② 標準状態で 20L の He
③ 88 g の CO_2　　　④ 28 g の N_2 と標準状態で 5.6 L の O_2 との混合気体
⑤ 2.5 mol の CH_4

27 質量パーセント濃度と物質量

質量パーセント濃度 8.0 % の水酸化ナトリウム水溶液の密度は 1.1 g/cm³ である。この溶液 100 cm³ に含まれる水酸化ナトリウムの物質量は何 mol か。最も適当な数値を，次の①〜⑥のうちから一つ選べ。

① 0.18　　② 0.20　　③ 0.22　　④ 0.32　　⑤ 0.35　　⑥ 0.38

28 質量パーセント濃度とモル濃度

質量パーセント濃度が 36.5 % の塩酸 50 g を純水で希釈して，希塩酸 500 mL をつくった。この希塩酸のモル濃度は何 mol/L か。最も適当な数値を，次の①〜⑥のうちから一つ選べ。

① 0.10　　② 0.27　　③ 0.50　　④ 1.0　　⑤ 1.4　　⑥ 2.7

29 アボガドロ定数

体積 1.0 cm³ の氷に，水分子は何個含まれるか。最も適当な数値を，次の①〜⑥のうちから一つ選べ。ただし，氷の密度を 0.91 g/cm³，アボガドロ定数を 6.0×10^{23}/mol とする。

① 3.0×10^{21}　　② 3.3×10^{21}　　③ 3.7×10^{21}　　④ 3.0×10^{22}

⑤ 3.3×10^{22}　　⑥ 3.7×10^{22}

30 溶解度

右図は，硝酸カリウムの溶解度(水 100 g に溶ける溶質の最大質量〔g〕の数値)と温度の関係を示す。55 g の硝酸カリウムを含む 60 ℃ の飽和水溶液をつくった。この水溶液の温度を上げて，水の一部を蒸発させたのち，20 ℃ まで冷却したところ，硝酸カリウム 41 g が析出した。蒸発した水の質量〔g〕はいくらか。最も適当な数値を，下の①〜⑤のうちから一つ選べ。

① 3　　② 6　　③ 9　　④ 12　　⑤ 14

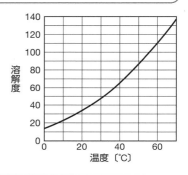

31 化学の基本法則

窒素と酸素からなる化合物AとBがある。図はAとBに含まれる窒素と酸素の質量の関係を表している。AとBに関する次の記述(ア・イ)について，正誤の組み合わせとして正しいものを，下の①〜④のうちから一つ選べ。

ア　Aの分子中には，窒素原子と酸素原子が1：2の原子数の比で含まれている。

イ　一定質量の窒素と化合している酸素の質量をAとBで比較すると，その比は1：2である。

	ア	イ
①	正	正
②	正	誤
③	誤	正
④	誤	誤

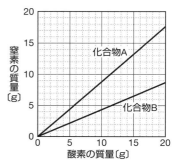

32 燃焼に要する酸素と生成した水の量

分子式が $C_nH_{2n+2}O$ である有機化合物 0.2 mol に酸素を通じて完全燃焼させた。このときに生成した水の物質量〔mol〕と消費された酸素の物質量〔mol〕の組み合わせとして正しいものを，次の①～⑥のうちから一つ選べ。

	水の物質量〔mol〕	酸素の物質量〔mol〕
①	0.1 $(n + 1)$	$0.3n - 0.1$
②	0.1 $(n + 1)$	$0.3n$
③	0.2 $(n + 1)$	$0.3n - 0.1$
④	0.2 $(n + 1)$	$0.3n$
⑤	0.4 $(n + 1)$	$0.3n - 0.1$
⑥	0.4 $(n + 1)$	$0.3n$

33 反応後の混合気体の物質量比

一酸化炭素とエタンの混合気体を，触媒の存在下で十分な量の酸素を用いて完全に酸化したところ，二酸化炭素 0.045 mol と水 0.030 mol が生成した。反応前の混合気体中の一酸化炭素とエタンの物質量〔mol〕の組み合わせとして正しいものを，次の①～⑥のうちから一つ選べ。

	一酸化炭素の物質量〔mol〕	エタンの物質量〔mol〕
①	0.030	0.015
②	0.030	0.010
③	0.025	0.015
④	0.025	0.010
⑤	0.015	0.015
⑥	0.015	0.010

34 反応式の量的関係

炭酸水素ナトリウム（$NaHCO_3$）を塩酸に加えると，二酸化炭素（CO_2）が発生する。この反応に関する次の実験について，下の問い（a・b）に答えよ。

実験

7 個のビーカーに塩酸を 50 mL ずつはかりとり，それぞれのビーカーに 0.5 g から 3.5 g まで 0.5 g きざみの質量の $NaHCO_3$ を加えた。発生した CO_2 と加えた $NaHCO_3$ の質量の間に，図で示す関係がみられた。

a 図の直線A（実線）の傾きに関する記述として正しいものを，次の①～④のうちから一つ選べ。

① 直線Aの傾きは，$NaHCO_3$ の式量に対する CO_2 の分子量の比に等しい。

② 直線Aの傾きは，未反応の $NaHCO_3$ の質量に比例する。

③ 各ビーカー中の塩酸の体積を2倍すると，直線Aの傾きは $\frac{1}{2}$ 倍になる。

④ 各ビーカー中の塩酸の濃度を2倍にすると，直線Aの傾きは2倍になる。

b 実験に用いた塩酸の濃度は何 mol/L か。最も適当な数値を，次の①～⑤のうちから一つ選べ。

① 0.25 ② 0.50 ③ 0.75 ④ 1.0 ⑤ 1.3

◆ 酸と塩基の反応式

35 酸・塩基

酸・塩基に関する次の記述 a ～ c について，正誤の組み合わせとして正しいものを，下の①～⑧の中から一つ選べ。

a 水溶液中で水酸化物イオン濃度を増加させても，水素イオン濃度は変わらない。

b 濃度 0.10 mol/L のアンモニア水中のアンモニアの電離度は，25℃ において 0.013 である。この溶液 1.0 L は，0.013 mol/L の塩酸 1.0 L で過不足なく中和することができる。

c 水酸化カルシウムは，強塩基である。

	a	b	c
①	正	正	正
②	正	正	誤
③	正	誤	正
④	正	誤	誤
⑤	誤	正	正
⑥	誤	正	誤
⑦	誤	誤	正
⑧	誤	誤	誤

36 酸・塩基の pH

水溶液の pH に関する記述①～⑤のうち，正しいものを一つ選べ。

① 0.010 mol/L の硫酸の pH は，同じ濃度の塩酸の pH より大きい。

② 0.10 mol/L の酢酸の pH は，同じ濃度の塩酸の pH より大きい。

③ 0.10 mol/L のアンモニア水溶液の pH は，同じ濃度の水酸化ナトリウム水溶液の pH より大きい。

④ pH 3 の塩酸を 10^5 倍に薄めると，溶液の pH は 8 になる。

⑤ pH 10 の水酸化カリウム水溶液を100倍に薄めると，溶液の pH は 12 になる。

37 酸・塩基の pH

pH が 13 の水酸化ナトリウム水溶液 100 mL に 0.010 mol/L の塩酸 900 mL を加えたとき，得られる水溶液の pH として最も適当なものを，次の①～⑤のうちから一つ選べ。

① 10　② 11　③ 12　④ 13　⑤ 14

38 身のまわりの pH

次のa ～ dについて，pH の小さい順に並べたものとして正しいものを，下の①～⑧のうちから一つ選べ。

a 食酢　　b だ液　　c セッケン水　　d 胃液

① a<d<b<c　② a<d<c<b　③ b<c<a<d　④ b<c<d<a

⑤ c<b<a<d　⑥ c<b<d<a　⑦ d<a<b<c　⑧ d<a<c<b

39 中和滴定

0.10 mol/L の水酸化ナトリウム水溶液で，濃度不明の酢酸水溶液 20 mL を滴定した。この滴定に関する記述として誤りを含むものを，次の①〜④のうちから一つ選べ。
① 滴定前の酢酸水溶液では，一部の酢酸が電離している。
② 滴定に用いた水酸化ナトリウム水溶液の pH は 13 である。
③ 滴定に用いた水酸化ナトリウム水溶液は，5.0 mol/L の水酸化ナトリウム水溶液を正確に 10 mL 取り，これを 500 mL に希釈して調製した。
④ 中和に要する水酸化ナトリウム水溶液の体積が 10 mL であったとき，もとの酢酸水溶液の濃度は 0.20 mol/L である。

40 食酢中の酸の濃度

食酢中の酸の濃度を決定するため，中和滴定を行った。次の文章を読み，下の問い(a・b)に答えよ。

食酢 20.0 mL を ［　ア　］ ことにより正確に 5 倍に薄めた。この水溶液 10.0 mL を ［　イ　］ を用いてコニカルビーカーにとり，指示薬として ［　ウ　］ を加えて，ビュレットに入れた 0.100 mol/L の水酸化ナトリウム水溶液で滴定した。滴定を開始したときのビュレットの目盛りの読みは 0.00 mL であった。中和が完了したとき，ビュレットの液面の高さは下図のようであった。

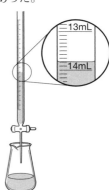

a 上の文章中の ［　ア　］ に当てはまる記述 (A・B)，および ［　イ　］・［　ウ　］ に当てはまる語の組み合わせとして最も適当なものを，下の①〜⑧のうちから一つ選べ。
A 100 mL メスフラスコにとり，水を加えて全量を 100 mLにする
B 200 mL ビーカーにとり，メスフラスコではかった 100 mL の水を加える

	ア	イ	ウ
①	A	ホールピペット	フェノールフタレイン
②	A	ホールピペット	メチルオレンジ
③	A	メスシリンダー	フェノールフタレイン
④	A	メスシリンダー	メチルオレンジ
⑤	B	ホールピペット	フェノールフタレイン
⑥	B	ホールピペット	メチルオレンジ
⑦	B	メスシリンダー	フェノールフタレイン
⑧	B	メスシリンダー	メチルオレンジ

b 食酢中の酸はすべて酢酸であるとすると，もとの食酢中の酢酸のモル濃度は何 mol/L か。最も適当な数値を，次の①〜⑧のうちから一つ選べ。
① 0.136　　② 0.138　　③ 0.142　　④ 0.144
⑤ 0.680　　⑥ 0.690　　⑦ 0.710　　⑧ 0.720

41 酸・塩基の量的関係

次の水溶液aとbを用いて中和滴定の実験を行った。aを過不足なく中和するのにbは何mL必要か。最も適当な数値を，下の①〜⑥のうちから一つ選べ。

a　0.20 mol/L 塩酸 10 mL に 0.12 mol/L 水酸化ナトリウム水溶液 20 mL を加えた水溶液

b　0.40 mol/L 硫酸 10 mL を水で薄めて 1.0 L とした水溶液

① 5.0　　② 10　　③ 25　　④ 50　　⑤ 100　　⑥ 250

42 中和滴定と指示薬

次に示す化合物群のいずれかを用いて調製された 0.01 mol/L 水溶液 A 〜 C がある。各水溶液 100 mL ずつを別々のビーカーにとり，指示薬としてフェノールフタレインを加え，0.1 mol/L 塩酸または 0.1 mol/L NaOH 水溶液で中和滴定を試みた。次に指示薬をメチルオレンジに変えて同じ実験を行った。それぞれの実験により，下の表1の結果を得た。水溶液 A 〜 C に入っていた化合物の組合せとして最も適当なものを，下の①〜⑧のうちから一つ選べ。

化合物群：NH_3　　KOH　　$Ca(OH)_2$　　CH_3COOH　　HNO_3

表1

水溶液	フェノールフタレインを用いたときの色の変化	メチルオレンジを用いたときの色の変化	中和に要した液量〔mL〕
A	赤から無色に，徐々に変化した	黄から赤に，急激に変化した	10
B	赤から無色に，急激に変化した	黄から赤に，急激に変化した	20
C	無色から赤に，急激に変化した	赤から黄に，徐々に変化した	10

	Aに入っていた化合物	Bに入っていた化合物	Cに入っていた化合物
①	KOH	$Ca(OH)_2$	CH_3COOH
②	KOH	$Ca(OH)_2$	HNO_3
③	KOH	NH_3	CH_3COOH
④	KOH	NH_3	HNO_3
⑤	NH_3	$Ca(OH)_2$	CH_3COOH
⑥	NH_3	$Ca(OH)_2$	HNO_3
⑦	NH_3	KOH	CH_3COOH
⑧	NH_3	KOH	HNO_3

43 中和滴定曲線と指示薬

下図は中和滴定曲線である。この滴定にはメチルオレンジ（変色域は pH 3.1 ～ 4.4）またはフェノールフタレイン（変色域は pH 8.0 ～ 9.8）を指示薬として用いた。このことに関する記述として正しいものを，下の①～⑧のうちから二つ選べ。ただし，解答の順序は問わない。

① 0.10 mol/L の水酸化ナトリウム水溶液 20 mL に，0.10 mol/L の塩酸を滴下していくと，曲線 A（実線）が得られる。

② 0.10 mol/L の塩酸 20 mL に，0.10 mol/L のアンモニア水を滴下していくと，曲線 A（実線）が得られる。

③ 0.10 mol/L の酢酸水溶液 10 mL に，0.050 mol/L の水酸化ナトリウム水溶液を滴下していくと，曲線 B（点線）が得られる。

④ 0.10 mol/L の硝酸 10 mL に，0.050 mol/L の水酸化ナトリウム水溶液を滴下していくと，曲線 B（点線）が得られる。

⑤ 曲線 A（実線）の滴定のときに，中和点（終点）の指示薬としてメチルオレンジは使えない。

⑥ 曲線 A（実線）の滴定のときに，中和点（終点）の指示薬としてフェノールフタレインは使えない。

⑦ 曲線 B（点線）の滴定のときに，中和点（終点）の指示薬としてメチルオレンジは使えない。

⑧ 曲線 B（点線）の滴定のときに，中和点（終点）の指示薬としてフェノールフタレインは使えない。

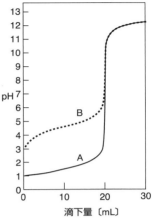

44 中和滴定の操作と加熱方法

次の実験操作 a ～ c について，下線部の正誤の組み合わせとして正しいものを，下の①～⑧のうちから一つ選べ。

a 塩化ナトリウム水溶液をメスシリンダーに入れて，液面の最も低いところに目の高さをあわせて目盛りを読みとった。

b ホールピペットを使って，水酸化ナトリウム水溶液を口で吸い上げてはかりとった。

c タンパク質水溶液の入った試験管に濃硝酸を入れて，突沸を防ぐために試験管を動かさずに加熱した。

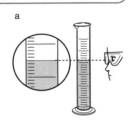

	a	b	c
①	正	正	正
②	正	正	誤
③	正	誤	正
④	正	誤	誤
⑤	誤	正	正
⑥	誤	正	誤
⑦	誤	誤	正
⑧	誤	誤	誤

◆ 酸化還元反応

45 酸化数

次の化合物（a～d）のうち，下線を引いた原子の酸化数が等しいものの組み合わせを，下の①〜⑥のうちから一つ選べ。

a $Ca\underline{C}O_3$ b $Na\underline{N}O_3$ c $K_2\underline{Cr}_2O_7$ d $H_3\underline{P}O_4$

① a・b ② a・c ③ a・d
④ b・c ⑤ b・d ⑥ c・d

46 酸化数

化合物 KNO_3，NH_4Cl，NO の窒素原子について，酸化数が大きい順に並べたものとして正しいものを，次の①〜⑥のうちから一つ選べ。

① $KNO_3 > NH_4Cl > NO$
② $KNO_3 > NO > NH_4Cl$
③ $NH_4Cl > KNO_3 > NO$
④ $NH_4Cl > NO > KNO_3$
⑤ $NO > KNO_3 > NH_4Cl$
⑥ $NO > NH_4Cl > KNO_3$

47 酸化還元反応

酸化還元反応であるものを，次の①〜⑧のうちから全て選べ。

① $N_2 + 3H_2 \longrightarrow 2NH_3$
② $H_2S \longrightarrow H^+ + HS^-$
③ $SO_2 + 2H_2S \longrightarrow 2H_2O + 3S$
④ $3NO_2 + H_2O \longrightarrow 2HNO_3 + NO$
⑤ $Zn^{2+} + H_2S \longrightarrow ZnS + 2H^+$
⑥ $Cu(OH)_2 + 4NH_3 \longrightarrow [Cu(NH_3)_4]^{2+} + 2OH^-$
⑦ $K_2Cr_2O_7 + 2KOH \longrightarrow 2K_2CrO_4 + H_2O$
⑧ $MnO_2 + 4HCl \longrightarrow MnCl_2 + 2H_2O + Cl_2$

48 身のまわりの酸化還元反応

身のまわりの事柄に関する記述の中で，下線部が酸化還元反応を含まないものを，次の①〜⑤のうちから一つ選べ。

① 太陽光や風力により発電し，蓄電池を充電した。
② 炭酸飲料をコップに注ぐと，泡が出た。
③ 開封して放置したワインがすっぱくなった。
④ 暖炉で薪が燃えていた。
⑤ 長い年月の間に，神社の銅板葺きの屋根が緑色になった。

49 酸化剤・還元剤

下線部の物質が酸化剤としてはたらいている化学反応式として最も適当なものを，次の①〜⑤のうちから一つ選べ。

① $2\underline{K} + 2H_2O \longrightarrow 2KOH + H_2$

② $2\underline{H_2S} + SO_2 \longrightarrow 3S + 2H_2O$

③ $\underline{H_2SO_4} + NaCl \longrightarrow NaHSO_4 + HCl$

④ $\underline{NaOH} + Al(OH)_3 \longrightarrow Na[Al(OH)_4]$

⑤ $2\underline{HCl} + Zn \longrightarrow ZnCl_2 + H_2$

50 酸化還元反応

次の酸化還元反応（a〜c）が起こることが知られている。これらの反応だけからは，正しいかどうか判断できない記述を，下の①〜⑤のうちから一つ選べ。

a $O_3 + 2KI + H_2O \longrightarrow I_2 + 2KOH + O_2$

b $O_2 + 2H_2S \longrightarrow 2H_2O + 2S$

c $I_2 + H_2S \longrightarrow 2HI + S$

① O_3 は I_2 よりも酸化力が強い。

② O_2 は S よりも酸化力が強い。

③ I_2 は S よりも酸化力が強い。

④ O_2 は I_2 よりも酸化力が強い。

⑤ O_3 は S よりも酸化力が強い。

51 酸化還元反応

塩酸を加えたときに酸化還元反応によって気体が発生する物質を，次の①〜⑤のうちから一つ選べ。

① 亜硫酸水素ナトリウム　　② 亜鉛

③ 炭酸カルシウム　　④ 炭酸水素ナトリウム

⑤ 硫化鉄(Ⅱ)

52 酸化還元反応

酸化還元反応に関する記述として誤りを含むものを，次の①〜⑤のうちから一つ選べ。

① 酸化還元反応では，酸化剤が還元される。

② 過酸化水素は反応する相手の物質によって，酸化剤としてはたらくことも，還元剤としてはたらくこともある。

③ 過マンガン酸カリウム 1 mol は，硫酸酸性水溶液中で，過酸化水素 1 mol により過不足なく還元される。

④ 硫酸銅(Ⅱ)水溶液に鉄を入れると，銅(Ⅱ)イオンは還元される。

⑤ カルシウムと水の反応では，カルシウムが酸化される。

53 酸化還元滴定

硫酸酸性水溶液における過マンガン酸カリウム $KMnO_4$ と過酸化水素 H_2O_2 の反応は，次式のように表される。

$$2KMnO_4 + 5H_2O_2 + 3H_2SO_4 \longrightarrow K_2SO_4 + 2MnSO_4 + 8H_2O + 5O_2$$

濃度未知の過酸化水素水 10.0 mL を蒸留水で希釈したのち，希硫酸を加えて酸性水溶液とした。この水溶液を 0.100 mol/L $KMnO_4$ 水溶液で滴定したところ，20.0 mL 加えたときに赤紫色が消えなくなった。希釈前の過酸化水素水の濃度〔mol/L〕として最も適当な数値を，次の①～⑥のうちから一つ選べ。

① 0.25 ② 0.50 ③ 1.0 ④ 2.5 ⑤ 5.0 ⑥ 10

54 電池

ある電解質の水溶液に，電極として2種類の金属を浸し，電池とする。この電池に関する次の記述(A ～ C)について，[ア]～[ウ]に当てはまる語の組み合わせとして最も適当なものを，下の①～⑧のうちから一つ選べ。

A　イオン化傾向のより小さい金属が[ア]極となる。
B　放電させると[イ]極で還元反応が起こる。
C　放電によって電極上で水素が発生する電池では，その電極が[ウ]極である。

	ア	イ	ウ
①	正	正	正
②	正	正	負
③	正	負	正
④	正	負	負
⑤	負	正	正
⑥	負	正	負
⑦	負	負	正
⑧	負	負	負

55 鉛蓄電池

下図は鉛蓄電池の模式図である。この鉛蓄電池に関する次の問いに答えよ。

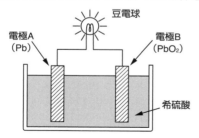

	ア	イ
①	酸　化	増加する
②	酸　化	変化しない
③	酸　化	減少する
④	還　元	増加する
⑤	還　元	変化しない
⑥	還　元	減少する

次の記述中の[ア]・[イ]に当てはまる語句の組み合わせとして最も適当なものを，①～⑥のうちから一つ選べ。

電極Aと電極Bの間に豆電球をつないで放電させると，PbO_2 は[ア]される。このとき硫酸の濃度は[イ]。

56 電池・電気分解

　次の記述(ア・イ)のような電気分解と電池に関する実験を，3種類の金属(A 〜 C)としてCu，Pt，Znを用いて行った。

　ア　金属Aを陰極および陽極に用いて $CuSO_4$ 水溶液を電気分解したところ，陽極で気体が発生した。

　イ　金属Bおよび金属Cを希硫酸に浸して電池をつくったところ，金属Bが正極となった。

　金属(A 〜 C)として最も適当な組み合わせを，次の①〜⑥のうちから一つ選べ。

	A	B	C
①	Cu	Zn	Pt
②	Cu	Pt	Zn
③	Zn	Cu	Pt
④	Zn	Pt	Cu
⑤	Pt	Zn	Cu
⑥	Pt	Cu	Zn

57 電気分解

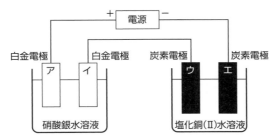

　電極アと電極ウで発生した気体の組み合わせとして最も適当なものを，次の①〜⑥のうちから一つ選べ。

	ア	ウ
①	H_2	Cl_2
②	H_2	H_2
③	H_2	O_2
④	O_2	Cl_2
⑤	O_2	H_2
⑥	O_2	O_2

58 電気分解

　水溶液の電気分解と電気伝導性に関する記述として誤りを含むものを，次の①〜⑤のうちから一つ選べ。

① 　水を電気分解するとき，酸化・還元されにくい電解質を加えるのは，電気を通しやすくするためである。

② 　0.1 mol/L の酢酸水溶液は，同じ濃度の塩酸より電気を通しにくい。

③ 　塩化ナトリウム水溶液を電気分解すると，陽極(黒鉛)で塩素が発生する。

④ 　硝酸銀水溶液を電気分解すると，陰極(白金)に銀が析出する。

⑤ 　ヨウ化カリウム水溶液を電気分解すると，陰極(黒鉛)の周辺の溶液が褐色になる。

第 1 問 次の問い（問 1 ～ 9）に答えよ。

問 1　下線部の語が，元素ではなく単体を指しているものを，次の①～⑤のうちから一つ選べ。

① アンモニアは窒素と水素からなる化合物である。
② ヒトにとって，リンは重要な栄養素である。
③ 地殻中に最も多く含まれているのは酸素である。
④ 大気中に最も多く存在する気体は窒素である。
⑤ 単斜硫黄と斜方硫黄は互いに硫黄の同素体である。

問 2　化学結合や結晶に関する次の記述ア～ウの正誤の組合せとして最も適当なものを，下の①～⑧のうちから一つ選べ。

ア　アンモニウムイオンは，アンモニア分子と水素イオンが水素結合してできたものである。
イ　金属の熱伝導性や電気伝導性が高いのは，金属結晶中を自由に動き回れる電子が存在するためである。
ウ　ダイヤモンドの結晶では，すべての炭素原子がそれぞれ共有結合で結ばれている。

	ア	イ	ウ
①	正	正	正
②	正	正	誤
③	正	誤	正
④	正	誤	誤
⑤	誤	正	正
⑥	誤	正	誤
⑦	誤	誤	正
⑧	誤	誤	誤

問 3　次に示す a ～ c の水溶液について，pH が小さいものから順に並べたものとして最も適当なものを，下の①～⑥のうちから一つ選べ。

a　0.10 mol/L の炭酸ナトリウム水溶液
b　0.10 mol/L の炭酸水素ナトリウム水溶液
c　0.10 mol/L の硫酸水素ナトリウム水溶液

①　a ＜ b ＜ c　　②　a ＜ c ＜ b　　③　b ＜ a ＜ c
④　b ＜ c ＜ a　　⑤　c ＜ a ＜ b　　⑥　c ＜ b ＜ a

問4　図1はイオン結晶について，イオン間の距離と融点の関係を示したものである。図1から読み取れる内容を考察した下の文章中の　ア　～　ウ　に当てはまる語句の組合せとして最も適当なものを，下の①〜⑧のうちから一つ選べ。

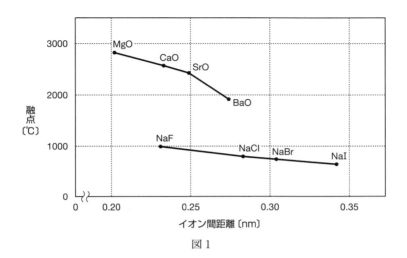

図1

　イオン結合が強いほど，融点は　ア　なる。図1より，イオン結合の強さは，陽イオンと陰イオンがもつ電荷の大きさが　イ　ほど，また，両イオン間の距離が　ウ　ほど強いことがわかる。

	ア	イ	ウ
①	高く	大きい	長い
②	高く	大きい	短い
③	高く	小さい	長い
④	高く	小さい	短い
⑤	低く	大きい	長い
⑥	低く	大きい	短い
⑦	低く	小さい	長い
⑧	低く	小さい	短い

問5 物質の性質の違いを利用して，銅，硝酸カリウム，炭酸カルシウムの粉末からなる混合物から，それぞれの物質を分離するため，次の**実験Ⅰ～Ⅴ**を行った。この実験に関する下の問い（a～c）に答えよ。

実験Ⅰ 銅，硝酸カリウム，炭酸カルシウムの粉末からなる混合物を薬さじ1杯とってビーカーに入れ，水 100 mL を加えてガラス棒でよくかき混ぜた。しばらく放置すると，ビーカーの底に溶けずに残った沈殿が確認された。

実験Ⅱ ビーカーの内容物を<u>ろ過</u>し，沈殿と水溶液をわけた。

実験Ⅲ 実験Ⅱで得られたろ紙上の物質を乾燥させ，ふたたび試験管に入れて塩酸と反応させると気体が発生した。この気体を石灰水に吹き込むと，固体物質 A が生成し白濁した。気体が発生しなくなるまで反応を続けたところ，ふたたび試験管の中に反応せずに残った固体物質 B が得られた。

実験Ⅳ 実験Ⅲで得られた固体物質 B を濃硝酸に加えると，赤褐色の気体が発生した。

実験Ⅴ 実験Ⅱで得られたろ液を蒸発皿にとり，熱して水を蒸発させ固体物質 C を得た。

a 下線部の操作方法として最も適切なものを，次の①～⑥のうちから一つ選べ。

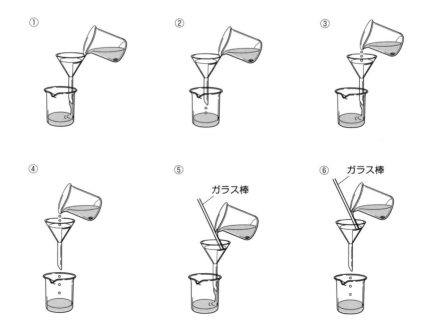

b　**実験Ⅱ**で得られたろ液を白金線につけ，ガスバーナーの炎に入れたとき，何色の炎になるか。最も適当な色を，次の①～⑤のうちから一つ選べ。

①　赤　　　②　黄　　　③　赤紫　　　④　黄緑　　　⑤　橙赤

c　固体物質 A ～ C の組合せとして最も適当なものを，次の①～⑥のうちから一つ選べ。

	A	B	C
①	銅	硝酸カリウム	炭酸カルシウム
②	銅	炭酸カルシウム	硝酸カリウム
③	硝酸カリウム	銅	炭酸カルシウム
④	硝酸カリウム	炭酸カルシウム	銅
⑤	炭酸カルシウム	銅	硝酸カリウム
⑥	炭酸カルシウム	硝酸カリウム	銅

問6　硝酸鉛(Ⅱ)の水溶液中に，鉄，マグネシウム，銅，亜鉛の金属棒をそれぞれ入れたとき，鉛が付着する金属棒はどれか。すべてを正しく選択したものとして最も適当なものを，次の①～⑥のうちから一つ選べ。

①　マグネシウム　　　②　鉄，マグネシウム　　　③　鉄，銅
④　銅　　　　　　　　⑤　鉄，マグネシウム，亜鉛　　　⑥　鉄，マグネシウム，銅

問7　高分子化合物についての記述として誤りを含むものを，次の①～④のうちから一つ選べ。

①　小さい分子が繰り返し結合して大きな分子となり，分子量が約1万以上となった化合物を高分子化合物という。
②　デンプンやタンパク質などは合成高分子化合物である。
③　ポリエチレンやポリプロピレンは単量体の付加重合によって得られる。
④　縮合重合で得られたポリエチレンテレフタラート(PET)は飲料の容器だけでなく，衣料にも利用されている。

問8 鉄は，コークスを用いて鉄鉱石（主成分 Fe_2O_3）を溶鉱炉内で還元して製造する。図2は鉄の精錬に用いられる溶鉱炉の模式図である。図2のⅠ，Ⅱ，Ⅲの温度でそれぞれ，次の反応が起こる。

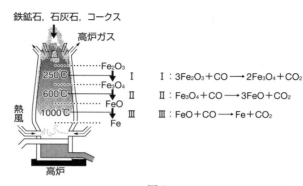

鉄鉱石，石灰石，コークス
高炉ガス

Fe_2O_3
250℃ ……… Fe_3O_4 Ⅰ   Ⅰ：$3Fe_2O_3 + CO \longrightarrow 2Fe_3O_4 + CO_2$
600℃ ……… FeO Ⅱ   Ⅱ：$Fe_3O_4 + CO \longrightarrow 3FeO + CO_2$
熱風 1000℃ ……… Fe Ⅲ   Ⅲ：$FeO + CO \longrightarrow Fe + CO_2$

高炉

図2

鉄鉱石に含まれる Fe_2O_3 320 kg を溶鉱炉で還元すると，何 kg の鉄が得られるか。最も適当な数値を，次の①〜⑤のうちから一つ選べ。（O：16，Fe：56）

①　56　　　　②　112　　　　③　168　　　　④　224　　　　⑤　280

問9 実験台の上に放置して水分を吸収した水酸化ナトリウムを電子天秤で 0.56 g はかり取って水に溶かし，100 mL の水溶液をつくった。この水溶液の正確な濃度を知るために，0.10 mol/L のシュウ酸水溶液を用いて次の操作Ⅰ〜Ⅲを行った。

操作Ⅰ　シュウ酸水溶液を正確に 10.0 mL とってコニカルビーカーに入れ，指示薬としてフェノールフタレイン溶液を数滴加えた。

操作Ⅱ　ビュレットに水酸化ナトリウム水溶液を入れ，コニカルビーカーの水溶液の色が変わるまで水酸化ナトリウム水溶液を滴下し，ビュレットの値を読んだ。

操作Ⅲ　操作Ⅰ，操作Ⅱを3回繰り返し，水酸化ナトリウム水溶液の濃度を算出した。

滴定結果

実験	1回目	2回目	3回目
水酸化ナトリウム水溶液の滴下量（mL）	16.8	16.5	16.4

滴定結果より，水分を吸収した水酸化ナトリウムでつくった水酸化ナトリウム水溶液の濃度は何 mol/L か。最も適当な数値を，次の①〜⑤のうちから一つ選べ。

①　0.030　　　②　0.060　　　③　0.090　　　④　0.12　　　⑤　0.13

第２問 同位体に関する次の問い（問１・問２）に答えよ。ただし，同位体の相対質量は質量数に等しいものとする。

問１ 表１は，水素，炭素，酸素，塩素の同位体とその存在比を示したものである。下の問い（ａ〜ｃ）に答えよ。

表1

元素	同位体	存在比（%）
水素	^1H	99.9885
	^2H	0.0115
	^3H	ごく微量
炭素	^{12}C	98.93
	^{13}C	1.07
	^{14}C	ごく微量
酸素	^{16}O	99.757
	^{17}O	0.038
	^{18}O	0.205
塩素	^{35}Cl	75.76
	^{37}Cl	24.24

ａ 同位体についての記述として誤りを含むものを，次の①〜⑤のうちから一つ選べ。

① 地球上に同位体が存在しない元素もある。
② 炭素の原子量を 12 として各原子の相対質量を決めている。
③ ^3H は放射性同位体で，地下水の年代測定に用いられている。
④ 表１の存在比から考えると，自然界に最も多く存在するメタン分子は $^{12}C\,^1H_4$ である。
⑤ 同温，同圧下で同体積中に含まれる塩素ガス中の粒子数は同位体の存在割合にかかわらず一定である。

ｂ 表１に示されている水素の同位体のうち ^1H，^2H と，酸素の同位体 ^{16}O，^{17}O，^{18}O からなる水分子 H_2O のうち，相対質量の異なる水分子は何種類存在するか。最も適当な数値を，次の①〜⑤のうちから一つ選べ。

① 5   ② 6   ③ 7   ④ 8   ⑤ 9

c 表1より，塩素の原子量を小数第2位まで求めたとき，$\boxed{\text{ア}}$～$\boxed{\text{エ}}$ に当てはまる数字を，下の①～⓪のうちからそれぞれ一つずつ選べ。同じものを繰り返し選んでもよい。

塩素の原子量：$\boxed{\text{ア}}$ $\boxed{\text{イ}}$. $\boxed{\text{ウ}}$ $\boxed{\text{エ}}$

① 1   ② 2   ③ 3   ④ 4   ⑤ 5
⑥ 6   ⑦ 7   ⑧ 8   ⑨ 9   ⓪ 0

問2 次の文章を読み，下の問い（a・b）に答えよ。

　　現在，多くの分野で同位体は広く用いられている。同位体のなかには，時間経過とともに放射線を放出して別の元素に変わるものがあり，放射性同位体とよばれている。放射性同位体が別の元素に変化して，もとの半分の量になるまでの期間を半減期という。放射線同位体である ^{14}C の半減期はおよそ5730年である。この性質を利用して，化石などとして出土した木片の ^{14}C の割合を測定することで，(ア)木片の年代を推定することができる。

　　また，水分子のうち最も軽い分子は軽水，それ以外の重い分子は重水とよばれている。例えば，最も多く存在する水 $^1H_2{}^{16}O$ に比べ，$^2H_2{}^{16}O$ の質量は1.1倍にもなる。このことから，(イ)重水は軽水に比べて沸点や融点が高いため，大気中の水蒸気が凝縮して生成する水である雨水の重水の存在比は，水蒸気中の存在比とは異なる。この存在比の違いなどを利用して，地球上の水の循環の研究に応用されている。また，得られた重水は原子力の研究などに利用されている。

a 下線部(ア)に関して，出土した木に含まれる ^{14}C が，生きている木の16分の1であった。この木はおよそ何年前のものか。最も適当な数値を，次の①～⑤のうちから一つ選べ。

① 11460   ② 22920   ③ 45840   ④ 68760   ⑤ 91680

b 下線部(イ)に関して，沸点や融点の違いを利用して最も純度の高い重水を取り出す方法として最も適当な方法を，次の①～④のうちから一つ選べ。

① 水蒸気を容器に入れ，圧力を一定に保って冷却していき，凝縮し始めた水を取り出す。
② 水蒸気を容器に入れ，圧力を一定に保って冷却していき，ほとんどの水蒸気が凝縮したあとの水蒸気を取り出す。
③ 密閉容器に液体の水を入れて圧力を一定に保って加熱し，先に蒸発した水蒸気を取り出す。
④ 氷を容器に入れて加熱し，先に融解した液体の水を取り出す。

第1問 次の問い(問1〜7)に答えよ。

問1 私たちは,普段から冷却剤として氷やドライアイスを用いている。氷とドライアイスは,常温・常圧でどのような状態変化を起こすか。状態変化の様子を表す言葉の組合せとして最も適当なものを,次の①〜⑥のうちから一つ選べ。

	氷	ドライアイス
①	蒸発	融解
②	融解	昇華
③	昇華	蒸発
④	融解	蒸発
⑤	昇華	融解
⑥	蒸発	昇華

問2 同素体に関する記述として誤りを含むものを,次の①〜④のうちから一つ選べ。

① 炭素の同素体の一つである ^{14}C を用いて,考古学における年代測定が行われている。
② 硫黄の同素体の一つである単斜硫黄は,常温常圧下で徐々に斜方硫黄に変化していく。
③ 酸素の同素体の一つであるオゾンには,強い酸化作用がある。
④ リンの同素体の一つである黄リンは,自然発火するため水中に保存する。

問3 次の図に示す電子配置をもつ原子やイオンA〜Dに関する記述として,最も適当なものを①〜④のうちから一つ選べ。

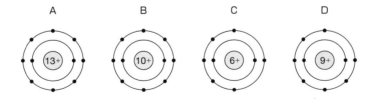

① すべて第2周期の元素からなる。
② 金属元素は一つも含まれない。
③ Bは,単原子分子としてふるまう。
④ Dは,最も第一イオン化エネルギーが大きい元素である。

問4 次の文章を読み，下の問い(a, b)に答えよ。

　砂糖を加熱していくと，黒い焦げが生じる。この焦げを燃焼させると，二酸化炭素のみが生じる。これは，焦げとは，砂糖の主成分であるスクロース($C_{12}H_{22}O_{11}$)が十分な酸素と反応できず，水分子を脱離してほぼ純粋な炭素 C に変化したものだからである。
(ア)酸素が十分に存在する環境で砂糖を燃焼させると，二酸化炭素と水のみが生じる。

a　ある質量のスクロースを加熱すると，炭素が 144 g が得られた。このとき，スクロースから脱離した水の質量は何 g か。最も適当な数値を，次の①〜④のうちから一つ選べ。

　　① 99 g　　　② 144 g　　　③ 198 g　　　④ 342 g

b　下線部(ア)に関連して，この反応について，酸化される物質と還元される物質の組合せとして最も適当なものを，次の①〜④のうちから一つ選べ。

	酸化される物質	還元される物質
①	スクロース	酸素
②	酸素	スクロース
③	酸素	水
④	スクロース	二酸化炭素

問5 酸化還元反応でないものを，次の①〜⑥のうちから二つ選べ。

① $2KI + Cl_2 \longrightarrow I_2 + 2KCl$
② $N_2 + 3H_2 \longrightarrow 2NH_3$
③ $SO_2 + 2H_2S \longrightarrow 2H_2O + 3S$
④ $SO_3 + H_2O \longrightarrow H_2SO_4$
⑤ $2KMnO_4 + 5(COOH)_2 + 3H_2SO_4 \longrightarrow 2MnSO_4 + 10CO_2 + K_2SO_4 + 8H_2O$
⑥ $K_2Cr_2O_7 + 2KOH \longrightarrow 2K_2CrO_4 + H_2O$

問6　食塩水の蒸留に関する次の問い(a，b)に答えよ。

a　下図の蒸留装置には誤りがある。誤りを正す方法として正しいものを下の①～⑤のうちから二つ選べ。

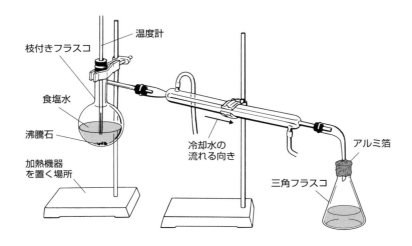

①　温度計の球部を枝付きフラスコの枝の付近にする。
②　温度計の球部を食塩水につける。
③　冷却水の流れる向きを逆にする。
④　三角フラスコの蓋をアルミ箔からゴム栓に換える。
⑤　枝付きフラスコの蓋をゴム栓からアルミ箔に換える。

b　実験後，枝付きフラスコの中に残った液体と，三角フラスコにたまった液体に硝酸銀水溶液を1滴ずつ加えた。このとき，それぞれの水溶液の様子に関する記述として正しいものを①～④のうちから一つ選べ。

①　枝付きフラスコの中は白く濁り，三角フラスコの中は透明なままであった。
②　枝付きフラスコの中は白く濁り，三角フラスコの中も白く濁った。
③　枝付きフラスコの中は透明なままであり，三角フラスコの中は白く濁った。
④　枝付きフラスコの中は透明なままであり，三角フラスコの中も透明なままであった。

問7 次の文章を読み，下の問い(a, b)に答えよ。

(ア)混合物の沸点は，物質の混合比によって変化することが知られている。下のグラフは，ベンゼンとキシレンを混合した溶液の混合比(物質量の比)と沸点の関係を示したものである。横軸は，混合溶液中のベンゼンの割合を物質量の比で表したもので，左端 0.0 はキシレンのみを，右端 1.0 はベンゼンのみであることを表している。そのため，左端はキシレンの沸点 144℃を示しており，右端はベンゼンの沸点 80.1℃を示している。

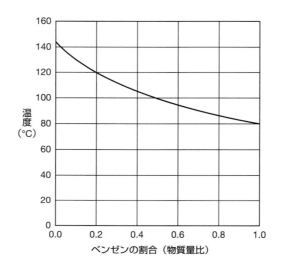

a 下線部(ア)について，水(沸点 100℃)とエタノール(沸点 78℃)の 1：1 混合溶液を加熱して，沸騰させたときの温度変化について述べられたものとして正しいものはどれか。最も適切なものを次の①～④のうちから一つ選べ。

① 沸騰は 78℃で始まり，78℃のまま全て蒸発する。
② 沸騰は 78℃と 100℃の間の温度で始まり，加熱とともに徐々に温度が上がっていく。
③ 沸騰は 100℃で始まり，加熱とともに徐々に温度が下がっていく。
④ 沸騰は 78℃で始まり，78℃を保ったまま沸騰をつづけ，エタノールが全て蒸発した後に水の沸点の 100℃まで上がる。

b ベンゼン：キシレン＝2：8 の混合溶液の沸点はいくらか。最も適当なものを次の①～④のうちから一つ選べ。

① 86℃   ② 112℃   ③ 120℃   ④ 138℃

第2問 酸・塩基に関する次の問い（問1・問2）に答えよ。

問1 炭酸カルシウムと塩酸を反応させると次のような反応が起こり，二酸化炭素が発生する。
$$CaCO_3 + 2HCl \longrightarrow CaCl_2 + H_2O + CO_2$$
100 mL ビーカーに濃度不明の塩酸を 30 mL 入れ，容器全体の質量を測定したところ 77.00 g であった。これに $CaCO_3$ をおよそ 0.5 g 加え，気体が発生しなくなるまで十分に反応させたのち，容器全体の質量を測定する操作を繰り返したところ，次のような結果が得られた。

加えた炭酸カルシウム の総質量〔g〕	容器全体の質量 〔g〕	発生した二酸化炭素 の質量〔g〕
0.00	77.00	0.00
0.48	77.27	0.21
0.99	77.55	0.44
1.49	77.83	0.66
2.02	78.13	0.89
2.55	78.56	0.99
2.93	78.94	0.99
3.47	79.48	0.99

次の問い（a～c）に答えよ。

a 結果から，この実験で用いた塩酸と過不足なく反応する炭酸カルシウムの質量は何 g であると考えられるか。最も適当なものを次の①～⑤のうちから一つ選べ。必要があれば，p.151 の方眼紙を使うこと。

① 2.00 g　　② 2.25 g　　③ 2.50 g　　④ 2.75 g　　⑤ 3.00 g

b この実験で用いた塩酸のモル濃度として最も適当なものはどれか。次の①～⑥のうちから一つ選べ。

① 0.75 mol/L　　② 1.0 mol/L　　③ 1.5 mol/L
④ 2.0 mol/L　　⑤ 2.5 mol/L　　⑥ 3.0 mol/L

c 炭酸カルシウムは正塩に分類される。次に示す正塩を水に溶解したとき，水溶液が塩基性を示すものはどれか。すべてを正しく選択しているものを①～⑥のうちから一つ選べ。

【正塩】 NH_4Cl　CH_3COOK　$NaNO_3$　$(NH_4)_2SO_4$

① NH_4Cl　　② CH_3COOK　　③ $NaNO_3$　　④ $(NH_4)_2SO_4$
⑤ NH_4Cl, $(NH_4)_2SO_4$　　⑥ CH_3COOK, $NaNO_3$

問2 次の問い（a，b）に答えよ。

a　酸や塩基の濃度を正確に求める方法として，中和滴定が用いられている。次のような装置を用いて中和滴定を行ったところ，滴定前と滴定後のビュレットの目盛りは下図のようであった。このとき，目盛りの読み方とその滴下量として最も適当なものを下の①〜⑧のうちから一つ選べ。

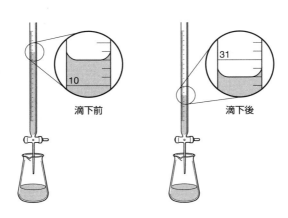

	滴下前〔mL〕	滴下後〔mL〕	滴下量〔mL〕
①	9.60	31.10	21.50
②	9.60	31.10	40.70
③	9.70	31.20	21.50
④	9.70	31.20	40.90
⑤	10.30	30.80	20.50
⑥	10.30	30.80	40.10
⑦	10.40	30.90	20.50
⑧	10.40	30.90	41.30

b　酸・塩基の水溶液に関する記述のうち，正しいものを次の①〜⑤のうちから一つ選べ。

①　pH が 1 の水溶液と pH が 3 の水溶液を混合すると，混合溶液の pH は 4 になる。
②　酸性の水溶液を水で薄めていくと pH の値は徐々に大きくなるが，7 を超えることはない。
③　中和点では必ず H^+ と OH^- の濃度は等しい。
④　pH が 1 よりも小さな酸は存在しない。
⑤　pH が 12 の水溶液を水で 1.5 倍に薄めると，薄めた水溶液の pH は 8 になる。

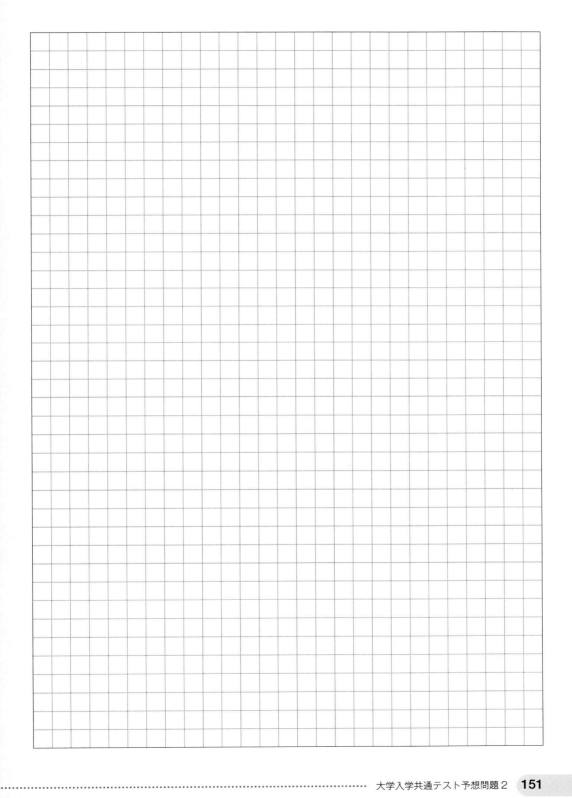

気体の製法と性質 (→ P.34)

気体の捕集法と乾燥

○気体の捕集法

①水上置換
気体
水

水に溶けにくい気体

②上方置換
気体　空気

水に溶ける空気より
軽い気体

③下方置換
気体　空気

水に溶ける空気より
重い気体

○気体の乾燥

乾燥剤	性質	使えない気体
ソーダ石灰	塩基性	HCl, H_2S, CO_2
濃硫酸	酸性	NH_3, H_2S
塩化カルシウム	中性	NH_3

気体の製法

気体	製法	水溶性	重さ	捕集法
水素 H_2	実験 $Zn + H_2SO_4 \rightarrow ZnSO_4 + H_2 \uparrow$ 工業 $2H^+ + 2e^- \rightarrow H_2 \uparrow$ （水の電気分解）	×	軽い	水上
酸素 O_2	実験 $2H_2O_2 \rightarrow 2H_2O + O_2 \uparrow$ （触媒：MnO_2） 工業 $2KClO_3 \xrightarrow{加熱} 2KCl + 3O_2 \uparrow$ （触媒：MnO_2）	×	重い	水上
オゾン O_3	実験 $3O_2 \rightarrow 2O_3$ （酸素中の無声放電） （または酸素に紫外線を当てる）	×	重い	下方
窒素 N_2	実験 $NH_4NO_2 \xrightarrow{加熱} 2H_2O + N_2 \uparrow$ 工業 液体空気の分留（沸点：$-196℃$）	×	軽い	水上
塩素 Cl_2	実験 $MnO_2 + 4HCl \xrightarrow{加熱} MnCl_2 + 2H_2O + Cl_2 \uparrow$ 工業 $2Cl^- \rightarrow Cl_2 + 2e^-$ （食塩水の電気分解）	△	重い	下方
一酸化炭素 CO	実験 $HCOOH \xrightarrow{加熱} H_2O + CO \uparrow$ （触媒：濃硫酸）	×	軽い	水上
二酸化炭素 CO_2	実験 $CaCO_3 + 2HCl \rightarrow CaCl_2 + H_2O + CO_2 \uparrow$ 工業 $CaCO_3 \xrightarrow{加熱} CaO + CO_2 \uparrow$	△	重い	下方
一酸化窒素 NO	実験 $3Cu + 8HNO_3$（希）$\rightarrow 3Cu(NO_3)_2 + 4H_2O + 2NO \uparrow$	×	重い	水上
二酸化窒素 NO_2	実験 $Cu + 4HNO_3$（濃）$\rightarrow Cu(NO_3)_2 + 2H_2O + 2NO_2 \uparrow$	○	重い	下方
二酸化硫黄 SO_2	実験 $Cu + 2H_2SO_4$（濃）$\xrightarrow{加熱} CuSO_4 + 2H_2O + SO_2 \uparrow$ 工業 $S + O_2 \rightarrow SO_2 \uparrow$	△	重い	下方
硫化水素 H_2S	実験 $FeS + H_2SO_4$（希）$\rightarrow FeSO_4 + H_2S \uparrow$	△	重い	下方
アンモニア NH_3	実験 $2NH_4Cl + Ca(OH)_2 \xrightarrow{加熱} CaCl_2 + 2H_2O + 2NH_3 \uparrow$ 工業 $N_2 + 3H_2 \rightarrow 2NH_3$ （触媒：Fe, ハーバー法）	○	軽い	上方
塩化水素 HCl	実験 $NaCl + H_2SO_4$（濃）$\rightarrow NaHSO_4 + HCl \uparrow$ 工業 $H_2 + Cl_2 \rightarrow 2HCl$	○	重い	下方
メタン CH_4	実験 $CH_3COONa + NaOH \rightarrow Na_2CO_3 + CH_4 \uparrow$	×	軽い	水上

※重さは空気に比べて重いか軽いか

気体の性質

性質＼気体	H₂	O₂	O₃	N₂	Cl₂	CO	CO₂	NO	NO₂	SO₂	NH₃	HCl	H₂S	CH₄
色			淡青		黄緑				赤褐					
臭い			○		○				○	○	○	○	腐卵臭	
液化しやすい					○		○		○	○	○	○		
毒性			○		○	○			○	○	○	○	○	
空気中で燃える	○					○							○	○
液性					酸性		酸性		酸性	酸性	塩基性	酸性	酸性	
酸化作用		○	○		○				○					
還元作用	○					○		○		○			○	

気体の発生装置

○塩素の発生法

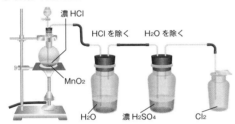

濃 HCl
HCl を除く　H₂O を除く
MnO₂
H₂O　濃 H₂SO₄　Cl₂

○アンモニアの発生法

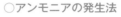
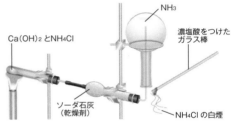

NH₃
濃塩酸をつけたガラス棒
Ca(OH)₂ とNH₄Cl
ソーダ石灰（乾燥剤）
NH₄Cl の白煙

○一酸化窒素の発生法

希硝酸
銅

○オゾンの発生法

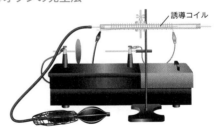

誘導コイル

○硫化水素の発生法（キップの装置）

A　希硫酸
B
C　希硫酸
FeS
キップの装置
集気びん
H₂S
コックを開ける
気体
発生した気体の泡
コックを閉じる

化学結合の種類と結晶の分類 (→ P.31 ～ P.47)

物質を構成するおもな粒子とその化学結合

結晶を構成する粒子によって，粒子間にはたらく結合・力の種類および結晶の種類が決まってくる。

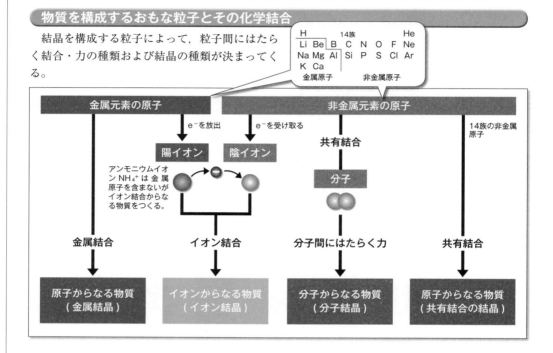

化学結合の種類

化学結合には，原子間ではたらく金属結合・イオン結合・共有結合と分子間ではたらく分子間力（ファンデルワールス力）・水素結合がある。

○**金属結合**：金属原子が自由電子を共有してできる結合。

○**イオン結合**：陽イオンの正電荷と陰イオンの負電荷の間の静電気力による結合。

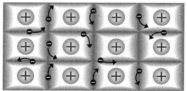

$\oplus$は金属イオンを，$\ominus$は自由電子を表す。自由電子は電子殻の重なりを伝わって金属全体を移動する。

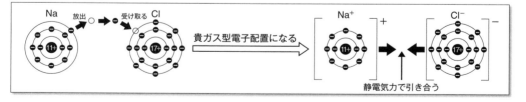

○**分子間力**：無極性分子間にはたらく力＝全分子にはたらく弱い引力
　　　　　　　極性分子間にはたらく力＝全分子にはたらく弱い引力＋極性による静電気力

極性分子　　　無極性分子

水　　　　　二酸化炭素
（折れ線形）　（直線形）

→は共有結合の極性（電子対は，
→の方向にかたよっている）

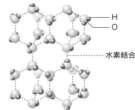

氷の結晶構造と水素結合

○**水素結合**：電気陰性度の大きい原子（F, O, N）に結合した水素原子と他の分子中の電気陰性度の大きい原子との間にはたらく結合。極性分子間にはたらく力より強い。

・沸点と分子量の関係

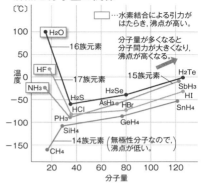

分子量が大きいと沸点は高い。水素結合があると沸点は異常に高い。

○**共有結合**：原子が互いに電子を出し合い共有電子対を生じる結合。

$H \cdot + \cdot Cl \rightarrow H : Cl$　　　$: O + \cdot C \cdot + O : \rightarrow : O :: C :: O :$　　　$: N \cdot + \cdot N : \rightarrow : N ::: N :$

共有電子対1組で結合　　　　共有電子対2組で結合　　　　共有電子対3組で結合

・不対電子　●● 共有電子対　●● 非共有電子対

結合の種類と性質

結晶の種類には，イオン結晶・分子結晶・共有結合の結晶・金属結晶があり，それぞれ特有の性質をもつ。

種類	イオン結晶	分子結晶	共有結合の結晶	金属結晶
おもな成分元素	金属元素と非金属元素	非金属元素	非金属元素	金属元素
構成粒子	陽イオンと陰イオン	分子	原子	原子（自由電子を含む）
粒子間の結合	イオン結合	原子間：共有結合 分子間：分子間力	共有結合	金属結合
物理的性質	かたい・もろい	やわらかい	非常にかたい	金属光沢，延性・展性
融点	高い	低い	非常に高い	高いものが多い
電気伝導性	固体：なし 液体：あり	固体：なし 液体：なし	固体：なし 液体：なし	固体：あり 液体：あり
結晶の例	**塩化ナトリウム**	**二酸化炭素**	**ダイヤモンド**	**銅**
他の例	塩化カルシウム	ヨウ素，ナフタレン	二酸化ケイ素	鉄，アルミニウム

※黒鉛は共有結合の結晶であるが例外で，やわらかく，電気伝導性がある。

金属の製法

鉄の製錬 (→ P.117)	鉄鉱石 Fe_2O_3 にコークス C・石灰石 $CaCO_3$ を加え，溶鉱炉で加熱する。 $Fe_2O_3+3CO \rightarrow 2Fe+3CO_2$ ※コークス…石炭を蒸し焼きにしたもの。 ※石灰石は鉄鉱石中に含まれる不純物と反応し，スラグ（$CaSiO_3$ など）として取り除く。 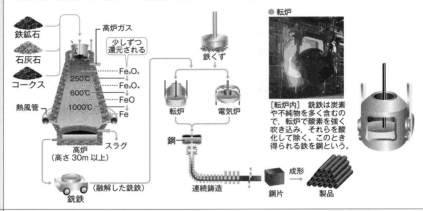 [転炉内] 銑鉄は炭素や不純物を多く含むので，転炉で酸素を強く吹き込み，それらを酸化して除く。このとき得られる鉄を鋼という。
銅の電解精錬 (→ P.117)	銅鉱石（黄銅鉱 $CuFeS_2$ など）にコークス C・ケイ砂を入れ溶錬炉内で加熱することで粗銅（純度約 98.5%）を得る。この粗銅を電解精錬することで純銅（99.9%以上）を得る。 ①陽極（粗銅）$Cu \rightarrow Cu^{2+}+2e^-$ ②陰極（純銅）$Cu^{2+}+2e^- \rightarrow Cu$ 陽極泥：Cu よりイオン化傾向が小さい金属（Ag，Au など）が陽極の下に残る。 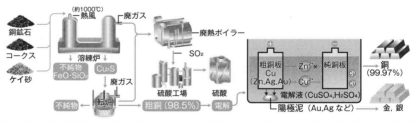
Al の 溶融塩電解 (ホール・エルー法)	ボーキサイト（主成分は Al_2O_3）を処理して得られたアルミナ Al_2O_3 に氷晶石 Na_3AlF_6（融点降下剤）を加えて溶融塩電解することでアルミニウムの単体 Al を得る。 ①陽極　炭素電極が消耗する。 $C+2O^{2-} \rightarrow CO_2+4e^-$ $C+O^{2-} \rightarrow CO+2e^-$ ②陰極　$Al^{3+}+3e^- \rightarrow Al$ 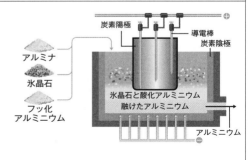

知っててよかった

○**元素記号**：これを知らなければ化学は始まりません。(→ P.10)

水 兵 リーベ ぼく の 船
H He Li Be B C N O F Ne

なな まがり シップ ス くら〜
Na Mg Al Si P S Cl Ar

切るか スコッチ バ クロー マン 鉄 の コルト に 銅 亜鉛
K Ca Sc Ti V Cr Mn Fe Co Ni Cu Zn

解説 水兵さんは「ぼくの船」を愛しています（リーベはドイツ語で愛する）。向こうの方に獲物の船団（シップス）を発見しました。バクローマン船長！スコッチ（酒）の封を切りましょう。銃（鉄のコルト）をもっていますが宝は銅と亜鉛しかない貧乏な海賊です。この先, 金（Au）, 銀（Ag）, 財宝を手に入れることができるのでしょうか。

○**炎色反応**：炎の色で含まれる元素がわかります。(→ P.10)

リアカー 無き K村 勝 とうとする赤の 馬力と 努力
Li 赤 Na黄 K紫 Ca 橙 Sr 赤 Ba緑 Cu緑

解説 K村は貧乏でリアカーも買えません。しかし, 村対抗の運動会では赤組としてがんばりました。その馬力と努力はたいしたものです。

○**同素体**：同じ元素の単体でも性質が異なる場合がある。(→ P.10)

同素体は SCOP（スコップ）
解説 S：単車のゴム　　　　単斜　斜方　ゴム状
C：大黒　　　　　　　ダイヤモンド　黒鉛
O：オゾンさん　　　　オゾン　酸素
P：燃える毒キ（黄）リンは水中へ
→黄リンは自然発火するので水中へ保存する。

○**イオン化傾向**：イオンになりやすい順番は決まっている。(→ P.110)

リカちゃん カナちゃん まあ あてに すんな ひどすぎる 借(白) 金
Li K Ca Na Mg Al Zn Fe Ni Sn Pb H Cu Hg Ag Pt Au

解説 リカちゃんとカナちゃんは A さんにお金を貸しています。ある日, Bさんから A さんには莫大な借金があって貸したお金が戻ってこないかもしれないということを聞き, 落ち込んでいます。

酸化還元反応式のつくり方 (→ P.105)

① 半反応式	▶	② イオン反応式	▶	③ 化学反応式

①	酸化剤と還元剤の 半反応式 をそれぞれ作成する。 ※半反応式を酸化剤のイオン反応式，または還元剤のイオン反応式とよぶことも多い。
②	①で作成した酸化剤と還元剤の半反応式において，電子の数を一致させてから半反応式の和をとり，酸化還元反応の イオン反応式 をつくる。
③	②のイオン反応式において，省略されている対イオン（陽イオンまたは陰イオン）を推定して加え，イオンが残らない反応式（ 化学反応式 ）を完成させる。

※ 半反応式 …酸化反応と還元反応はつねに同時に起こる（電子を失う物質があれば，必ず電子を受け取る物質が存在する）。酸化還元反応の「酸化反応部分だけの反応」または「還元反応部分だけの反応」を電子のやり取りで書き表した「電子を含むイオン反応式」のことを「半反応式」とよぶことがある。

① 半反応式 のつくり方

1	酸化剤（還元剤）の化学式を左辺に書き，右辺にはそれが変化した後の物質の化学式を書く。 ※何が何に変化するかは覚えておく必要がある。
2	酸化数の変化を確認し，酸化数の変化した分だけ電子（e^-）を書き加える。 ※酸化剤なら左辺に電子を書き，還元剤なら右辺に電子を書く。
3	「左辺を構成する物質の電荷の和」＝「右辺を構成する物質の電荷の和」となるように，水素イオン（H^+）を加える。 ※酸化還元反応は一般的に硫酸を加えた酸性条件（ 硫酸酸性 という）で行うことが多いことから，電荷を合わせるために H^+ を加える。ごくまれであるが，塩基性条件下で反応を行う場合は水酸化物イオン（OH^-）を加えて電荷を合わせる必要がある。
4	両辺の原子の種類と数を一致させるために，左辺もしくは右辺に水（H_2O）を加える。 ※酸化還元反応では水を生じることが多いことから，水を加えて原子数を調整する。

（例）過マンガン酸イオン（MnO_4^-）が酸化剤として作用するときの半反応式

1	MnO_4^- が Mn^{2+} に変化する。（MnO_4^- が Mn^{2+} に変化することは暗記する。） $MnO_4^- \ \Rightarrow \ Mn^{2+}$
2	MnO_4^-（Mn：+7 ）から Mn^{2+} に（Mn：+2 ）に変化し，酸化数が 5 減少していることから，MnO_4^- が電子（e^-）を 5 個受け取ったことがわかる。 $MnO_4^- + 5e^- \ \Rightarrow \ Mn^{2+}$
3	次に酸化数ではなく，電荷のバランスをとる。左辺において，MnO_4^- 1 個で電荷が－1，電子 e^- が 5 個で電荷－5 となり，左辺全体で電荷が－6 となる。右辺は Mn^{2+} が 1 個だけで電荷が＋2 である。左辺の電荷の和（－6）と右辺の電荷の和（＋2）を水素イオン（H^+）で調整するので，左辺に水素イオンを 8 個（電荷で＋8）を加えると両辺の電荷の和が＋2 で一致する。 （左辺）－1（MnO_4^- 1 個の電荷）－5（電子 e^- が 5 個の電荷）＝－6 ┐ ＋8（左辺に追加する （右辺）＋2（Mn^{2+} 1 個の電荷）＝＋2 ◀───────────── ┘ H^+ 8 個の電荷） $MnO_4^- + 5e^- + 8H^+ \ \Rightarrow \ Mn^{2+}$

4	最後に原子の種類と数を一致させるために水（H_2O）を加えて調整する。右辺に H_2O を4個追加することで，ちょうど左辺と右辺の原子の種類と数が一致し，半反応式が完成する。 【半反応式】$MnO_4^- + 5e^- + 8H^+ \Rightarrow Mn^{2+} + 4H_2O$

Ⅱ イオン反応式 のつくり方

（例）過マンガン酸イオン MnO_4^- とヨウ化物イオン I^- が反応するときのイオン反応式

1	①で作成した酸化剤および還元剤のイオン反応式を書く。 酸化剤（還元反応）　$MnO_4^- + \boxed{5e^-} + 8H^+ \Rightarrow Mn^{2+} + 4H_2O$ 還元剤（酸化反応）　$2I^- \Rightarrow I_2 + \boxed{2e^-}$
2	「酸化剤が受け取る電子の数」＝「還元剤が放出する電子の数」が成立する必要があるので酸化剤の半反応式を2倍，還元剤の半反応式を5倍して電子のやり取りを10個で一致させる。 酸化剤（還元反応）　$2MnO_4^- + 10\boxed{e^-} + 16H^+ \Rightarrow 2Mn^{2+} + 8H_2O$ 還元剤（酸化反応）　$10I^- \Rightarrow 5I_2 + 10\boxed{e^-}$ 【イオン反応式】　$2MnO_4^- + 10I^- + 16H^+ \Rightarrow 2Mn^{2+} + 8H_2O + 5I_2$

Ⅲ 化学反応式 のつくり方

（例）$KMnO_4$ と KI を硫酸（H_2SO_4）酸性条件で反応させたときの化学反応式

1	Ⅱで作成したイオン反応式を書く。 $2MnO_4^- + 10I^- + 16H^+ \Rightarrow 2Mn^{2+} + 8H_2O + 5I_2$

2	イオン反応式の左辺に着目し，反応したイオンの対イオン（陽イオンについては陰イオン，陰イオンに対しては陽イオンが対イオンである）が何であるかを確認する。加えた物質を見ればわかる。次に，化学反応式の両辺のバランスを保つために，左辺に加えた対イオンと全く同じものを右辺に加える。

	左辺			右辺
イオン反応式	$2MnO_4^- + 10I^- + 16H^+$	$\Rightarrow$		$2Mn^+ + 8H_2O + 5I_2$
対イオン	$2K^+$	$10K^+$	$8SO_4^{2-}$	$2K^+ + 10K^+ + 8SO_4^{2-}$ （左辺に加えたものと同じイオンを書く）

3	右辺の陽イオンと陰イオンの組み合わせを考えてまとめると（※右辺の電荷バランス参照），化学反応式が完成する。 【化学反応式】$2KMnO_4 + 10KI + 8H_2SO_4 \Rightarrow 2MnSO_4 + 6K_2SO_4 + 8H_2O + 5I_2$

※右辺の電荷バランス（□部分は最初から右辺にあったイオン）

	右辺にある全イオン	右辺にある全イオンの陽イオンと陰イオンの組み合わせ							
陽イオン	$\boxed{2Mn^{2+}} + 12K^+$	$\boxed{Mn^{2+}}$	$\boxed{Mn^{2+}}$	$2K^+$	$2K^+$	$2K^+$	$2K^+$	$2K^+$	$2K^+$
陰イオン	$8SO_4^{2-}$	SO_4^{2-}	SO_4^{2-}	SO_4^{2-}	SO_4^{2-}	SO_4^{2-}	SO_4^{2-}	SO_4^{2-}	SO_4^{2-}
組成式	$2MnSO_4 + 6K_2SO_4$	$MnSO_4$	$MnSO_4$	K_2SO_4	K_2SO_4	K_2SO_4	K_2SO_4	K_2SO_4	K_2SO_4

物性値

○無機物質の性質（アルファベット順）

化学式	物質名	色・状態	分子量・式量	融点〔℃〕	沸点〔℃〕	密度（温度）	水溶性	その他
Ag	銀	銀白色・固体	107.9	951.93	2212	10.500(20℃)	×	電気・熱伝導性が良い。
AgCl	塩化銀	無色・固体	143.3	455	1550	5.56	×	光で黒化。
AgNO₃	硝酸銀	無色・固体	169.9	212	−	4.35	○	腐食性。銀鏡反応。
Al	アルミニウム	銀白色・固体	26.98	660.32	2467	2.6989(20℃)	×	両性金属。
Al₂O₃	酸化アルミニウム	無色・固体	102.0	2054	2980±60	3.96〜3.97	×	両性酸化物。
BaSO₄	硫酸バリウム	無色・固体	233.4	1149	−	4.47	×	X 線撮影の造影剤。
Br₂	臭素	赤褐色・液体	159.8	−7.2	58.78	3.1226(20℃)	×	酸化剤。
C	ダイヤモンド	無色・固体	12.0	3550	4800(昇華)	3.513	×	工業用。装飾用。
C	黒鉛	黒色・固体	12.0	3530	−	2.26	×	電気伝導性有り。
CO	一酸化炭素	無色・気体	28.0	−205.0	−191.5	1.25	×	引火性。有毒。
CO₂	二酸化炭素	無色・気体	44.0	−56.6(高圧下)	−78.5(昇華)	1.98	○	固体はドライアイス。
CaCO₃	炭酸カルシウム	無色・固体	100.1	1339(高圧下)	−	2.71	×	チョーク。顔料。
CaCl₂	塩化カルシウム	無色・固体	111.0	772	>1600	2.15	○	乾燥剤。
Ca(OH)₂	水酸化カルシウム	無色・固体	74.1	580(−H₂O)	−	2.24	△	空気中の CO₂ 吸収。水にわずかに溶ける。
Cl₂	塩素	黄緑色・気体	70.9	−101.0	−33.97	3.214(0℃)	△	刺激臭。有毒。漂白。消毒。水と一部反応する。
Cu	銅	赤色・固体	63.5	1083.4	2567	8.96(20℃)	×	電気・熱伝導性が良い。
F₂	フッ素	淡黄色・気体	38.0	−219.6	−188.1	1.696(20℃)	反応	強力な酸化剤。水と反応し O₂ を発生する。
Fe	鉄	灰白色・固体	55.8	1535	2750	7.87(20℃)	×	磁石にくっつく。
FeSO₄・7H₂O	硫酸鉄（Ⅱ）七水和物	青緑色・固体	278.0	64	300(−7H₂O)	1.90	○	風解性。還元剤。
H₂	水素	無色・気体	2.02	−259.1	−252.9	0.0899(0℃)	×	爆発性。
HCl	塩化水素	無色・気体	36.5	−114.2	−84.9	1.64	○	水に溶かしたものを塩酸という。強酸性。
HNO₃	硝酸	無色・液体	63.0	−42	83	1.50	○	強酸性。酸化剤。
H₂O	水	無色・液体	18.0	0.00	100.00	0.997	−	水素結合。
H₂O₂	過酸化水素	無色・液体	34.0	−0.89	151.4	1.44	○	酸化剤。爆発性。
H₃PO₄	リン酸	無色・固体	98.0	42.35	213(−0.5H₂O)	1.83	○	潮解性。
H₂S	硫化水素	無色・気体	34.1	−85.5	−60.7	1.54	○	腐卵臭。有毒。弱酸性。
H₂SO₄	硫酸	無色・液体	98.1	10.36	338	1.83	○	脱水性。不揮発性。
Hg	水銀	銀白色・液体	200.6	−38.9	356.6	13.55(200℃)	×	猛毒。他の金属と合金（アマルガム）を作る。
I₂	ヨウ素	黒紫色・固体	253.8	113.5	184.3	4.93(20℃)	×	昇華性。金属光沢。
KI	ヨウ化カリウム	無色・固体	166.0	680	1330	3.13	○	還元剤。I₂とともに加えると I₂を水に溶かす働きがある。
KMnO₄	過マンガン酸カリウム	赤紫色・固体	158.0	200(分解)	−	2.70	○	酸化剤。
KOH	水酸化カリウム	無色・固体	56.1	360.4±0.7	1320〜1324	2.06	○	強塩基性。潮解性。
Mg	マグネシウム	銀白色・固体	24.3	648.8	1090	1.738(20℃)	×	強い光を放って燃える。

化学式	物質名	色・状態	分子量・式量	融点〔℃〕	沸点〔℃〕	密度（温度）	水溶性	その他
MnO_2	二酸化マンガン	黒色・固体	86.9	535 (−O)	−	5.03	×	酸化剤。マンガン乾電池の正極。化学反応の触媒として利用。
N_2	窒素	無色・気体	28.0	−209.9	−195.8	1.250	×	大気中に78%含まれる。
NH_3	アンモニア	無色・気体	17.0	−77.7	−33.4	0.771	○	刺激臭。弱塩基性。
Na_2CO_3	炭酸ナトリウム	無色・固体	106.0	851 (分解)	−	2.53	○	吸湿性。
$NaCl$	塩化ナトリウム	無色・固体	58.4	801	1413	2.16	○	食用。
$NaHCO_3$	炭酸水素ナトリウム	無色・固体	84.0	270 (分解)	−	2.20	○	ベーキングパウダーに含まれる。
$NaOH$	水酸化ナトリウム	無色・固体	40.0	318.4	1390	2.13	○	強塩基性。潮解性。
O_2	酸素	無色・気体	32.0	−218.4	−183.0	1.429(0℃)	×	大気中に20%含まれる。
O_3	オゾン	淡青色・気体	48.0	−193	−111.3	2.141(0℃)	×	特異臭。強力な酸化剤。
P_4	黄リン	淡黄色・固体	123.9	44.2	280	1.82(20℃)	×	猛毒。発火点34℃。水中に保存する。
P	赤リン	赤褐色・固体	31.0	589.5 (43.1)	−	2.2(20℃)	×	無毒。発火点250〜260℃。マッチの側薬。
S_8	斜方硫黄	黄色・固体	256.5	112.8	444.674	2.07(20℃)	×	
S_8	単斜硫黄	淡黄色・固体	256.5	119.0	444.674	1.957(20℃)	×	
Si	ケイ素	灰色・固体	28.1	1410	2355	2.33	×	半導体の材料。金属光沢。
SiO_2	二酸化ケイ素	無色・固体	60.1	1730	2230	2.65	×	シリカゲル。水晶。
Zn	亜鉛	青白色・固体	65.38	419.5	907	7.134	×	マンガン乾電池の負極。

○有機化合物の性質（アイウエオ順）

物質名	化学式	状態	分子量	融点〔℃〕	沸点〔℃〕	密度（温度）	水溶性	その他
アセチレン	C_2H_2	気体	26.04	−81.8	−74	1.173	×	可燃性。有毒。重要な工業原料。
エタノール	C_2H_5OH	液体	46.07	−114.5	78.32	0.79	○	消毒。殺菌剤。飲料用アルコールの成分。
エタン	C_2H_6	気体	30.07	−183.6	−89.0	1.05(0℃)	×	可燃性。天然ガスの成分。
エチレン	C_2H_4	気体	28.05	−169.2	−103.7	0.57 (−103.9℃)	×	可燃性。果物の色付け。
グルコース	$C_6H_{12}O_6$	固体	180.2	146	−	1.5620 (18℃)	○	別名ブドウ糖。甘味がある。
酢酸	CH_3COOH	液体	60.05	16.635	117.8	1.05	○	刺激臭。食酢。
ブタン	C_4H_{10}	気体	58.12	−138.3	−0.50	2.05(0℃)	×	可燃性。
プロパン	C_3H_8	気体	44.1	−187.69	−42.07	1.55(0℃)	×	可燃性。LPガス。天然ガスの成分。
ベンゼン	C_6H_6	液体	78.11	5.533	80.099	0.88(15℃)	×	可燃性。芳香性。揮発性。有毒。
メタノール	CH_3OH	液体	32.04	−97.78	64.65	0.79	○	可燃性。燃料用アルコールの成分。
メタン	CH_4	気体	16.04	−182.76	−161.49	0.55(0℃)	×	可燃性。置換反応。天然ガスの成分。

※赤色で示したのは学習指導要領解説に例として掲載されている重要物質。
※密度の単位は固体・液体なら g/cm^3，気体なら g/L であり，温度の記載のないものは25℃での測定値である。

化学の学びと進路

化学基礎

中学までの学習事項を基礎に化学結合の考え方を中心にして，身のまわりの物質についての理解を深め，化学の基本的な法則や原理・原則を理解する。

↓

化学

化学基礎の学習事項を基礎に化学平衡の考え方を中心として，より発展的な概念や原理・法則を理解する。また，無機化学や有機化学についても詳しく学ぶ。

高校の理科科目

理科基礎	理科	科学と人間生活
化学基礎	化学	中学までの学習事項を基礎に科学技術の発展が社会や日常生活に与えた影響について学ぶ。これを通して科学への興味を高め，科学的な見方・考え方を身につける。
物理基礎	物理	
生物基礎	生物	
地学基礎	地学	

3つ以上の「理科基礎」または「科学と人間生活」＋「理科基礎」1つを履修する

一般に「理科」を2科目で受験

一般に「理科基礎」を2科目で受験

受験で用いることは少ないが進学後に必要

❶理系
医学系
理学系
工学系
医療系（看護系を含む）

❷文系
教員養成
その他の文系

❸専門
歯科技工士
看護系
食物栄養など

四年制大学・六年制大学（医師・薬剤師）

短期大学・専門学校

医師 研究職 技術職 検査技師 など	研究職は最先端の化学を押し進め，新たな物質や理論をつくり出す。技術職は，それを様々な分野に応用し，医師はこれを医学分野に用いる。	専門職 看護師 栄養士 など	薬剤師は薬品の調合，看護師は臨床，栄養士は食品など，それぞれの専門とする職業において化学の知識を用いる。	教員	小学校教員は直接，児童に理科を指導する。中学・高校の教員は，それぞれの教科を教える際に科学的な物の見方・考え方・知識が必要である。	営業職 事務職	科学的な物の見方・考え方はすべての業種に必要である。特に，技術系の会社では相当の知識を求められる。

卒業が必要な学校

理系・専門	理系・専門	理系・文系	理系・文系・専門

研究職・技術職

物質の分析・合成

専門職

薬剤師・看護師

教員

小中高教員

営業職

化学製品の営業

1 次の陽イオンと陰イオンの組み合わせからできた物質の組成式と名称をそれぞれ答えよ。

	Cl^- 塩化物 イオン	OH^- 水酸化物 イオン	NO_3^- 硝酸 イオン	SO_4^{2-} 硫酸 イオン	CO_3^{2-} 炭酸 イオン	S^{2-} 硫化物 イオン	PO_4^{3-} リン酸 イオン
Na^+ ナトリウム イオン	$NaCl$ 塩化 ナトリウム	$NaOH$ 水酸化 ナトリウム	$NaNO_3$ 硝酸 ナトリウム	Na_2SO_4 硫酸 ナトリウム	Na_2CO_3 炭酸 ナトリウム	Na_2S 硫化 ナトリウム	Na_3PO_4 リン酸 ナトリウム
K^+ カリウム イオン	KCl 塩化 カリウム	KOH 水酸化 カリウム	KNO_3 硝酸 カリウム	K_2SO_4 硫酸 カリウム	K_2CO_3 炭酸 カリウム	K_2S 硫化 カリウム	K_3PO_4 リン酸 カリウム
NH_4^+ アンモニウム イオン	NH_4Cl 塩化 アンモニウム		NH_4NO_3 硝酸 アンモニウム	$(NH_4)_2SO_4$ 硫酸 アンモニウム	$(NH_4)_2CO_3$ 炭酸 アンモニウム	$(NH_4)_2S$ 硫化 アンモニウム	$(NH_4)_3PO_4$ リン酸 アンモニウム
Ca^{2+} カルシウム イオン	$CaCl_2$ 塩化 カルシウム	$Ca(OH)_2$ 水酸化 カルシウム	$Ca(NO_3)_2$ 硝酸 カルシウム	$CaSO_4$ 硫酸 カルシウム	$CaCO_3$ 炭酸 カルシウム	CaS 硫化 カルシウム	$Ca_3(PO_4)_2$ リン酸 カルシウム
Fe^{2+} 鉄(II) イオン	$FeCl_2$ 塩化鉄(II)	$Fe(OH)_2$ 水酸化鉄(II)	$Fe(NO_3)_2$ 硝酸鉄(II)	$FeSO_4$ 硫酸鉄(II)	$FeCO_3$ 炭酸鉄(II)	FeS 硫化鉄(II)	$Fe_3(PO_4)_2$ リン酸鉄(II)
Al^{3+} アルミニウム イオン	$AlCl_3$ 塩化 アルミニウム	$Al(OH)_3$ 水酸化 アルミニウム	$Al(NO_3)_3$ 硝酸 アルミニウム	$Al_2(SO_4)_3$ 硫酸 アルミニウム	$Al_2(CO_3)_3$ 炭酸 アルミニウム	Al_2S_3 硫化 アルミニウム	$AlPO_4$ リン酸 アルミニウム
Fe^{3+} 鉄(III) イオン	$FeCl_3$ 塩化鉄(III)	$Fe(OH)_3$ 水酸化鉄(III)	$Fe(NO_3)_3$ 硝酸鉄(III)	$Fe_2(SO_4)_3$ 硫酸鉄(III)	$Fe_2(CO_3)_3$ 炭酸鉄(III)	Fe_2S_3 硫化鉄(III)	$FePO_4$ リン酸鉄(III)

1 次の化合物に含まれる陽イオンと陰イオンのイオン式，および化合物の組成式を答えよ。

名称	陽イオン	陰イオン	組成式
塩化ナトリウム	Na^+	Cl^-	$NaCl$
水酸化カリウム	K^+	OH^-	KOH
硝酸ナトリウム	Na^+	NO_3^-	$NaNO_3$
酸化カリウム	K^+	O^{2-}	K_2O
硫酸ナトリウム	Na^+	SO_4^{2-}	Na_2SO_4
硫化ナトリウム	Na^+	S^{2-}	Na_2S
炭酸カリウム	K^+	CO_3^{2-}	K_2CO_3
リン酸カリウム	K^+	PO_4^{3-}	K_3PO_4
塩化カルシウム	Ca^{2+}	Cl^-	$CaCl_2$
水酸化鉄(Ⅱ)	Fe^{2+}	OH^-	$Fe(OH)_2$
硝酸カルシウム	Ca^{2+}	NO_3^-	$Ca(NO_3)_2$
酸化鉄(Ⅱ)	Fe^{2+}	O^{2-}	FeO
硫酸カルシウム	Ca^{2+}	SO_4^{2-}	$CaSO_4$
炭酸カルシウム	Ca^{2+}	CO_3^{2-}	$CaCO_3$
硫化鉄(Ⅱ)	Fe^{2+}	S^{2-}	FeS
リン酸カルシウム	Ca^{2+}	PO_4^{3-}	$Ca_3(PO_4)_2$
塩化アンモニウム	NH_4^+	Cl^-	NH_4Cl
炭酸アンモニウム	NH_4^+	CO_3^{2-}	$(NH_4)_2CO_3$
リン酸アンモニウム	NH_4^+	PO_4^{3-}	$(NH_4)_3PO_4$
塩化鉄(Ⅲ)	Fe^{3+}	Cl^-	$FeCl_3$
酸化鉄(Ⅲ)	Fe^{3+}	O^{2-}	Fe_2O_3
硫酸アルミニウム	Al^{3+}	SO_4^{2-}	$Al_2(SO_4)_3$
リン酸アルミニウム	Al^{3+}	PO_4^{3-}	$AlPO_4$

ドリル ③ 物質の構造

1 次の物質の分子式，電子式，構造式，分子の形を書け。また，極性分子，無極性分子を判断せよ。

物質名と分子式	電子式	構造式	分子の形	分子の極性
水素 H_2	H:H	H−H	直線形	無極性分子
塩素 Cl_2	:Cl:Cl:	Cl−Cl	直線形	無極性分子
塩化水素 HCl	H:Cl:	H−Cl	直線形	極性分子
水 H_2O	H:O:H	H−O−H	折れ線形	極性分子
アンモニア NH_3	H:N:H H	H−N−H | H	三角錐形	極性分子
メタン CH_4	H H:C:H H	H | H−C−H | H	正四面体形	無極性分子
過酸化水素 H_2O_2	H:O:O:H	H−O−O−H		極性分子
酸素 O_2	:O::O:	O=O	直線形	無極性分子
二酸化炭素 CO_2	:O::C::O:	O=C=O	直線形	無極性分子
エチレン C_2H_4	H:C::C:H H H	H　　　H \C=C/ H/　　\H	平面構造	無極性分子
窒素 N_2	:N:::N:	N≡N	直線形	無極性分子
シアン化水素 HCN	H:C:::N:	H−C≡N	直線形	極性分子
アセチレン C_2H_2	H:C:::C:H	H−C≡C−H	直線形	無極性分子

1 次の各問いに答えよ。ただし，気体の体積はいずれも標準状態とし，原子量は問題集の裏表紙に
ある「原子量の値（概数値）」の値を用いよ。答えは有効数字2桁で求めよ。

(1) 3.0×10^{23} 個の水素原子Hの物質量は何molか。

$$\frac{3.0 \times 10^{23}}{6.0 \times 10^{23}/mol} = 0.50 \, mol$$

         0.50 mol

(2) 4.0 g のカルシウムCaに含まれるカルシウム原子の粒子数は何個か。

$$\frac{4.0 \, g}{40 \, g/mol} = 0.10 \, mol \qquad 0.10 \, mol \times 6.0 \times 10^{23}/mol = 6.0 \times 10^{22}$$

         6.0×10^{22} 個

(3) 1.5×10^{24} 個の二酸化炭素分子CO_2の質量は何 g か。

$$\frac{1.5 \times 10^{24}}{6.0 \times 10^{23}/mol} = 2.5 \, mol \qquad 2.5 \, mol \times 44 \, g/mol = 110 \fallingdotseq 1.1 \times 10^2 \, g$$

         1.1×10^2 g

(4) 80 g のメタンCH_4の体積は何Lか。

$$\frac{80 \, g}{16 \, g/mol} = 5.0 \, mol \qquad 5.0 \, mol \times 22.4 \, L/mol = 112 \fallingdotseq 1.1 \times 10^2 \, L$$

         1.1×10^2 L

(5) 2.24 L の塩素Cl_2の質量は何 g か。

$$\frac{2.24 \, L}{22.4 \, L/mol} = 0.100 \, mol \qquad 0.100 \, mol \times 71 \, g/mol = 7.1 \, g$$

         7.1 g

(6) 3.0 g のヘリウムHeに含まれるヘリウム原子の粒子数は何個か。

$$\frac{3.0 \, g}{4.0 \, g/mol} = 0.75 \, mol \qquad 0.75 \, mol \times 6.0 \times 10^{23}/mol = 4.5 \times 10^{23}$$

         4.5×10^{23} 個

(7) 1.0×10^{23} 個のアルミニウムイオンAl^{3+}の質量は何 g か。

$$\frac{1.0 \times 10^{23}}{6.0 \times 10^{23}/mol} = \frac{1}{6} \, mol \qquad \frac{1}{6} \, mol \times 27 \, g/mol = 4.5 \, g$$

         4.5 g

(8) 4.0 g のメタンCH_4に含まれる水素原子Hの粒子数は何個か。

$$\frac{4.0 \, g}{16 \, g/mol} = 0.25 \, mol \qquad 0.25 \, mol \times 4 \times 6.0 \times 10^{23}/mol = 6.0 \times 10^{23}$$

         6.0×10^{23} 個

(9) 1.12 L のプロパンC_3H_8に含まれる水素原子Hの粒子数は何個か。

$$\frac{1.12 \, L}{22.4 \, L/mol} = 0.0500 \, mol \qquad 0.0500 \, mol \times 8 \times 6.0 \times 10^{23} = 2.4 \times 10^{23}$$

         2.4×10^{23} 個

(10) 硝酸イオン$NO_3{}^-$ 0.10 molに含まれる酸素原子Oの粒子数は何個か。

$$0.10 \, mol \times 3 \times 6.0 \times 10^{23}/mol = 1.8 \times 10^{23}$$

         1.8×10^{23} 個

(11) 27 g の水H_2Oに含まれる酸素原子Oの質量は何 g か。

$$\frac{27 \, g}{18 \, g/mol} = 1.5 \, mol \qquad 1.5 \, mol \times 16 \, g/mol = 24 \, g$$

         24 g

(12) 4.0 g のカルシウムイオンCa^{2+}を含む酸化カルシウムCaOの質量は何 g か。

$$\frac{4.0 \, g}{40 \, g/mol} = 0.10 \, mol \qquad 0.10 \, mol \times 56 \, g/mol = 5.6 \, g$$

         5.6 g

(13) 4.8 g の炭素原子Cを含むエタンC_2H_6の物質量は何molか。

$$\frac{4.8 \, g}{12 \, g/mol} = 0.40 \, mol \qquad 0.40 \, mol \times \frac{1}{2} = 0.20 \, mol$$

         0.20 mol

(14) 0.90 g の水素原子Hを含むアンモニアNH_3の体積は何Lか。

$$\frac{0.90 \, g}{1.0 \, g/mol} = 0.90 \, mol \qquad 0.90 \, mol \times \frac{1}{3} \times 22.4 \, L/mol = 6.72 \fallingdotseq 6.7 \, L$$

         6.7 L

(15) 1.5 molの硫酸イオンを含む硫酸アルミニウム$Al_2(SO_4)_3$の質量は何 g か。

$$1.5 \, mol \times \frac{1}{3} = 0.50 \, mol \qquad 0.50 \, mol \times 342 \, g/mol = 171 \fallingdotseq 1.7 \times 10^2 \, g$$

         1.7×10^2 g

1 次の空欄に適当な数字を入れよ。1も省略せずに示せ。

(1) (2)Mg + (1)O$_2$ ⟶ (2)MgO

(2) (4)Fe + (3)O$_2$ ⟶ (2)Fe$_2$O$_3$

(3) (1)N$_2$ + (3)H$_2$ ⟶ (2)NH$_3$

(4) (2)H$_2$ + (1)O$_2$ ⟶ (2)H$_2$O

(5) (2)HCl + (1)Ca(OH)$_2$ ⟶ (1)CaCl$_2$ + (2)H$_2$O

(6) (2)NO + (1)O$_2$ ⟶ (2)NO$_2$

(7) (2)H$_2$O$_2$ ⟶ (2)H$_2$O + (1)O$_2$

(8) (1)CH$_4$ + (2)O$_2$ ⟶ (1)CO$_2$ + (2)H$_2$O

(9) (1)C$_3$H$_8$ + (5)O$_2$ ⟶ (3)CO$_2$ + (4)H$_2$O

(10) (1)C$_2$H$_4$ + (3)O$_2$ ⟶ (2)CO$_2$ + (2)H$_2$O

2 次の空欄に適当な数字を入れよ。1も省略せずに示せ。

(1) (1)Ag$^+$ + (1)Cl$^-$ ⟶ (1)AgCl

(2) (1)Ca^{2+} + (2)Cl$^-$ ⟶ (1)CaCl$_2$

(3) (1)Al^{3+} + (3)OH$^-$ ⟶ (1)Al(OH)$_3$

(4) (2)Al^{3+} + (3)SO$_4$$^{2-}$ ⟶ (1)Al$_2$(SO$_4$)$_3$

(5) (2)Ag$^+$ + (1)Cu ⟶ (2)Ag + (1)Cu^{2+}

3 次の化学変化を化学反応式で表せ。

(1) エタン C$_2$H$_6$ が完全燃焼して，二酸化炭素 CO$_2$ と水 H$_2$O を生じる。

$2C_2H_6 + 7O_2 \longrightarrow 4CO_2 + 6H_2O$

(2) 亜鉛 Zn が塩酸 HCl に溶けると，水素 H$_2$ を発生して塩化亜鉛 ZnCl$_2$ に変化する。

$Zn + 2HCl \longrightarrow ZnCl_2 + H_2$

(3) 炭酸水素ナトリウム NaHCO$_3$ を熱すると，炭酸ナトリウムと水と二酸化炭素に分解する。

$2NaHCO_3 \longrightarrow Na_2CO_3 + H_2O + CO_2$

4 次の化学変化をイオン反応式で表せ。

(1) 硝酸銀 AgNO$_3$ 水溶液と塩化ナトリウム NaCl 水溶液を混ぜると，塩化銀 AgCl が沈殿する。

$Ag^+ + Cl^- \longrightarrow AgCl$

(2) 塩化カルシウム CaCl$_2$ 水溶液と炭酸ナトリウム Na$_2$CO$_3$ 水溶液を混ぜると，炭酸カルシウム CaCO$_3$ が沈殿する。

$Ca^{2+} + CO_3^{2-} \longrightarrow CaCO_3$

ドリル ⑥ 酸・塩基

1 次の物質の電離式，価数，酸・塩基の強弱を書け。

物質	電離式	価数	強弱
塩酸	$HCl \longrightarrow H^+ + Cl^-$	1	強
硝酸	$HNO_3 \longrightarrow H^+ + NO_3^-$	1	強
酢酸	$CH_3COOH \rightleftharpoons H^+ + CH_3COO^-$	1	弱
シュウ酸	$(COOH)_2 \rightleftharpoons 2H^+ + (COO)_2^{2-}$	2	弱
硫酸	$H_2SO_4 \longrightarrow 2H^+ + SO_4^{2-}$	2	強
炭酸	$H_2CO_3 \rightleftharpoons 2H^+ + CO_3^{2-}$	2	弱
リン酸	$H_3PO_4 \rightleftharpoons 3H^+ + PO_4^{3-}$	3	弱
水酸化ナトリウム	$NaOH \longrightarrow Na^+ + OH^-$	1	強
水酸化カリウム	$KOH \longrightarrow K^+ + OH^-$	1	強
水酸化カルシウム	$Ca(OH)_2 \longrightarrow Ca^{2+} + 2OH^-$	2	強
水酸化バリウム	$Ba(OH)_2 \longrightarrow Ba^{2+} + 2OH^-$	2	強
アンモニア	$NH_3 + H_2O \rightleftharpoons NH_4^+ + OH^-$	1	弱
水酸化銅(Ⅱ)	$Cu(OH)_2 \rightleftharpoons Cu^{2+} + 2OH^-$	2	弱
水酸化鉄(Ⅲ)	$Fe(OH)_3 \rightleftharpoons Fe^{3+} + 3OH^-$	3	弱

2 次の表の酸・塩基の組み合わせで完全に中和が起こるときの化学反応式を書け。

物質	NaOH	NH₃
HCl	$HCl + NaOH \longrightarrow NaCl + H_2O$	$HCl + NH_3 \longrightarrow NH_4Cl$
H₂SO₄	$H_2SO_4 + 2NaOH \longrightarrow Na_2SO_4 + 2H_2O$	$H_2SO_4 + 2NH_3 \longrightarrow (NH_4)_2SO_4$
CH₃COOH	$CH_3COOH + NaOH \longrightarrow CH_3COONa + H_2O$	$CH_3COOH + NH_3 \longrightarrow CH_3COONH_4$
H₂CO₃	$H_2CO_3 + 2NaOH \longrightarrow Na_2CO_3 + 2H_2O$	$H_2CO_3 + 2NH_3 \longrightarrow (NH_4)_2CO_3$
H₃PO₄	$H_3PO_4 + 3NaOH \longrightarrow Na_3PO_4 + 3H_2O$	$H_3PO_4 + 3NH_3 \longrightarrow (NH_4)_3PO_4$

物質	Ca(OH)₂	Al(OH)₃
HCl	$2HCl + Ca(OH)_2 \longrightarrow CaCl_2 + 2H_2O$	$3HCl + Al(OH)_3 \longrightarrow AlCl_3 + 3H_2O$
H₂SO₄	$H_2SO_4 + Ca(OH)_2 \longrightarrow CaSO_4 + 2H_2O$	$3H_2SO_4 + 2Al(OH)_3 \longrightarrow Al_2(SO_4)_3 + 6H_2O$
CH₃COOH	$2CH_3COOH + Ca(OH)_2 \longrightarrow (CH_3COO)_2Ca + 2H_2O$	
H₂CO₃	$H_2CO_3 + Ca(OH)_2 \longrightarrow CaCO_3 + 2H_2O$	
H₃PO₄	$2H_3PO_4 + 3Ca(OH)_2 \longrightarrow Ca_3(PO_4)_2 + 6H_2O$	$H_3PO_4 + Al(OH)_3 \longrightarrow AlPO_4 + 3H_2O$

168 ⑥ 酸・塩基

1 次の各問いに答えよ。ただし，気体の体積はいずれも標準状態とし，原子量は問題集の裏表紙にある「原子量の値（概数値）」の値を用いよ。答えは有効数字 2 桁で求めよ。

(1) ある塩酸 10 mL を中和するために 0.10 mol/L の水酸化ナトリウム水溶液が 5.0 mL 必要であった。この塩酸の濃度〔mol/L〕を求めよ。

$$x\,\text{[mol/L]} \times \frac{10}{1000}\,\text{L} \times 1 = 0.10\,\text{mol/L} \times \frac{5.0}{1000}\,\text{L} \times 1$$

$$x = 5.0 \times 10^{-2}\,\text{mol/L}$$

5.0×10^{-2} mol/L

(2) 1.0×10^{-1} mol/L の塩酸 10 mL に，5.0×10^{-2} mol/L の水酸化カルシウム水溶液を加えて中和したい。必要な水酸化カルシウム水溶液の体積〔mL〕を求めよ。

$$1.0 \times 10^{-1}\,\text{mol/L} \times \frac{10}{1000}\,\text{L} \times 1 = 5.0 \times 10^{-2}\,\text{mol/L} \times \frac{x}{1000}\,\text{L} \times 2$$

$$x = 10\,\text{mL}$$

10 mL

(3) 0.10 mol/L の塩酸 10 mL を中和するためにある濃度の水酸化カルシウム水溶液が 5.0 mL 必要であった。この水酸化カルシウム水溶液の濃度〔mol/L〕を求めよ。

$$0.10\,\text{mol/L} \times \frac{10}{1000}\,\text{L} \times 1 = x\,\text{[mol/L]} \times \frac{5.0}{1000}\,\text{L} \times 2$$

$$x = 0.10\,\text{mol/L}$$

0.10 mol/L

(4) 1.0×10^{-2} mol/L の硫酸 15 mL を中和するのに必要な水酸化ナトリウムの質量〔g〕を求めよ。

$$1.0 \times 10^{-2}\,\text{mol/L} \times \frac{15}{1000}\,\text{L} \times 2 = \frac{x\,\text{[g]}}{40\,\text{g/mol}} \times 1$$

$$x = 1.2 \times 10^{-2}\,\text{g}$$

1.2×10^{-2} g

(5) シュウ酸の結晶 $(COOH)_2 \cdot 2H_2O$ を 0.63 g 溶かした水溶液 10 mL に水酸化カリウム水溶液 10 mL を加えて中和し，シュウ酸カリウム $(COOK)_2$ 水溶液にした。この水酸化カリウム水溶液の濃度〔mol/L〕を求めよ。

$$\frac{0.63\,\text{g}}{126\,\text{g/mol}} \times 2 = x\,\text{[mol/L]} \times \frac{10}{1000}\,\text{L} \times 1$$

$$x = 1.0\,\text{mol/L}$$

1.0 mol/L

(6) アンモニア 224 mL を 0.10 mol/L の塩酸に吸収させたい。必要な塩酸の体積〔mL〕を求めよ。

$$\frac{224\,\text{mL}}{22400\,\text{mL/mol}} \times 1 = 0.10\,\text{mol/L} \times \frac{x}{1000}\,\text{L} \times 1$$

$$x = 1.0 \times 10^2\,\text{mL}$$

1.0×10^2 mL

(7) 酸化カルシウム 28 g を中和するのに必要な 0.10 mol/L の塩酸の体積〔mL〕を求めよ。

$$\frac{28\,\text{g}}{56\,\text{g/mol}} \times 2 = 0.10\,\text{mol/L} \times \frac{x}{1000}\,\text{L} \times 1$$

$$x = 1.0 \times 10^4\,\text{mL}$$

1.0×10^4 mL

1 次の各物質の下線を引いた原子の酸化数を求めなさい。

(1) $\underline{H}_2$ (2) $H_2\underline{O}$ (3) $H_2\underline{O}_2$ (4) $\underline{O}_3$ (5) $\underline{O}H^-$

(6) $\underline{N}_2$ (7) $\underline{N}O$ (8) $\underline{N}O_2$ (9) $H\underline{N}O_3$ (10) $\underline{N}O_3^-$

(11) $\underline{Cl}^-$ (12) $H\underline{Cl}$ (13) $\underline{Cl}_2$ (14) $H\underline{Cl}O$ (15) $Na\underline{Cl}$

(16) $K\underline{Mn}O_4$ (17) $K_2\underline{Cr}_2O_7$

(1)	0	(2)	-2	(3)	-1	(4)	0	(5)	-2
(6)	0	(7)	$+2$	(8)	$+4$	(9)	$+5$	(10)	$+5$
(11)	-1	(12)	-1	(13)	0	(14)	$+1$	(15)	$+1$
(16)	$+7$	(17)	$+6$						

2 次の化学変化で下線の原子の酸化数の変化を示し，酸化されたか還元されたかを記せ。

(1) $\underline{Mn}O_4^- \longrightarrow \underline{Mn}^{2+}$
    ($+7$)   ($+2$)   還元された

(2) $\underline{Cr}_2O_7^{2-} \longrightarrow 2\underline{Cr}^{3+}$
    ($+6$)   ($+3$)   還元された

(3) 濃$H\underline{N}O_3 \longrightarrow \underline{N}O_2$
    ($+5$)   ($+4$)   還元された

(4) 希$H\underline{N}O_3 \longrightarrow \underline{N}O$
    ($+5$)   ($+2$)   還元された

(5) $(\underline{C}OOH)_2 \longrightarrow 2\underline{C}O_2$
    ($+3$)   ($+4$)   酸化された

3 次の化学反応式の反応物を酸化剤と還元剤に分類せよ。

(1) $Cu + 2H_2SO_4 \longrightarrow CuSO_4 + SO_2 + 2H_2O$

酸化剤	H_2SO_4	還元剤	Cu

(2) $SnCl_2 + Zn \longrightarrow Sn + ZnCl_2$

酸化剤	$SnCl_2$	還元剤	Zn

(3) $Br_2 + 2KI \longrightarrow 2KBr + I_2$

酸化剤	Br_2	還元剤	KI

(4) $2KMnO_4 + 5H_2O_2 + 3H_2SO_4 \longrightarrow 2MnSO_4 + 5O_2 + K_2SO_4 + 8H_2O$

酸化剤	$KMnO_4$	還元剤	H_2O_2

略解

1 　純物質　黒鉛，ドライアイス，
　　　　　塩化ナトリウム，銅
　　　　混合物　海水，牛乳，砂，土

2 (1)　A　枝つきフラスコ
　　　　B　リービッヒ冷却器　　C　アダプター
　　　　D　三角フラスコ
　　(2)　①　温度計の球部を枝つきフラスコの付け根
　　　　　　まであげる。
　　　　②　三角フラスコの口のゴム栓をとり，代わ
　　　　　　りにアルミ箔でおおう。
　　(3)　(イ)
　　(4)　急激な沸騰(突沸)を防ぐため。

3 (1)　再結晶　　(2)　ろ過　　(3)　抽出
　　(4)　蒸留　　(5)　ペーパークロマトグラフィー

4 (1)，(3)，(4)

5 (1)　昇華法
　　(2)　丸底フラスコに冷水を入れる。

6 (1)　硝酸カリウム　　(2)　再結晶(法)

7 (1)　A　　(2)　A　　(3)　B　　(4)　B

8 　ダイヤモンドと黒鉛，斜方硫黄と単斜硫黄

9 (1)　Ca　　(2)　Cl　　(3)　C

10 (1)，(4)

11 (1)　混合物　　⑨ ⑩
　　　　単体　　①④⑤⑦⑪
　　　　化合物　　②③⑥⑧
　　(2)　⑤⑦⑪

12 (1)　正　　(2)　誤　　(3)　誤　　(4)　誤
　　(5)　誤　　(6)　正

13 (1)　気体A：二酸化炭素　　元素名　炭素
　　　　液体B：水　　　　　　　元素名　水素
　　(2)　ナトリウム
　　(3)　試験管の中に空気が入っているため。

14 (1)　B：(エ)　　D：(オ)　　E：(ウ)
　　(2)　T_1：融点　0℃
　　　　T_2：沸点　100℃

15 (1)　(ア)　凝固　　(イ)　融解　　(ウ)　凝縮
　　　　(エ)　蒸発　　(オ)　昇華　　(カ)　凝華
　　(2)　気体＞液体＞固体

16 (1)　昇華　　(2)　凝縮　　(3)　凝固

17 (1)　化学変化　　(2)　物理変化
　　(3)　化学変化　　(4)　物理変化

18 (2)　異なる

19 (1)　液体と気体
　　(2)　区間C→D　比熱の値が大きければ，温度を上

昇させるために多くの熱量が必要となり，グラ
フの傾きがゆるやかになるから。
　　(3)　状態変化に熱エネルギーが使われるから。

20 　　(ア)　15　　(イ)　7　　(ウ)　7
　　　　(エ)　16　　(オ)　16　　(カ)　17　　(キ)　16
　　　　(ク)　79　　(ケ)　79　　(コ)　79

21 　4種類

22 　64倍

23 　略

24 (2)

25 　A　(ウ)　　B　(カ)　　C　(オ)　　D　(ア)
　　　　E　(イ)　　F　(エ)

26 (2)，(3)，(5)，(8)

27 　(ア)　8　　(イ)　16　　(ウ)　17　　(エ)　18
　　　　(オ)　^{17}O　　(カ)　同位体　　(キ)　99.76

28 　(ア)　原子核　　(イ)　同じ　　(ウ)　同位体
　　　　(エ)　放射線　　(オ)　放射性同位体
　　　　(カ)　放射能　　(キ)　年代

29 (1)　X：Ar　Y：K　　(2)　X：Ne　Y：Ca
　　(3)　X：Mg　Y：Mg　　(4)　X：C　Y：N
　　同位体は(3)

30 (1)

	陽子数	電子数	中性子数
^{12}C	6	6	6
^{13}C	6	6	7

　　(2)　12種類

31 (1)　Z　　(2)　$m+n-Z$　　(3)　Cl

32 (1)　(ア)　放射能　　(イ)　放射性同位体
　　　　(ウ)　同族　　(エ)　同じ
　　(2)　17100年

33 (1)　$_1H$：K(1)　　(2)　$_5B$：K(2)，L(3)
　　(3)　$_7N$：K(2)，L(5)　　(4)　$_{10}Ne$：K(2)，L(8)
　　(5)　$_{12}Mg$：K(2)，L(8)，M(2)
　　(6)　$_{19}K$：K(2)，L(8)，M(8)，N(1)

34 (1)　$_3Li$　　(2)　$_{11}Na$，$_{12}Mg$，$_{13}Al$
　　(3)　$_8O$，$_9F$　　(4)　$_{16}S$，$_{17}Cl$

35 (1)　A：Na^+　電子数10
　　(2)　C：S^{2-}　電子数18
　　(3)　(Eの)Ar，Ar　　(4)　Cl

36 (1)　K^+　　(2)　Mg^{2+}　　(3)　O^{2-}　　(4)　Cl^-
　　(5)　NO_3^-　　(6)　SO_4^{2-}　　(7)　CO_3^{2-}
　　(8)　PO_4^{3-}　　(9)　OH^-　　(10)　NH_4^+

37 　$^{26}_{12}Mg$

38 (1)，(3)，(7)

39 (1)　(ア)，(イ)，(ウ)　　(2)　(ア)　　(3)　(カ)

40 (2)

41 (8)

42 (1) (イ), (ウ), (エ), (オ)　　(2) (ア), (カ), (キ), (ク)
(3) (エ)　　(4) (ア), (イ), (ウ), (オ), (カ), (キ), (ク)
(5) (ク)　　(6) (キ)

43 (1) (イ)と(オ)　　(2) N, F　　(3) He
(4) ナトリウム，アルカリ金属

44 (ア) メンデレーエフ　　(イ) 原子量
(ウ) 原子番号　(エ) 族　　(オ) 周期
(カ) アルカリ金属　　(キ) 1

45 (1) (a)　　(2) (e)　　(3) (d)　　(4) (d)

46 (1), (5)

47 (1) 0個 (ウ)　　7個 (イ)
(2) (ア), (オ), (キ)
(3) $_{11}$Na：K(2), L(8), M(1)
$_{12}$Mg：K(2), L(8), M(2)
$_{16}$S：K(2), L(8), M(6)
(4) アルカリ金属：(エ)　　ハロゲン：(イ)
貴ガス：(ウ)

48 (1) AlF_3 フッ化アルミニウム
(2) MgO 酸化マグネシウム
(3) Na_2CO_3 炭酸ナトリウム
(4) $Ca_3(PO_4)_2$ リン酸カルシウム

49 (オ), (カ)

50 (ア) 3　　(イ) Al^{3+}　　(ウ) 7　　(エ) Cl^-
(オ) アルミニウム　　(カ) 塩素
(キ) 静電気(クーロン)　　(ク) イオン
(ケ) $AlCl_3$　　(コ) 塩化アルミニウム

51 (2)

52 (1) フッ化マグネシウム　　(2) 酸化ベリリウム
(3) 塩化鉄(Ⅲ)　　(4) 硫酸リチウム
(5) リン酸カルシウム　　(6) Na_2S
(7) NH_4NO_3　　(8) K_2CO_3
(9) $Mg(OH)_2$　　(10) $Al_2(SO_4)_3$

53 (2)

54 (1) (ク) $CaCl_2$　　(2) (イ) $NaCl$
(3) (キ) $CaCO_3$

55 (ア) 1　　(イ) ヘリウム　　(ウ) 1　　(エ) 7
(オ) アルゴン　　(カ) 1　　(キ) 2　　(ク) 非金属
(ケ) 不対　　(コ) 共有　　(サ) 分子

56 (1) N_2　　(2) NH_3　　(3) CH_4　　(4) Cl_2
(5) Ar　　(6) H_2S

57 略

58 (ア) 電気陰性度　　(イ) 大き　　(ウ) 極性
(エ) 極性分子　　(オ) 無極性分子

59 (1) (ア) H－S－H　　(イ) Cl－Cl　　(ウ) O=C=O
(エ) H－N－H　　(オ) H－C－O－H

60 (ア) 二酸化炭素　　(イ) 共有
(ウ) 分子間(ファンデルワールス)
(エ) 分子　　(オ) 昇華　　(カ) 水素
(キ) 高く　　(ク) 高く　　(ケ) 大き

61 (1) (ア) 電気陰性度　　(イ) 電荷
(ウ) 極性　　(エ) 水素結合
(2) ①

62 非共有電子対が最も多い分子 (5)
共有電子対が最も多い分子 (4)

63 (1) 共有結合をしている原子間の共有電子対を原
子が引きつける強さを表す数値
(2) (ア) O　　(イ) C　　(ウ) O
(3) (ア) $\overset{\delta+}{H}-\overset{\delta-}{F}$　　(イ) $\overset{\delta-}{O}=\overset{\delta+}{C}=\overset{\delta-}{O}$
(ウ) $\overset{\delta+}{H}-\overset{\delta-}{N}-\overset{\delta+}{H}$　　(エ) $\overset{\delta+}{H}-\overset{\delta-}{O}-\overset{\delta+}{H}$
　　　　　$\underset{\delta+}{|}$
　　　　　H

64 (1) (ア), (ウ), (オ)　　(2) (カ)　　(3) (ア), (ウ), (カ)
(4) (イ), (エ)　　(5) (ウ)

65 (3)

66 (ア) 共有　　(イ) 水素　　(ウ) 塩化物
(エ) 電離　　(オ) イオン　　(カ) 電解質
(キ) 非電解質　　※(イ), (ウ) 順不同

67 (ア) 共有　　(イ) 非共有
(ウ) 配位　　(エ) できない
(オ) 錯　　(カ) テトラアンミン銅(Ⅱ)イオン

68 (1) H_2　　(2) H_2O　　(3) CO_2　　(4) N_2

69 (ア) 炭素　　(イ) 同素体　　(ウ) 導く
(エ) 共有　　(オ) 正四面体　　(カ) 3
(キ) 正六角　　(ク) 自由電子

70 (a) 4　　(b) 共有結合の結晶　　(c) 強い
(d) かたく　　(e) 高い　　(f) 共有
(g) 弱い　　(h) 分子間力　　(i) 分子結晶
(j) やわらかく　　(k) 昇華

71 ① 不対電子　　② 共有電子対　　③ 極性
④ 電気陰性度　　⑤ 水素結合
⑥ 分子間　　⑦ 極性　　⑧ 静電気
(A) H_2O　　(B) SiH_4　　(ア) 16　　(イ) 14

72 (1) (a) HF　　(b) NH_3　　(c) H_2O
(d) CH_4　　(e) NH_4^+
(ア) 1　　(イ) 2　　(ウ) 配位　　(エ) イオン
(2) ①－(d)　　②－(b)　　③－(c)

73 (1) 二酸化炭素 CO_2　　(2) アンモニア NH_3
(3) 塩化水素 HCl　　(4) 窒素 N_2
(5) 酸素 O_2　　(6) 水素 H_2

74 (1) (ク) CH_4　　(2) (オ) C_2H_4　　(3) (ア) C_6H_6
(4) (サ) C_2H_5OH　　(5) (イ) CH_3COOH

(6)	(カ)	(7)	(ウ)

75 (ア) 価　(イ) 陽イオン　(ウ) 自由電子
(エ) 金属　(オ) 金属光沢　(カ) 熱
(キ) 展　(ク) 自由電子

76 (ア) C　(イ) A　(ウ) A　(エ) B
(オ) C　(カ) B　(キ) B

77 (ア) 金属　(イ) 共有結合
(ウ) イオン　(エ) 分子

78 (ア) ②(b)(f)　(イ) ③(d)(g)　(ウ) ④(c)(e)
(エ) ①(a)(h)

79 (ア) 不対電子　(イ) 共有結合　(ウ) 自由電子
(エ) 金属結合　(オ) 電気/熱　(カ) K^+
(キ) Cl^-　(ク) アルゴン　(ケ) イオン結合

80 (ア) イオン結晶　　(イ) イオン結晶
(ウ) 金属結晶　　(エ) 分子結晶
(オ) 共有結合の結晶　(カ) 分子結晶
(キ) イオン結晶

81 (1) (ア)　(2) (イ)(オ)(カ)　(3) (イ)　(4) (オ)
(5) (ウ)　(6) (イ)(オ)　(7) (ア)(イ)(エ)

82 A ダイヤモンド　B ヨウ化カリウム
C ヨウ素　D 鉄

83 (ア) 合金　(イ) 黄銅　(ウ) 青銅
(エ) ステンレス　(オ) アルミニウム
(カ) 水銀

84 (1) Na^+　4個　　Cl^-　4個
(2) 6個　(3) 0.566 nm　(4) 0.399 nm

85 A XY　B XY　C XY_2
D XY_3　E XY_2

86 (1) 体心立方格子　(2) 2個
(3) 1.9×10^{-8} cm　(4) $12.5\sqrt{3}\,\pi$ %

87 (1) 面心立方格子　(2) 4個
(3) 1.3×10^{-8} cm　(4) 8.9 g/cm³

88 (1) 1×10^8　(2) 2.7×10^8　(3) 1.23×10^7
(4) 4.56×10^{-5}　(5) 6.29×10^{-9}

89 (1) 1×10^{-6}　(2) 9.2×10^{-3}　(3) 1.86×10^{-6}
(4) 6.16×10^4　(5) 7.56×10^{12}　(6) 9.0×10^{-1}
(7) 8.75×10^2　(8) 6.0×10^{-25}　(9) 2.211×10^{-4}

90 (1) 7.9　(2) 19.36
(3) 27　(4) 1.3×10^{-4}

91 (1) 6　(2) $\dfrac{20}{3}$　(3) 1.8
(4) 13.2　(5) 8.4

92 74

93 (1) 1000　　(2) 0.000025
(3) 3820000　(4) $\dfrac{1}{10000000}$　(5) $\dfrac{4.9}{10000}$

94 (1) 1.17×10^{-5}　(2) 3.36×10^{-4}

95 (1) 6.0 mm　(2) 130.0 g　(3) 63.4 mL
(4) 28.7 ℃　(5) 8.35 mL

96 (1) 2.42 km　(2) 4.8×10^3 g　(3) 4.3 m²
(4) 13 g/cm³　(5) 243 km/h

97 (1) 11 g　(2) 2.7×10^2 分
(3) 4.0 g　(4) 8×10^{-1} g

98 (1) 12　(2) 23.0　(3) 6.63×10^{-23} g

99 (1) 64　(2) ^{35}Cl 75%　^{37}Cl 25%
(3) 24.3　(4) 相対質量 6.0　存在比 8.0%

100 (1) 2.0　(2) 32　(3) 48　(4) 28
(5) 36.5　(6) 18　(7) 17　(8) 16
(9) 98　(10) 46

101 (1) 58.5　(2) 95　(3) 40　(4) 74
(5) 261　(6) 132　(7) 234　(8) 249.5
(9) 23　(10) 96

102 (ア) 軽　(イ) 12　(ウ) 相対　(エ) 原子量
(オ) 分子量　(カ) 組成　(キ) 式量

103 (ア) 32　(イ) 3　(ウ) 20

104 (1) 24　(2) 40

105 (1) $X - 71$　(2) $2X - 94$

106 (1) 96 g　(2) 44.8 L　(3) 6.0×10^{22} 個
(4) 1.8×10^{23} 個　(5) 2.50 mol　(6) 0.25 mol
(7) 6.0 mol　(8) 3.0 mol　(9) 16 g
(10) 1.00×10^{-3} mol

107 (1) 35.5 g　(2) 34 L　(3) 6.0×10^{21} 個
(4) 3.0×10^{-23} g　(5) 1.5×10^{24} 個
(6) 0.80 g

108 (1) Fe　(2) H_2　(3) 等しい
(4) CO_2　(5) H_2　(6) H_2

109 (1) 5.0×10^{-2} mol
(2) Ca^{2+} 3.0×10^{22} 個　OH^- 6.0×10^{22} 個

110 (1) 1.79 g/L　(2) 40.0　(3) (イ)

111 (1) 28.8 g　(2) 1.29 g/L　(3) 1.96 g/L
(4) 重い　(5) (ア), (ウ)

112 (1) 0.015 mol　(2) 0.030 mol　(3) 39

113 ①

114 (1) 10 %　(2) 16 %

115 5.9 g

116 (1) 1.18×10^3 g　　(2) 1.18×10^2 g, 1.20 mol
(3) 1.20 mol/L

117 (1) 91.2 g　(2) 31.3 %

118 (1) 溶解度曲線　(2) 1.40 kg　(3) 160 g
(4) 最も適する物質　KNO_3
　　最も適さない物質　NaCl

119 (エ)

120 (ア) 0.585　(イ) 100　(ウ) メスフラスコ
(エ) る

121 (1) 6.4 g　(2) 104 g　(3) 5.8 %

122 (1) $3.0\,\text{mol/L}$　(2) モル濃度　$\dfrac{1000a}{bM}\,\text{mol/L}$

質量パーセント濃度　$\dfrac{100a}{bd}\,\%$

(3) $\dfrac{dvx}{9.8y}\,\text{mol/L}$

123 (1) $CuSO_4$　$\dfrac{160}{250}x\,[\text{g}]$　　水和水　$\dfrac{90}{250}x\,[\text{g}]$

(2) $40.3\,\text{g}$　(3) $85.3\,\text{g}$

124 (1) 1, 3, 2, 2　　　　(2) 2, 9, 6, 8

(3) 1, 2, 1, 1, 1　　(4) 2, 2, 1

(5) 2, 2, 3　　　　(6) 2, 6, 2, 3

(7) 2, 2, 2, 1　　　(8) 1, 4, 1, 2, 1

(9) 1, 2, 1, 2, 1

125 (1) $2CO + O_2 \longrightarrow 2CO_2$

(2) $C_3H_8 + 5O_2 \longrightarrow 3CO_2 + 4H_2O$

(3) $2NaHCO_3 \longrightarrow Na_2CO_3 + CO_2 + H_2O$

(4) $4Al + 3O_2 \longrightarrow 2Al_2O_3$

(5) $3O_2 \longrightarrow 2O_3$

(6) $P_4O_{10} + 6H_2O \longrightarrow 4H_3PO_4$

126 (1) 1, 1, 1　　　　(4) 1, 2, 1, 1

(2) 1, 3, 1　　　　(5) 2, 1, 2, 1

(3) 1, 2, 1, 1　　　(6) 2, 6, 2, 3

127 (1) 化学反応式　　$Zn + 2HCl \longrightarrow ZnCl_2 + H_2\uparrow$

イオン反応式　$Zn + 2H^+ \longrightarrow Zn^{2+} + H_2\uparrow$

(2) 化学反応式　$CaCl_2 + Na_2SO_4$

$\longrightarrow CaSO_4\downarrow + 2NaCl$

イオン反応式　$Ca^{2+} + SO_4^{2-} \longrightarrow CaSO_4\downarrow$

128 (1) (ア) 2　　　(イ) 1　　　(ウ) 2

(2) (エ) 128　　(オ) 88　　(カ) 72

(キ) 160　　(ク) 160　　(ケ) 質量保存

129 (1) 1.2×10^{23}個　(2) $11\,\text{L}$　(3) $4.8\,\text{g}$

130 (1) $23\,\text{g}$　(2) $34\,\text{L}$

131 (1) CO が $10\,\text{L}$, O_2 が $5\,\text{L}$

(2) O_2 が $10\,\text{L}$, CO_2 が $20\,\text{L}$　(3) $5\,\text{L}$

132 (1) $CaCO_3 + 2HCl \longrightarrow CaCl_2 + H_2O + CO_2$

(2) $2.24\,\text{L}$　(3) $66.7\,\%$

133 (1) $Mg + 2HCl \longrightarrow MgCl_2 + H_2\uparrow$

(2) (エ)

134 CO : $2.7\,\text{mol}$　　C_2H_6 : $1.4\,\text{mol}$

135 (1) $CH_4 + 2O_2 \longrightarrow CO_2 + 2H_2O$

$C_3H_8 + 5O_2 \longrightarrow 3CO_2 + 4H_2O$

(2) $1.25\,\text{mol}$

(3) メタン　$2x\,\text{mol}$　　プロパン　$4y\,\text{mol}$

(4) メタン　$0.375\,\text{mol}$　　プロパン　$0.125\,\text{mol}$

136 (1) 塩基　(2) 酸　(3) 酸　(4) 酸

137 (1) HCl (ア)　　　(2) CH_3COOH (イ)

(3) H_2SO_4 (オ)　(4) NH_3 (エ)

(5) KOH (ウ)　　(6) $Ca(OH)_2$ (キ)

(7) HNO_3 (ア)　(8) NaOH (ウ)

(9) H_2CO_3 (カ)

138 (1) $HNO_3 \longrightarrow H^+ + NO_3^-$

(2) $CH_3COOH \rightleftharpoons CH_3COO^- + H^+$

(3) $H_2SO_4 \longrightarrow 2H^+ + SO_4^{2-}$

(4) $KOH \longrightarrow K^+ + OH^-$

(5) $Ca(OH)_2 \longrightarrow Ca^{2+} + 2OH^-$

(6) $NH_3 + H_2O \rightleftharpoons NH_4^+ + OH^-$

139 (1) $1.0\times10^{-3}\,\text{mol/L}$　(2) 0.01

(3) $1.0\times10^{-3}\,\text{mol/L}$

140 (1) ✕　(2) ◯　(3) ✕　(4) ✕　(5) ✕

141 (1) 酸 HCl　　　　　　塩基 NH_3

(2) 酸 HNO_3　　　　　塩基 CH_3COONa

(3) 酸 $KHCO_3$　　　　塩基 KOH

(4) 酸 CH_3COOH　　塩基 $NaHCO_3$

142 (1) CH_3COOH, NH_3　(2) $(COOH)_2$, $Cu(OH)_2$

(3) HCl, NH_3　　　　(4) H_3PO_4, $Al(OH)_3$

143 (1) (ア) 塩化物イオン　(イ) 配位

(ウ) オキソニウム　(エ) アンモニウム

(2) 水溶液中で水酸化物イオン OH^- を生じる物質

(3) $\left[\begin{array}{c} H \\ H\!:\!\overset{\displaystyle\cdot\cdot}{N}\!:\!H \\ H \end{array}\right]^+$

144 (1) ②, ③　(2) $5\times10^{-4}\,\text{mol/L}$

145 (1) (ア) 4　(イ) 酸　(ウ) 10^{-10}

(2) (エ) 7　(オ) 中　(カ) 10^{-7}

(3) (キ) 10^{-11}　(ク) 塩基　(ケ) 10^{-3}

146 (1) $\text{pH}=7$　(2) $\text{pH}=1$　(3) $\text{pH}=2$

(4) $\text{pH}=3$　(5) $\text{pH}=11$

147 (4)

148 (4)

149 (1) $HNO_3 + NaOH \longrightarrow NaNO_3 + H_2O$

(2) $H_2SO_4 + Ca(OH)_2$

$\longrightarrow CaSO_4 + 2H_2O$

(3) $(COOH)_2 + 2KOH$

$\longrightarrow (COOK)_2 + 2H_2O$

(4) $H_2SO_4 + 2NaOH$

$\longrightarrow Na_2SO_4 + 2H_2O$

(5) $3H_2SO_4 + 2Al(OH)_3$

$\longrightarrow Al_2(SO_4)_3 + 6H_2O$

(6) $2H_3PO_4 + 3Ca(OH)_2$

$\longrightarrow Ca_3(PO_4)_2 + 6H_2O$

150 (1) $0.15\,\text{mol}$　(2) $0.15\,\text{mol}$

(3) $0.025\,\text{mol}$　(4) $0.020\,\text{mol}$

151 (1) $0.16\,\text{mol/L}$　(2) $40\,\text{mL}$　(3) $0.50\,\text{mol/L}$

(4) $1.0\times10^2\,\text{mL}$　(5) $1.8\times10^2\,\text{mL}$

152 $0.0500\,\text{mol/L}$

153 (5)

154 $0.500\,\text{mol/L}$

155 (1) $(COOH)_2 + 2NaOH$

$\longrightarrow (COONa)_2 + 2H_2O$

(2) $0.40\,\text{mol/L}$

156	SO_4^{2-} ⑤ H^+ ① Na^+ ⑦ OH^- ⑨

157 896 mL

158 $[Na^+]:[OH^-]=2:1$

159 pH = 1

160 (2), (3)

161 ⑤

162
(1) 正塩　中性　(2) 正塩　酸性
(3) 正塩　塩基性　(4) 酸性塩　酸性

163
① メスシリンダーではなく，ホールピペットを用いる。
③ メチルオレンジではなく，フェノールフタレインを用いる。

164
(1) 変わらない　(2) 小さくなる
(3) 大きくなる

165
(1) ③　(2) 0.1 mol/L
(3) A　pH=1　C　pH=7　(4) ③

166
(1) NaCl　正塩　(2) CH₃COONa　正塩
(3) NaHSO₄　酸性塩　(4) NaHCO₃　酸性塩
(5) MgCl(OH)　塩基性塩

167
(1) (ア) 正塩　(イ) 正塩　(ウ) 正塩
(エ) 酸性塩　(オ) 酸性塩　(カ) 正塩
(キ) 酸性塩
(2) (ア) 塩基性　(イ) 酸性　(ウ) 中性
(エ) 酸性　(オ) 塩基性　(カ) 塩基性
(キ) 酸性

168
(1) (ウ)　(2) (イ)　(3) (オ)　(4) (ア)

169
(1) (ア) ビーカー　(イ) メスフラスコ
(ウ) 標線　(エ) ビュレット
(オ) コニカルビーカー
(カ) フェノールフタレイン
(2) コニカルビーカーを共洗いし，コニカルビーカー内の溶液の濃度が濃くなったため。
(3) ビュレットを水洗いし，ビュレット内の溶液の濃度が薄くなったため。

170
(1) 0.630 g
(2) シュウ酸は潮解性をもたないため，正確な質量を測定することができる。
(3) $8.00×10^{-2}$ mol/L　(4) $6.80×10^{-2}$ mol/L
(5) 4.08 %　(6) (b)

171 (ア) 増加　(イ) 酸化　(ウ) 減少　(エ) 還元

172
(1) 0　(2) 0　(3) −2　(4) −1
(5) −2　(6) +4　(7) +6　(8) +2
(9) +2　(10) +3

173
(1) 0→+2　酸化された
(2) 0→+1　酸化された
(3) 0→−1　還元された
(4) 0→+2　酸化された
(5) 0→+2　酸化された
(6) 0→+3　酸化された

174
(1) 酸化された原子　O　−1→0
還元された原子　Mn　+7→+2
(2) 酸化された物質　H₂O₂
還元された物質　KMnO₄

175
(1) ① $CuO + H_2 \longrightarrow Cu + H_2O$
② $CH_4 + 2O_2 \longrightarrow CO_2 + 2H_2O$
③ $MnO_2 + 4HCl$
$\longrightarrow MnCl_2 + Cl_2 + 2H_2O$
(2) 酸素を得た物質　H₂　酸化された
酸素を失った物質　CuO　還元された
(3) 水素を得た物質　O₂　還元された
水素を失った物質　CH₄　酸化された
(4) 電子を得た物質　　　電子を失った物質
MnO₂　　　　　　　HCl
Mn 酸化数　+4→+2　Cl 酸化数　−1→0

176 最も大きい　(6)　最も小さい　(2)

177 (1)

178 (1), (2), (3)

179 酸化還元反応　(1), (3), (4), (8), (10)
(1) 酸化された物質　KI
還元された物質　H₂O₂
(3) 酸化された物質　Na₂SO₃
還元された物質　Cl₂
(4) 酸化された物質　Mg
還元された物質　H₂SO₄
(8) 酸化された物質　SO₂
還元された物質　H₂O₂
(10) 酸化された物質　NO₂
還元された物質　NO₂

180
(1) 還元剤　(2) 還元剤
(3) 還元剤　(4) 酸化剤

181 $F_2>Cl_2>Br_2>I_2$

182
(1) Cl^-　(2) 2　(3) Fe^{3+}　(4) 2
(5) 3, 3, 2　(6) 14, 6, 2, 7

183
(1) $2H_2S + SO_2 \longrightarrow 3S + 2H_2O$
(2) $H_2O_2 + H_2SO_4 + 2KI$
$\longrightarrow 2H_2O + I_2 + K_2SO_4$
(3) $2KMnO_4 + 3H_2SO_4 + 5(COOH)_2$
$\longrightarrow K_2SO_4 + 2MnSO_4 + 10CO_2 + 8H_2O$
(4) $2FeSO_4 + H_2O_2 + H_2SO_4$
$\longrightarrow Fe_2(SO_4)_3 + 2H_2O$

184 20 mL

185 (1) ○　(2) 塩素　(3) ○

186
(1) 最高酸化数 +6　最低酸化数 −2
理由　硫黄は −2～+6 の間で酸化数を変化することができる。
(2) $2H_2S + SO_2 \longrightarrow 3S + 2H_2O$

187
(1) (A)−(イ)　(B)−(エ)　(C)−(イ)　(D)−(ウ)　(E)−(カ)
(2) 5　(3) (F) 赤紫　(G) わずかに残る
(4) $9.00×10^{-1}$ mol/L

188
(1) $Mg + 2H^+ \longrightarrow Mg^{2+} + H_2$
(2) $Ni + Cu^{2+} \longrightarrow Ni^{2+} + Cu$
(3) $Zn + Sn^{2+} \longrightarrow Zn^{2+} + Sn$
(4) $2Al + 6H^+ \longrightarrow 2Al^{3+} + 3H_2$
(5) $Cu + 2Ag^+ \longrightarrow Cu^{2+} + 2Ag$

189
(1) 銅板　　(2) 負極：$Zn \longrightarrow Zn^{2+} + 2e^-$
　　　　　　　正極：$2H^+ + 2e^- \longrightarrow H_2$
(3) 略　　(4) （ア）

190
(1) 負極：$Zn \longrightarrow Zn^{2+} + 2e^-$
　　正極：$Cu^{2+} + 2e^- \longrightarrow Cu$
(2) SO_4^{2-}　　(3) 大きくなる

191
(ア) 陽極　$2H_2O \longrightarrow O_2 + 4H^+ + 4e^-$
　　陰極　$Ag^+ + e^- \longrightarrow Ag$
(イ) 陽極　$2H_2O \longrightarrow O_2 + 4H^+ + 4e^-$
　　陰極　$2H_2O + 2e^- \longrightarrow H_2 + 2OH^-$
(ウ) 陽極　$2Cl^- \longrightarrow Cl_2 + 2e^-$
　　陰極　$2H_2O + 2e^- \longrightarrow H_2 + 2OH^-$
(エ) 陽極　$2Cl^- \longrightarrow Cl_2 + 2e^-$
　　陰極　$Cu^{2+} + 2e^- \longrightarrow Cu$
(オ) 陽極　$Cu \longrightarrow Cu^{2+} + 2e^-$
　　陰極　$Cu^{2+} + 2e^- \longrightarrow Cu$

192
(1) A　銀　　B　アルミニウム　　C　白金
　　D　鉄　　E　カリウム
(2) ①と②　　発生する気体　H_2

193
(1) $Pb + PbO_2 + 2H_2SO_4$
　　　　　　　$\longrightarrow 2PbSO_4 + 2H_2O$
(2) 小さくなる
(3) 両極で質量が増える
(4) PbO_2

194
(1) （ア）水素イオン　　（イ）水
(2) 負極　$H_2 \longrightarrow 2H^+ + 2e^-$
　　正極　$O_2 + 4H^+ + 4e^- \longrightarrow 2H_2O$
(3) $2H_2 + O_2 \longrightarrow 2H_2O$
(4) A

195
(1) ① $+3$　　② $+\dfrac{8}{3}$　　③ $+2$　　④ 0
(2) $FeO + CO \longrightarrow Fe + CO_2$

196
(1) （ア）電解精錬　　（イ）陽極　　（ウ）陰極
　　（エ）酸化　　（オ）還元　　（カ）陽極泥
(2) (a) ×　　(b) ○　　(c) ○　　(d) ×

197
(ア) 塩素　　(イ) 水素　　(ウ) 水酸化物
(エ) ナトリウム　　(オ) 塩化物
(カ) 水酸化ナトリウム

198
(1) 4.0×10^{-2} mol　　(2) 1.3 g　　(3) 0.45 L

199
(1) $2H_2O \longrightarrow O_2 + 4H^+ + 4e^-$
(2) 9650 C
(3) 2.0 A
(4) Aの陰極　3.2 g　　Bの陰極　11 g

200
(1) 4.0×10^{-2} mol　　(2) 1.9 g 増加
(3) 1.3 g 増加　　(4) 26.9 %

P.120

1 ⑤	2 ②	3 ④	4 ⑤
5 ①	6 ⑤	7 ⑤	8 ②
9 ②	10 ①	11 a③ b④	12 ③
13 ⑦	14 ⑦	15 ①	16 ③
17 ①	18 ③	19 ⑤	20 ①
21 ①	22 ③	23 ③	24 ②
25 ②	26 ⑤	27 ③	28 ④
29 ④	30 ③	31 ③	32 ④
33 ④	34 a① b②	35 ⑦	36 ②
37 ②	38 ⑦	39 ④	40 a① b⑥
41 ④	42 ⑤	43 ③, ⑦	44 ④
45 ④	46 ②	47 ①③④⑧	
48 ②	49 ⑤	50 ④	51 ②
52 ③	53 ②	54 ①	55 ⑥
56 ⑥	57 ④	58 ⑤	

P.138

第1問
問1 ④　　問2 ⑤　　問3 ⑥
問4 ②　　問5 a⑤, b③, c⑤
問6 ⑤　　問7 ②　　問8 ④
問9 ④
第2問
問1 a②, b①, c 35.48　　問2 a②, b①

P.145

第1問
問1 ②　　問2 ①　　問3 ③
問4 a③, b①　　問5 ④, ⑥
問6 a①, ③, b①　　問7 a②, b③
第2問
問1 a②, b③, c②　　問2 a③, b②

176　略解

ベストフィット化学基礎

表紙デザイン
難波邦夫

● 編　者──実教出版編修部

● 発行者──小田　良次

● 印刷所──株式会社太洋社

● 発行所──実教出版株式会社

〒102-8377
東京都千代田区五番町5
電話〈営業〉(03)3238-7777
　　〈編修〉(03)3238-7781
　　〈総務〉(03)3238-7700
https://www.jikkyo.co.jp/

002402022　　　　　　　ISBN978-4-407-36050-9

化学基礎の知識のまとめ

❶ 原子構造

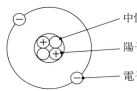

$^{4}_{2}\text{He}$

- 中性子（電荷をもたない）
- 陽子（正の電荷をもつ）
- 電子（負の電荷をもつ。質量は陽子の $\dfrac{1}{1840}$）

※陽子数が同じで中性子数が異なれば同位体（アイソトープ）

❷ 電子殻の電子数

$2n^2$ $(n = 1,\ 2,\ 3)$
(K)(L)(M)

❸ 価電子

一番外側にある電子数（貴ガスは 0）

❹ 電子式

価電子を書く

$\cdot\overset{\displaystyle\cdot}{\underset{\displaystyle\cdot}{\text{C}}}\cdot$ H$\cdot$ H$:$C$:$H $\overset{\text{H}}{\underset{\text{H}}{\text{H}:\text{C}:\text{H}}}$

❺ 周期表

縦が族，横が周期

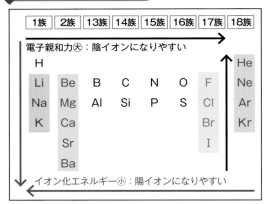

| 1族 | 2族 | 13族 | 14族 | 15族 | 16族 | 17族 | 18族 |

電子親和力⑤：陰イオンになりやすい →

H							He
Li	Be	B	C	N	O	F	Ne
Na	Mg	Al	Si	P	S	Cl	Ar
K	Ca					Br	Kr
	Sr					I	
	Ba						

↓ イオン化エネルギー⑤：陽イオンになりやすい ←

アルカリ金属
常温で水と反応。炎色反応。1 価の陽イオン

アルカリ土類金属
2 価の陽イオン

ハロゲン
陰イオンになりやすい二原子分子
Cl_2 は常温で気体（黄緑色）
Br_2 は常温で液体（赤褐色）
I_2 は常温で固体（黒紫色）

貴ガス
単原子分子。他の物質とは反応しにくい

❻ 結合

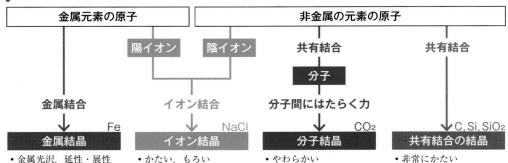

金属元素の原子	非金属の元素の原子		
	陽イオン　陰イオン	共有結合	共有結合
		分子	
金属結合	イオン結合	分子間にはたらく力	
Fe	NaCl	CO_2	C, Si, SiO_2
金属結晶	**イオン結晶**	**分子結晶**	**共有結合の結晶**
・金属光沢，延性・展性 ・融点が高いものが多い ・固体も液体も電気を通す	・かたい，もろい ・融点が高い ・液体や水溶液は電気を通す	・やわらかい ・融点が低い ・固体も液体も電気を通さない	・非常にかたい ・融点が非常に高い ・固体も液体も電気を通さない